Processo de produção de celulose e de papel

Adriana Helfenberger Coleto Assis

Rua Clara Vendramin, 58 | Mossunguê
CEP 81200-170 | Curitiba-PR | Brasil
Fone: (41) 2106-4170
www.intersaberes.com
editora@intersaberes.com

Conselho editorial
- Dr. Alexandre Coutinho Pagliarini
- Dr.ª Elena Godoy
- Dr. Neri dos Santos
- M.ª Maria Lúcia Prado Sabatella

Editora-chefe
- Lindsay Azambuja

Gerente editorial
- Ariadne Nunes Wenger

Assistente editorial
- Daniela Viroli Pereira Pinto

Preparação de originais
- Ana Maria Ziccardi

Edição de texto
- Caroline Rabelo Gomes
- Natasha Suelen Ramos de Saboredo
- Palavra do Editor

Capa e projeto gráfico
- Luana Machado Amaro (*design*)
- hxdyl/Shutterstock (imagem)

Diagramação
- Rafael Ramos Zanellato

Equipe de *design*
- Iná Trigo
- Luana Machado Amaro

Iconografia
- Regina Claudia Cruz Prestes
- Sandra Lopis da Silveira

Dados Internacionais de Catalogação na Publicação (CIP)
(Câmara Brasileira do Livro, SP, Brasil)

Assis, Adriana Helfenberger Coleto
   Processo de produção de celulose e de papel / Adriana Helfenberger Coleto Assis. -- Curitiba, PR : Editora InterSaberes, 2024. -- (Série química em processo)

   Bibliografia.
   ISBN 978-85-227-0564-1

   1. Celulose 2. Fibras vegetais 3. Papel - Indústria - História 4. Papel - Reciclagem 5. Química - Estudo e ensino I. Título. II. Série.

23-158014   CDD-540.7

Índices para catálogo sistemático:
1. Química : Estudo e ensino   540.7
Eliane de Freitas Leite - Bibliotecária - CRB 8/8415

1ª edição, 2024.

Foi feito o depósito legal.

Informamos que é de inteira responsabilidade da autora a emissão de conceitos.

Nenhuma parte desta publicação poderá ser reproduzida por qualquer meio ou forma sem a prévia autorização da Editora InterSaberes.

A violação dos direitos autorais é crime estabelecido na Lei n. 9.610/1998 e punido pelo art. 184 do Código Penal.

Sumário

Início do processo ▫ 8
Como aproveitar ao máximo este livro ▫ 10

Capítulo 1
Evolução histórica dos suportes para a escrita v14
1.1 Suporte para a escrita na Pré-História ▫ 16
1.2 Utilização do papiro e de outros substratos ▫ 26
1.3 Papel na China ▫ 36
1.4 Outros substratos ▫ 42
1.5 Registros nas Idades Média, Moderna e Contemporânea ▫ 50

Capítulo 2
Produção e reciclagem de papel na atualidade ▫ 71
2.1 Produção de papel ▫ 72
2.2 Custos da reciclagem de papel ▫ 96
2.3 Métodos de reciclagem ▫ 104
2.4 Tipos de papéis para reciclagem ▫ 110
2.5 Processo de polpação da madeira ▫ 127

Capítulo 3
Celulose ▫ 144
3.1 Caracterização da celulose ▫ 145
3.2 Derivados químicos da celulose e da glicose ▫ 161
3.3 Ligações de hidrogênio na celulose ▫ 171
3.4 Fonte de fibras celulósicas ▫ 175
3.5 Classificação das fibras celulósicas ▫ 186

Capítulo 4
Descrição de algumas matérias-primas lignocelulósicas □ 201
- 4.1 Eucalipto □ 202
- 4.2 Pínus □ 223
- 4.3 Araucária □ 233
- 4.4 Palhas de cereais □ 241
- 4.5 Bambu □ 248

Capítulo 5
Hemicelulose □ 258
- 5.1 Diferença entre hemicelulose e pectina □ 260
- 5.2 Tipos de hemicelulose □ 277
- 5.3 Descrição das principais hemiceluloses □ 284
- 5.4 Principais diferenças entre celulose e hemicelulose □ 288
- 5.5 Importância das hemiceluloses □ 295

Capítulo 6
Reações da celulose □ 303
- 6.1 Síntese da celulose □ 304
- 6.2 Caracterização da estrutura química reacional da celulose □ 318
- 6.3 Reação de derivatização da celulose □ 332
- 6.4 Processo de obtenção de fibras □ 342

Finalização do processo □ 357

Lista de siglas □ 359

Referências □ 360

Jornadas químicas □ 403

Respostas 405

Sobre a autora 416

Dedicatória

À minha amada mãe.
Ao meu querido pai.
À minha irmã Fabiana.
Aos meus cunhados, cunhadas e sobrinhos.
Ao Clau.
Ao meu Vicente.
À minha Caroline.

Agradecimento

À minha família, pelo apoio incondicional.

A todos os amigos que me acompanharam durante toda a jornada.

Aos meus mestres, pelo constante aprendizado.

A todos os meus alunos.

Epígrafe

Não adianta…
O papel é o papel,
o que está escrito
é o que está escrito.
Por mais que o meio eletrônico ganhe espaço,
sempre vai ficar… o papel.

Mussa José Assis, 2007.

Início do processo

Neste livro, apresentamos os processos associados à produção de papel e de celulose, dando ênfase aos esforços e conquistas empreendidos por diferentes civilizações, que lutaram pela capacitação e pela autonomia produtiva desses materiais durante séculos.

Aqui buscamos confirmar a vocação da indústria brasileira de papel e de celulose, bem como seu espírito de responsabilidade social e ambiental, visto que tem seguido com maestria o percurso dos processos produtivos industriais, constantemente otimizando processos.

Em nossa abordagem, o objetivo é demonstrar que o meio ambiente não está limitado ao processo extrativista e que processos sustentáveis são possíveis, uma vez que se torna cada vez mais viável investir em processos que utilizem matéria-prima renovável, de maneira consistente com a conservação ambiental.

Ao longo dos capítulos, procuramos destacar soluções mediadoras para a produção sustentável por meio de instrumentos químicos e biotecnológicos plausíveis, para atingirmos o desenvolvimento econômico, socialmente justo e ambientalmente correto.

No Capítulo 1, introduzimos a história do desenvolvimento de processos que associam a escrita e a obtenção de substratos para acondicioná-la. Enfocamos a era pré-histórica, a produção de papiros e de pergaminhos e a obtenção do papel artesanal.

No Capítulo 2, apresentamos os critérios de classificação e identificação da celulose, as etapas do processo produtivo e os resíduos industriais gerados durante o processamento e o pós-consumo.

No Capítulo 3, tratamos dos conceitos de celulose e de sua utilização, das ligações de hidrogênio existentes, das fontes de fibras celulósicas e de sua classificação, bem como do impacto causado pela geração de resíduos e de seu destino.

No Capítulo 4, abordamos o conceito e as diferenças entre as matérias-primas fibrosas, o crescimento de eucalipto, pínus e araucária e a possibilidade de utilização da palha de cereais e de bambu na extração de celulose.

No Capítulo 5, descrevemos as diferenças entre hemicelulose e pectinas, assim como as principais hemiceluloses, suas diferenças e sua importância em diferentes processos industriais.

Por fim, no Capítulo 6, tratamos da síntese da celulose, das características de sua estrutura química reacional, das reações que envolvem a produção da celulose, das principais reações de derivatização e do processo liocel.

Como aproveitar ao máximo este livro

Empregamos nesta obra recursos que visam enriquecer seu aprendizado, facilitar a compreensão dos conteúdos e tornar a leitura mais dinâmica. Conheça a seguir cada uma dessas ferramentas e saiba como estão distribuídas no decorrer deste livro para bem aproveitá-las.

Etapas de produção

Logo na abertura do capítulo, informamos os temas de estudo e os objetivos de aprendizagem que serão nele abrangidos, fazendo considerações preliminares sobre as temáticas em foco.

Elemento fundamental! Algumas das informações centrais para a compreensão da obra aparecem nesta seção. Aproveite para refletir sobre os conteúdos apresentados.

Alerta sustentável! Apresentamos informações complementares a respeito do assunto que está sendo tratado.

Reciclagem
Ao final de cada capítulo, relacionamos as principais informações nele abordadas a fim de que você avalie as conclusões a que chegou, confirmando-as ou redefinindo-as.

Conservando conhecimentos
Apresentamos estas questões objetivas para que você verifique o grau de assimilação dos conceitos examinados, motivando-se a progredir em seus estudos.

Análises químicas

Aqui apresentamos questões que aproximam conhecimentos teóricos e práticos a fim de que você analise criticamente determinado assunto.

Jornadas químicas

Nesta seção, comentamos algumas obras de referência para o estudo dos temas examinados ao longo do livro.

Capítulo 1

Evolução histórica dos suportes para a escrita

O papel e a celulose têm grande importância para a sociedade brasileira. É possível obtê-los por meio de um aglomerado de matéria fibrosa de origem vegetal que, após ajuste com outros aditivos, como cola, carga e, às vezes, corantes, é transformado, manual ou mecanicamente, até a obtenção de combinados secos, finos e flexíveis, que são agrupados em fardos, bobinas ou resmas, proveitosos na obtenção de vários materiais úteis para escrever, imprimir, desenhar, embrulhar, limpar, absorver, adesivar e construir.

Contudo, não foi sempre assim. Até obtermos o papel com as características atuais, diversos suportes, como pedra, cerâmica, madeira, ossos, tecidos e couro, foram usados em diferentes regiões do planeta e permitiram o registro e a perpetuação da presença do homem na Terra.

A união de elementos, mistura de insumos naturais, foi aperfeiçoada por diferentes civilizações e possibilitou a obtenção de um composto de alta qualidade e produtividade, com diferentes características – compressibilidade, porosidade, brancura, textura, estabilidade dimensional, rigidez, formação e nivelamento – que promoveram versatilidade de uso.

Essas propriedades químicas, estruturais, mecânicas e superficiais foram aprimoradas durante centenas de anos; por isso, é notória sua influência no desenvolvimento das sociedades.

1.1 Suporte para a escrita na Pré-História

O período que vai do aparecimento dos seres humanos até o desenvolvimento da escrita é chamado de *Pré-História*. Essa denominação ganhou reconhecimento somente a partir do século XIX, visto que, até então, os vestígios da vida humana pré-histórica eram, de certa maneira, pouco valorizados, pois eram considerados "registros" apenas documentos escritos e não se reconhecia a importância da tradição oral e cultural (Cardoso, 2007).

Em outras palavras, até o século XIX, entendia-se que a história de uma comunidade só poderia ser resgatada se ela dominasse a escrita, pois se acreditava que a escrita transformava a memória do indivíduo, ou do coletivo, em um registro objetivo, imortal e impessoal (Monteiro; Carelli; Pickler, 2008). Todo o contexto associado à cultura material, como as informações contidas na tradição oral, nas pinturas e nos objetos de uso doméstico, era tido como insignificante.

Com o passar do tempo, ficou evidente que, desde os primórdios da civilização, os seres humanos tentam registrar informações principalmente referentes às suas conquistas e que isso deveria ser levado em consideração. Esses registros foram feitos em diferentes substratos ao longo da história, alguns deles mais resistentes, outros nem tanto. Com base nas características desses achados e registros, foram identificadas como sociedades *históricas* as que dominavam a escrita e como *pré-históricas* as que não dominavam essa habilidade. A estreita relação entre o homem e os materiais revelou-se bastante significativa, a ponto de se definirem diferentes eras da humanidade em função do nome do material mais importante utilizado no período (Olson, 2001).

Assim, identificou-se o momento em que o ser humano começou a usar ferramentas de pedra até o desenvolvimento da escrita como *período pré-histórico da Idade da Pedra*. A Pré-História é considerada um período bastante longo – estima-se que 98% do tempo de existência do homem na Terra tenha ocorrido nesse período (Navarro, 2006).

Em 1836, conforme uma publicação do dinamarquês Christian Thomsen, o período mais longo de nosso passado foi subdividido de acordo com os artefatos utilizados e as técnicas empregadas da seguinte forma: Idade da Pedra Lascada, Idade da Pedra Polida, Idade do Bronze e Idade do Ferro (Burguette, 1990). Em 1865, o Conde de Avebury, John Lubbock, em sua obra *Pre-Historic Times as Illustrated by Anciente Remains, and Manners and Customs of Modern Savages*, propôs a divisão da Idade da Pedra em Paleolítico (ou Arqueolítico) e Neolítico. Nos anos seguintes, novas divisões foram propostas, como a do paleontólogo e arqueólogo Edouard Lartet, que estimou que o período paleolítico deveria ser subdividido, e a de Gabriel de Mortillet, que sugeriu o uso de fósseis guias para facilitar a identificação de datas.

A partir do século XIX, a origem da humanidade e as primeiras formas de organização foram definidas em três momentos: Idade da Pedra Lascada, ou Paleolítico, que tem origem com a humanidade e estende-se até cerca de 10000 a.C.; Idade da Pedra Polida, ou Neolítico, que se inicia em 10000 a.C. e vai até 6000 a.C.; e Idade dos Metais, que abrange os dois últimos milênios antes do surgimento da escrita, em 3500 a.C. (Burguette, 1990).

Vale ressaltar que a sociedade do **Paleolítico** era de subsistência; homens e mulheres viviam em bandos, dividindo espaço e tarefas. Utilizavam-se utensílios confeccionados em ossos, pedras e dentes de animais. Sustentavam-se por meio de caça, pesca, coleta de frutas, sementes e raízes. Para se protegerem, buscavam abrigo em cavernas, e houve uma considerável conquista quando ocorreu o controle do fogo (Gottlieb; Cruz; Bodanese, 2008).

Nesse período, foram feitas as primeiras pinturas em cavernas e em paredes externas de pedra, com representação de animais como cavalos, mamutes, bois e veados. Essas pinturas, denominadas *rupestres*, representam os mais antigos registros conhecidos da humanidade e são divididas em **petróglifos**, que são as gravuras feitas diretamente na rocha por meio de uma incisão, marcação ou escavação, e em **pictogramas**, que são pinturas ou desenhos simbólicos aplicados com pigmento em uma superfície. Esses pictogramas, como o ilustrado na Figura 1.1, cujo significado é comunicado por sua forma visual, não seguem um padrão de representação. Essas pinturas simbolizavam animais, objetos ou pessoas, e cada autor representava o que pretendia de forma aleatória, sem deixar de atender às necessidades de comunicação.

Figura 1.1 – Pintura rupestre paleolítica na caverna de Altamira

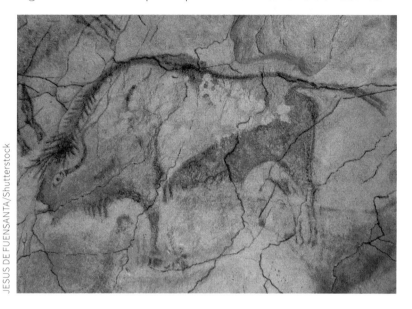

Com base nesses desenhos, nos vestígios de utensílios e de ferramentas encontradas nessas cavernas, foi possível estabelecer as características desses povos que, mesmo sem dominar a escrita, conseguiram iniciar uma comunicação e representar desejos, necessidades e técnicas.

No **período intermediário entre o Paleolítico e o Neolítico**, ocorreram várias alterações climáticas e geológicas no planeta e, com a temperatura terrestre mais branda, foi possível sair das cavernas e deslocar-se para áreas adjacentes em busca de novas oportunidades. Isso possibilitou um modo de vida mais livre que potencializou o desenvolvimento de novas ferramentas e o fim dos agrupamentos nômades. Foi durante esse período que se iniciou a produção de cerâmicas e de tecidos (Cardoso, 2007).

O **Neolítico** teve início em 10000 a.C., quando os humanos começaram a domesticar animais e a desenvolver a agricultura. Trata-se de um período de sedentarização, quando os primeiros grupos passaram a se organizar próximos a rios para usufruir do ambiente fértil para o plantio, com água suficiente para homens e animais. O conforto associado a essas condições proporcionou o desenvolvimento de novas estratégias que facilitaram a sobrevivência, constituindo-se no aperfeiçoamento de técnicas como fabricação de cestos, peças cerâmicas e ferramentas (Navarro, 2006).

Com o desenvolvimento da agricultura e a domesticação de animais (que também auxiliavam o homem no transporte de cargas), ocorreu a aglomeração de grupamentos humanos que, posteriormente, deram origem às primeiras cidades. Nesse período, teve início o desenvolvimento primário da metalúrgica, e os pictogramas primitivos deram lugar a uma escrita primitiva (Proença, 2002).

Com o passar do tempo, os humanos aprimoraram as técnicas, o domínio e a fabricação de metais, primeiramente com a obtenção do cobre; depois, do bronze, que consiste em uma liga metálica gerada pela mistura de cobre e estanho; e, mais tarde, do ferro.

> A princípio o cobre, por ser muito maleável, era moldado a frio [...]. Tempos depois os metais passaram a ser aquecidos [...]. Entre os metais o ferro era o mais difícil [...]. Em razão de sua durabilidade e flexibilidade, ele foi capaz de substituir os outros metais na confecção de numerosos artigos. (Braick; Mota, 2010, p. 25)

Mesmo que desenvolvidas de maneira bastante rudimentar, essas técnicas facilitaram a confecção de novos instrumentos e o desenvolvimento de novas estratégias, que, por sua vez, potencializaram o desenvolvimento intelectual dessas comunidades.

Nesse período, os grupamentos humanos tornaram-se núcleos urbanos submetidos a chefes. As primeiras cidades surgiram no Oriente Médio e nelas foram cultivados alimentos como trigo, cevada e ervilha, além da criação de animais como ovelhas e gado para alimentação e vestimenta (Stevanovic, 1997).

No período seguinte, ocorreu a evolução da escrita (4000 a 3500 a.C.), por meio da qual o ser humano consolidou o registro do pensamento e de suas ações (Caldeira, 2009). Os povos que se desenvolveram na Idade Antiga foram as civilizações egípcia, mesopotâmica, chinesa, grega, romana, persa, hebraica, fenícia, celta, etrusca, eslava e germânica. Com a escrita, o conhecimento tornou-se disponível, consultável e comparável.

O aprimoramento da linguagem culminou no desenvolvimento de uma simbologia própria em cada civilização, de modo totalmente independente. Basicamente, a escrita foi criada por meio de ideogramas, que são símbolos gráficos, representativos, que expressam determinados objetivos. Posteriormente, eles se tornaram mais abstratos, evoluindo para símbolos sem relação efetiva com os caracteres originais (Mello, 1979).

A utilização da simbologia escrita permitiu que as informações fossem transmitidas com riqueza de detalhes, aspecto de grande importância, uma vez que a comunicação escrita precisa ser mais clara e completa do que a oral, a fim de possibilitar a interpretação adequada entre os indivíduos.

A partir da Idade Antiga, iniciou-se, também, a formação dos Estados, organizados com identidade e com delimitação de território. Dessa maneira, a possibilidade de grafar regras permitiu a criação de leis escritas, o que fortaleceu o Estado (Caldeira, 2009).

A história da **escrita** começou na antiga Mesopotâmia, na região do Oriente Médio, entre os rios Tigres e Eufrates, com os povos sumérios (Mello, 1979). Essa civilização utilizou a argila, presente nas regiões fluviais em que também proliferava uma espécie de planta aquática – o caniço ou cana (Roth, 1983) –, para produzir um substrato que suportava a escrita. De posse desses materiais, os escribas sumerianos iniciaram as inscrições nas placas de argila com cunhas de talos de caniço.

Segundo Georges (2002, p. 15),

> por serem fabricados em materiais perecíveis, cana ou bambu, por exemplo, não se conservaram. No entanto, os especialistas em escrita cuneiforme puderam deduzir, pelo método de observação, que deveriam existir três tipos de cálamos:

o triangular, para formar os cantos; o de ponta côncava, para formar as cunhas; e o de ponta arredondada, com o qual anotavam os algarismos.

A escrita cuneiforme reunia cerca de 2 mil símbolos, todos registrados da direita para a esquerda, em placas de argila, com o uso de cunha, uma ferramenta em forma de prisma feita de metal ou madeira. Cada símbolo podia ter vários significados e os caracteres eram impressos nas plaquetas de barro mole, que eram deixadas ao sol e, depois, cozidas em fornos (gerando tabletes), o que fez desse substrato um material bastante resistente, que resistiu ao intemperismo e ao passar do tempo.

Milhões de tabletes já foram encontrados em centenas de sítios arqueológicos nos territórios do Iraque e da Síria (Charpin, 2008). De acordo com os relatos históricos neles contidos, foi possível entender que o uso do sistema de escrita cuneiforme estendeu-se de 3200 a.C. a 75 d.C.; portanto, o uso dessa escrita se constituiu em uma prática cultural cuja continuidade abrangeu mais de 3 mil anos de história (Rainieri; Fattori, 2021). A escrita cuneiforme foi usada por vários povos diferentes, entre eles os sumérios, os persas e os sírios (Mello, 1979).

Várias grafias foram criadas, desenvolvidas e, da mesma maneira, registradas em diferentes suportes. Como mencionamos, essa simbologia foi usada para registrar o cotidiano de diferentes sociedades. Um exemplo desses registros são os obeliscos de pedra entalhada encontrados na Babilônia e no Egito, indicados na Figura 1.2.

Figura 1.2 – Inscrições em argila: babilônicas (A) e egípcias (B)

O uso dessas marcas gráficas conferiu durabilidade às informações, possibilitando o registro de situações e acontecimentos que atravessaram a barreira do tempo.

Qualquer superfície lisa podia ser usada para a escrita. Uma situação bastante interessante diz respeito ao uso de cacos de cerâmica, lascas de calcário e partes finas de outros tipos de pedra, que eram frequentemente aplicados; neles eram acrescentadas poucas informações, como podemos ver na Figura 1.3. Esses objetos eram conhecidos como *óstracos* (Katzenstein, 1986).

Figura 1.3 – Óstraco

Age Fotostock/Easypix Brasil

Sobre os **óstracos**, Waldvogel (1984, p. 18) relata:

de sorte que quase todas as casas tinham na proximidade um montão de cacos de barro. A esses montes recorria o dono ou dona da casa para apanhar um fragmento sobre o qual pudesse passar um recibo a um credor exigente, mandar por uma criança esquecida um recado a um amigo etc. Assim os cacos de louça serviam de folhas de papel, sobre as quais se registravam acontecimentos os mais variados.

De acordo com Pierre Lévy (1993), o conteúdo registrado nesses suportes representa uma extensão da memória biológica humana, que, por meio da escrita, foi transformada em uma rede semântica de memória de longo prazo. Conforme a escrita era difundida, outras marcas gráficas foram sendo elaboradas por diferentes civilizações, como a dos egípcios e a dos chineses, e novas superfícies precisaram ser aprimoradas para suportar novas informações.

1.2 Utilização do papiro e de outros substratos

Assim como os sumérios, a civilização egípcia começou a elaborar a própria escrita e a desenvolveu de duas formas: a **demótica**, muito mais simples e popular, e a **hieroglífica**, escrita sagrada muito presente em túmulos e templos.

Os antigos egípcios utilizavam a parede das pirâmides para registrar informações que enfatizavam a vida dos faraós e, com a mesma finalidade, começaram a usar as fibras vegetais obtidas da maceração do papiro, uma espécie de junco abundante na região.

O papiro (*Cyperus papyrus* ou *Papyrus spectabilis*) é uma erva aquática, de raízes grossas e longas, com caule triangular, que atinge, em média, 2 m de altura, com ramos frutíferos na ponta. Essa planta é bastante conhecida no Egito, desde 400 a.C., e servia de alimento para a população. A partir dela, era possível obter uma bebida açucarada bastante nutritiva (Mello, 1979).

Essa planta herbácea também forneceu aos antigos egípcios matéria-prima para a produção do meio físico usado para a escrita na época, o qual, por extensão, também foi chamado de *papiro*. Antes de ser utilizada para a fabricação do precursor do papel, a planta também era material para a confecção ou calefação de embarcações e para a produção de pavios de candeeiros a óleo, cestos, cordas, tecidos e sandálias.

Figura 1.4 – *Cyperus papyrus* (A) e produção artesanal do papiro (B)

O processo de produção artesanal do papiro consistia em selecionar o material, retirar a casca de forma bastante sutil e cortar o caule em um talho perpendicular, para formar lâminas com aproximadamente 48 cm. Estas eram estendidas em um molde inclinado, disposto sobre as águas do Nilo, que ajudavam no processo de produção, facilitando a colagem das fibras, que ocorria por pressão mecânica conveniente, obtida por batidas proporcionadas por maços de madeira. A Figura 1.5 ilustra esse processo.

Figura 1.5 – Processo de produção do papiro

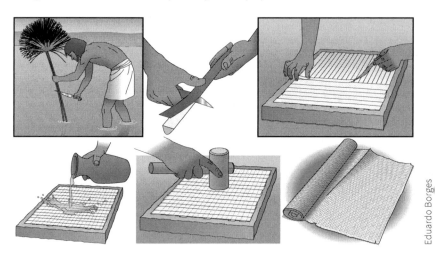

Eduardo Borges

Essas lâminas eram justapostas e, depois de finalizada a primeira camada, uma segunda camada era acomodada de maneira perpendicular à primeira para criar tramas e melhorar a resistência tanto em um sentido quanto no outro. Após a formação da trama, as fibras eram umedecidas com água do

Rio Nilo e, em seguida, piladas. O esmagamento ativava as gomas naturais presentes na planta, o que proporcionava uma colagem entre as fibras.

Esse substrato gerado era seco sob o sol, formando, então, as denominadas *folhas*, as quais eram agrupadas em 20 unidades para formar uma unidade chamada *scapus*, ou *quinterno*, que era posta à venda, assim como hoje, constituindo algo muito próximo à resma (Mello, 1979).

Após a secagem, essas folhas eram polidas, transformando-se em uma superfície flexível, bastante sensível à tinta. Depois de esmagadas, as folhas eram comprimidas, polidas e submersas em uma espécie de banho no óleo de cedro, para terem mais durabilidade.

Por serem bastante quebradiças, as folhas de papiro eram coladas umas às outras e enroladas, chegando a formar peças de até 50 m. Como demonstra a Figura 1.6, esses rolos recebiam hastes de madeira, ou de marfim, em suas extremidades. Conhecido como *papiro em rolo*, esse produto foi, durante anos, um item de exportação do Egito Antigo.

Figura 1.6 – Papiro em rolo

Como explica Martins (1996, p. 62),

> o papiro podia ser utilizado na escrita. Sobre cada folha, o texto era escrito em colunas e cada uma delas se colava, em seguida, pela extremidade à folha seguinte, de forma que se obtinham fitas de papiro com, às vezes, dezoito metros de comprimento. Enrolados em torno de um bastonete chamado *umbilicus*, constituíam os primeiros rolos de pergaminho e, por consequência, do próprio livro.

O clima seco da região do Egito proporcionava um excelente ambiente de conservação para os rolos de papiro, que permaneceram inalterados por milênios, preservando informações valiosas até os dias atuais. A quantidade de textos escritos em papiros é tamanha que culminou na criação de uma ciência: a **papirologia**.

Havia dois tipos de papiro: um mais fino, denominado *papiro hierático*, utilizado somente para a confecção de livros sagrados ou documentos importantes, e outro mais rústico, chamado *leneótico*.

O papiro de Smith é um exemplo de papiro hierático, no qual constam informações sobre medicina. Ele é considerado o mais antigo tratado de cirurgia traumática conhecido, datado de 1600 a.C. (Vargas et al., 2012).

O interessante é que a civilização egípcia correlacionava procedimentos médicos bem definidos com rituais religiosos, e os deuses estavam totalmente vinculados ao procedimento e às doenças. Segundo Kamil (1996), em cidades como Mênfis, primeira capital do Egito Antigo, e Heliópolis, cidade destinada ao culto do deus Sol, existiam chefes de médicos dentistas, especialistas em olhos e médicos do estômago.

De acordo com Sampaio (2009), a escrita de caráter religioso, a hierática, era uma escrita mais livre e rápida do que a hieroglífica, uma escrita estilizada, apropriada para ser feita com pincel e tinta em papiros ou em madeira.

Conforme Shreve e Brink Jr. (1980), estima-se que a produção de papiro como suporte para a escrita ocorreu aproximadamente em 3700 a.C. A palavra *papel* deriva do termo *papiro* – em latim, *papyrus*; em grego, *pápyro*s. Embora o papiro tenha propriedades bastante importantes, ele não é considerado papel, em decorrência de suas características fibrosas. Portanto, o papel não é um derivado do papiro; ele é, sim, seu sucessor notável.

O surgimento do papiro proporcionou não só uma impressão mais fina como também a evolução do hieróglifo para uma escrita cursiva – a hierática –, com o uso de tinta vermelha para a impressão de títulos e de tinta preta no corpo do texto. Outro fator interessante é que os egípcios utilizavam minerais de cobre, como cuprita, azurita e malaquita, para a confecção das tintas usadas sobre os papiros (Christiansen et al., 2017).

Muitas outras fibras vegetais foram empregadas com o mesmo fim. A casca da cortiça, da mesma forma, era molhada e batida até se obter uma pasta viscosa, composta de seiva e de fibras, formando as denominadas *tapas*, que eram produzidas no Sudeste Asiático e em regiões do Himalaia.

Fibras de bambu, amoreira, cânhamo e linho também foram usadas. Na América pré-colombiana, houve o desenvolvimento de um substrato bastante parecido com o papel, uma vez que a geração de relatos escritos também ocorreu, e o aperfeiçoamento de uma base forte e resistente para conter a escrita se deu por mais de 2 mil anos. A escrita dessas civilizações combinava glifos fonéticos, logográficos e ideográficos com pinturas (Phillips, 2006).

Inicialmente, esses conteúdos eram fixados sobre os mais variados substratos, como madeira, cerâmica, osso, pedra, estuque, tecido, pele de animal e um "papel" produzido por meio de casca de árvore batida, denominada *huun*. Mais tarde, os astecas transformaram a manufatura do *hunn* em um processo de grande importância e passaram a empregar a casca da figueira, criando um material conhecido como *amate* (*amalt*).

> Frei Toríbio de Benavente, cronista espanhol do século XVI, escreveu que os maias e astecas faziam seu próprio papel com as fibras de figueira-brava, abundante nas regiões do México e Guatemala. Entre os maias o papel era produzido desde o século II a.C. e, mais tarde, seu método de produção foi aperfeiçoado pelos astecas. Victor Wolfgang Von Hagen, um dos principais estudiosos do tema, aponta a importância desse material na cultura asteca: "escritores, artistas e sacerdotes necessitavam de grandes quantidades de papel para documentos cerimoniais, para registro de tributos e anotações de julgamentos, para mapas e árvores genealógicas, para anais históricos e calendários rituais, para vestes de cerimônias e para sacrifícios [...] formando uma grande unidade de tradição e simbolismo do papel". (ABTCP, 2004, p. 16-17)

Doctors (1999, p. 95) esclarece que o "amalt era empregado para fins religiosos e seculares. As inscrições eram pintadas no suporte com pincel; depois era enrolado ou dobrado para poder ser guardado. Foi utilizado por várias culturas mesoamericanas na produção de livros, incluindo os códices maias e astecas".

O uso desses materiais tornou-se bastante comum e serviu para documentar informações ligadas à cosmogonia, aos feitos históricos das elites dirigentes e suas linhagens, às guerras, às conquistas, a criações de cidades, aos prognósticos, às oferendas e aos tributos. O mais comum era usar o papel amate, obtido pelo processamento de fibras vegetais e coberto por uma fina camada de cal branca. Ele foi muito utilizado, inclusive, na geração de livros longos, formados de amate dobrado em zigue-zague, nos quais eram registradas informações relevantes sobre a história de governantes, seus conhecimentos, crenças e mitos (Acosta, 1975).

Tanto o *hunn*, feito por meio do vidoeiro (*Betula alba L.* e *Betulanigra L.*), quanto o amate, feito da casca da figueira (*Ficus* sp.), eram bastante duráveis (ABTCP, 2004; Gatti, 2007).

Figura 1.7 – Uso de papel amate na confecção de mosaico

Fotoarena

Não sabemos ao certo quando ou como o processo maia de fabricação de papel começou nem como ele evoluiu ao longo do tempo. Deduzimos as informações com base nos registros históricos, porque poucos exemplares sobreviveram à colonização espanhola.

Dos milhares de códices mencionados nos registros glíficos dos maias e nos inventários dos conquistadores espanhóis, só sobraram quatro exemplos parciais: os códices de Dresden, de Madri, de Paris e o Grolier (Phillips, 2006). Alguns foram queimados pelos colonizadores europeus, por suspeita de serem manuais satânicos, e outros se perderam por mau acondicionamento.

Segundo Phillips (2006), formado por 39 páginas de papel de amate (*Ficus involuta* – figueira do México), com escritos e imagens em ambos os lados, o Códice de Dresden contém almanaques do calendário de 260 dias, com detalhes sobre as deidades governantes e os rituais adequados, tabelas matemáticas, descrição de celebrações rituais de ano-novo, tabelas detalhadas de eclipses solares e ciclos dos planetas Vênus e Marte. Seus escribas utilizaram uma delicada caligrafia, particularmente na tabela de Vênus, que contém uns glifos minúsculos e finos de 4 mm de altura e 5 mm de largura.

Embora não tenhamos informações precisas, algumas anotações do século XVI, feitas por Francisco Hernandez, possibilitam entender o processo produtivo de um modo bastante genérico. Nessas anotações, menciona-se que o papel nativo era obtido por meio de galhos grossos das árvores. Depois de cortados, seus brotos eram descartados, e os galhos eram deixados nos rios, durante a noite, para amolecer, porque o látex presente em todas as espécies de *Ficus* coagula, tornando a raspagem mais fácil. Na etapa seguinte, as cascas eram retiradas e separava-se o córtex externo da parte interna da madeira; usava-se apenas o material interno, que era separado e raspado, e a fibra era hidratada em água. Era comum a adição de cinzas vegetais ou carbonato de cálcio (ABTCP, 2004). Na próxima etapa, as fibras eram dispostas em molde individual e maceradas com um martelo de pedra, o que possibilitava a formação de um entrelaçamento colado pela goma gerada. Por fim, essas placas eram deixadas secando ao sol.

O papel resultante era liso em um lado da placa e áspero no outro. Essa aspereza era corrigida por meio da aplicação de uma camada de material formado por giz e um meio espessante, como seiva ou gordura animal. Foi possível determinar a composição química desse revestimento nos códices existentes. Na superfície de todos os códices maias, em ambos os lados, há uma fina camada branca de gesso ou giz, ou uma mistura de ambos. Essa substância tornava o papel semelhante às superfícies de gesso sobre as quais os artistas maias pintavam seus murais.

Era possível obter esse papel com diferentes cores, mas o marrom era a cor tradicional. Mesmo sendo obtido por meio de fibras vegetais, o amate é muito diferente do papel de que dispomos atualmente, assemelhando-se mais às fibras têxteis do que ao papel.

Existem algumas controvérsias relativas à data de origem e ao responsável pela descoberta do papel como o conhecemos hoje. Apesar disso, sabe-se que o desenvolvimento iniciou-se na China. A versatilidade associada a esse produto permitiu que ele superasse os demais materiais rapidamente, consolidando-se como o principal suporte para a escrita, conforme veremos na próxima seção.

1.3 Papel na China

Desde o século II a.C., a China produzia livros escritos em tecidos de algodão ou de seda, por meio de toques delicados de um calígrafo ou de um escriba, que usava um pincel macio para efetuar o registro. Essas fibras, entretanto, não apresentavam características suficientes para serem utilizadas com essa finalidade – faltava uma boa absorção de água, resistência e fibrilação. Além disso, esses materiais tinham um custo bastante elevado e, com a popularização da caligrafia na China, o processo tornou-se inviável; por isso, surgiu a necessidade de desenvolver outros suportes.

De acordo com Katzenstein (1986, p. 159),

> Na China, um dos principais materiais de escrita além da seda era o bambu, usado também para construir pontes suspensas e balsas, e para outras finalidades. Quando destinado à escrita, era cortado em cilindros, que depois eram partidos em tiras de pouco mais de 1 centímetro de largura por 20 centímetros de comprimento. Estas tiras deviam ser serradas e sua superfície interna raspada, pois contêm um suco que provoca deterioração e atrai insetos – uma operação chamada "matar o verde" – sendo em seguida postas para secar sobre o fogo. Para formar um livro, elas eram furadas e as várias peças eram reunidas por um fio de seda. Houve livros de bambu que pesavam até 120 libras usados para documentos da corte até por volta do ano 250 a.C.

Oficialmente, a descoberta do papel é associada à Corte chinesa e data de 105 d.C. (Mello, 1979). Dizem que o ministro da agricultura, T'sai Lun, estava às margens de uma lagoa, ao lado de uma lavadeira que lavava naquela água algumas roupas bastante gastas (Mello, 1979). As roupas, sofrendo muito com a ação do esfregar e do bater, esfiaparam-se e as fibras, flutuando na água, foram se reunir em uma pequena enseada ao pé de T'sai Lun. Depois de algum tempo, certa quantidade de fibras bem feltradas se concentraram na superfície da água; então, T'sai Lun as pegou e colocou para secar.

Após a secagem, a folha apresentava textura e maciez bastante características, o que deu a T'sai Lun a grande ideia de utilizar aquela folha para receber a escrita (Museo della Carta, 2023). Com base nesse princípio, os chineses fizeram a coleta de cascas de amoreira e de bambu e de restos de tecidos, que foram macerados, cozidos e esmagados até se obter uma pasta úmida, disposta em um molde de bambu, recoberto com estopa (parte mais grossa do linho), para impedir a retirada da folha até sua completa secagem.

Para essa situação, era necessário um molde para cada folha. Esse processo permaneceu inalterado, conforme o princípio básico de produção, durante anos (ABTCP, 2004). Na Figura 1.8, vemos a ilustração desse processo.

Figura 1.8 – Processo produtivo do papel chinês

Outra versão bastante difundida associada à data e, consequentemente, ao inventor do papel foi descrita por Martins (1996, p. 112) da seguinte maneira:

> O que chegou foi um pedaço de papel descoberto em 1958 num túmulo da província de Chen-Si – túmulo que, datando de 140 a.C., recua cerca de 200 anos a invenção do papel.

Escrevendo no livro Henri-Jean Martin no capítulo sobre o "precedente chinês", M.-R. Guignard, conservadora no gabinete dos manuscritos da Biblioteca Nacional de Paris, mesmo sem saber do túmulo de Chen-Si, observava que o tumulo de T'sai Lun foi privilegiado pelo costume chinês de tudo atribuir a Corte Imperial, sendo certo, porém, que bem antes dele já se escrevia sobre papel. Até 1958, os monumentos mais antigos que se conheciam, escritos em papel, foram descobertos pelo sueco Svend Hedin, perto do lago Nob-Nor, no deserto de Tibé. Também nas paredes de um templo em Tun Huang, no Turquistão, encontram-se alguns manuscritos em papel que se conservam atualmente no Museu Britânico e na Biblioteca Nacional de Paris.

Ambas as versões são defendidas ora pelo governo chinês, ora por pesquisadores. Independentemente, entretanto, de quem tenha inventado e de qual seja a data da criação, o papel é um substrato com características bastante satisfatórias e, portanto, uma invenção bastante importante, o que justifica o fato de o processo ter permanecido em segredo por longos anos.

Foi somente em 611 d.C., quando os chineses invadiram a Coreia, que o conhecimento a respeito da produção do papel saiu da China e foi, finalmente, compartilhado (Motta; Salgado, 1971). Anos depois, o produto foi levado até o Japão pelas mãos dos monges budistas coreanos (Frugoni, 2007).

Segundo Mello (1979, p. 96),

Ao ministro Tsai-Lun, a humanidade é devedora de uma das maiores descobertas científicas, e que contribuiu, decisivamente, para a invenção da imprensa [...]. A prova de que o papel já era fabricado, também no Japão, está no decreto da Imperatriz Xotocu, em 770, mandando imprimir 1.000.000 de aforismos budistas, para divulgar, nacionalmente, a religião no país na segunda metade do século VIII.

Nesse momento, houve um aperfeiçoamento e o papel passou a ser desenvolvido com a utilização de fibras de matéria-prima local (plantas nativas), o que interferiu em suas características, como resistência e delicadeza. Os japoneses aprimoraram o uso do papel para outras finalidades além da escrita – por exemplo, para a arte do origami.

Como o papel não era um artigo tão acessível, os produtos obtidos a partir dele, como o origami, eram considerados uma arte, sendo usado de maneira especial em ocasiões cerimoniais (Honda, 1969). Um exemplo é o *noshi*, origami de formato hexagonal alongado, dobrado a partir de um papel quadrado e que, até hoje, é atado a embrulhos de presente, no Japão, para dar bênçãos a quem os recebe. A origem desse costume é anterior ao final do século XII, quando os samurais trocavam presentes atados com o *noshi*, provavelmente por algum significado simbólico que permanece ainda nos dias atuais (Kodansha, 1983).

Para confeccionar o origami, era necessário um papel diferenciado denominado *washim*, feito de fibras de arbustos como *kozo*, *gampi* e *mitsumata*, ilustrados na figura a seguir.

Figura 1.9 – Fontes de celulose para papéis especiais

KOZO MITSUMATA GAMPI

É importante entender que a matéria-prima interfere nas características do produto final: ao usar o arbusto *kozo*, obtêm-se fibras longas e fortes e um papel bastante resistente; a *mitsumata* gera fibras curtas e um papel liso, com tonalidades mais fortes; e as do *gampi* dão origem a papéis com folhas fortes, sedosas e translúcidas.

Outro parâmetro importante é o rendimento produtivo desses papéis, consideravelmente baixo. Se forem usados 5.500 g de casca de *kozo*, o rendimento será de 245 g de papel, após fervura, cozimento, tratamento mecânico e formação da polpa. Na Figura 1.10, podemos observar essa transformação.

Figura 1.10 – Rendimento da transformação do *kozo* em papel

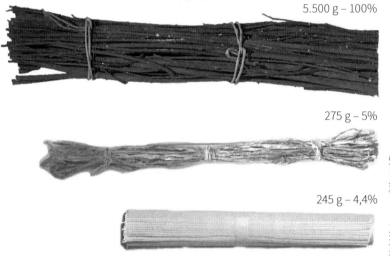

5.500 g – 100%

275 g – 5%

245 g – 4,4%

Yuki Katayama/Hiromi Paper

Embora a fabricação de papel tenha se espalhado por todo o Império Chinês, o processo produtivo permaneceu em segredo por mais de 500 anos.

1.4 Outros substratos

O processo de difusão da produção de papel fora da China iniciou-se no século VIII, após a conhecida Batalha de Talas, em Samarcanda, hoje pertencente ao Uzbequistão (Mello, 1979). Após a batalha, alguns chineses foram aprisionados, entre eles artesãos que dominavam as técnicas de produção de papel. Eles trocaram o conhecimento por liberdade, fornecendo dados a respeito de um processo produtivo promissor para os árabes, que, por sua vez, já dominavam grande parte do Oriente Médio (Paladino, 1985).

O processo foi melhorado e, a partir daí, Samarcanda tornou-se produtora de um excelente papel, obtido pelo uso de linho como matéria-prima e água de ótima qualidade. O processo produtivo em questão seguiu os passos da civilização árabe, que estava em um período econômico e cultural bastante promissor. Avançando junto com a expansão geográfica, os processos associados à produção de papel logo chegaram a Bagdá e ao Cairo.

No século XI, a técnica se expandiu para a Europa, cuja produção foi iniciada na Espanha e, depois, estendeu-se pelo Ocidente. Vale ressaltar que o continente europeu há muito procurava novas opções para multiplicar e baratear os livros manuscritos, feitos até então de pergaminhos.

O novo substrato, fino e maleável, porém frágil, não foi bem aceito pela Igreja Católica, sendo utilizado apenas em situações simples. Dessa forma, o pergaminho continuou sendo considerado muito mais resistente e confiável.

A esse respeito, Motta e Salgado (1971, p. 23) explicam:

> Assim é que Frederico II proibiu o seu uso em documentos oficiais, na Alemanha. O abade de Cluny, Pedro, o Venerável, condenava o seu uso nos trabalhos quirográficos conventuais. Afonso, o Sábio, de Castela, promulga um decreto especificando os documentos que não poderão ser passados senão em "pergaminhos-de-couro".

Esse pergaminho, tão requisitado por sua resistência, tinha origem bastante antiga, com invenção associada aos persas, aproximadamente em 200 a.C. (Teixeira et al., 2017). Assim como o papiro e o amate, o pergaminho não pode ser considerado um papel em razão de sua estrutura fibrosa característica.

O surgimento do pergaminho está associado à escassez do papiro. Segundo McMurtrie (1997, p. 32), "acredita-se que, para impedir o crescimento da biblioteca de Pérgamo, que rivalizava com a de Alexandria, os egípcios proibiram a exportação do material no século II d.C.". A substituição do papiro pelo pergaminho ocorreu, portanto, em virtude do alto custo dessa matéria-prima original do Egito (Faria; Pericão, 2008). Em razão dessa situação, o rei de Pérgamo, Eumenes II, incentivou o aprimoramento de um novo substrato para a escrita.

O tratamento e o beneficiamento das peles de animais geraram um produto bastante resistente, que recebeu o nome de *pergaminho*, em referência à cidade onde a fabricação se iniciara: Pérgamo, na Ásia Menor.

Mesmo o pergaminho sendo obtido pelo processamento de subproduto do consumo alimentício de carne animal, como cabra, carneiro, cordeiro ou ovelha, a técnica produtiva envolvida era bastante trabalhosa e demorada.

A etapa inicial consistia em mergulhar a pele do animal em solução de água de cal para a retirada dos pelos e a obtenção apenas do couro. Em seguida, esse couro era novamente imerso em banho com cal e, na etapa final, o substrato era amarrado em suportes para secagem, como ilustra a Figura 1.11.

Figura 1.11 – Pergaminho de couro

Durante a secagem, ocorria um desbaste cuidadoso, uma laminação especial, para que a peça se tornasse muito fina. Após a secagem, as peles eram lixadas com pó fino de pedra-pomes. Em seguida, havia o processo de corte de peças retangulares, homogêneas, que eram unidas umas às outras pelas extremidades para poderem ser enroladas.

Com o passar do tempo, novas estratégias foram desenvolvidas, principalmente com relação à possibilidade de guardar o pergaminho. As folhas passaram a ser dobradas no formato de fólio, quarto ou oitavo e, então, encadernadas. Esse processo é muito parecido com o que usamos atualmente.

A origem e a forma de fabricação do pergaminho são assim explicadas por Katzenstein (1986, p. 179, grifo do original):

> Uma vez que **pergaminu**, vocábulo latino para pergaminho, e o nome da cidade de Pérgamo têm a mesma raiz, admite-se que no século II a. C., ele tenha sido inventado nesta cidade ou, que aí tenha sido introduzido um novo método de limpá-lo, esticá-lo e raspá-lo, o que tornou possível a utilização dos dois lados de uma folha para escrever. Plínio cita um relato de Marco Terêncio Varro, estudioso romano do século I a C. e bibliotecário de César, afirmando que o rei Eumenes II, de Pérgamo (197-159 a. C.), desejava organizar uma biblioteca enorme e que o rei Ptolomeu, do Egito, como bibliófilo, considerou isto um ato inamistoso e declarou o embargo da exportação de papiro – e que tal fato inspirou Eumenes II a imediatamente "inventar" o pergaminho. Os relatos de Varro sobre os materiais de escrita, entretanto, não são confiáveis. De acordo com um outro relato seu, o papiro foi "inventado" pelos gregos, ou melhor, por Alexandre, o Grande, embora já se fosse conhecido dos egípcios em 3.000 a.C. e Heródoto tenha referido seu uso muito anterior, 100 anos antes de Alexandre.

Labarre (1981, p. 10) destaca detalhes importantes na fabricação do pergaminho, enfatizando as causas de seu preço elevado:

> As peles eram lavadas, secas, estiradas, estendidas no chão, com o pelo para cima, cobertas com cal viva no lado da carne; depois pelava-se o lado do pelo, empilhava-se as peles num barril cheio de cal; por fim lavavam-se, secavam-se estendendo-as, tornavam-se mais finas, poliam-se e talhavam-se consoante o corte pretendido. O pergaminho era simultaneamente um material mais sólido e mais flexível que

o papiro, e permitia que o raspasse e o apagasse. Entretanto, o seu emprego generalizou-se lentamente, e só no século IV da nossa era suplantou completamente o papiro na confecção de livros. Mantinha-se com um preço elevado, por causa da relativa raridade da matéria-prima e também em virtude do custo da mão de obra e do tempo que seu preparo requeria.

Como o processo de produção do pergaminho era caro e demorado, uma técnica de reutilização foi desenvolvida e muito utilizada, o **palimpsesto** (do grego *palin*, que significa "de novo", e *psesto*, que significa "raspado"). Essa técnica consiste em raspar e lavar o pergaminho ou o papiro original, permitindo, assim, a reutilização.

Um caso bastante interessante de palimpsesto diz respeito à obra *O método*, de Arquimedes (287-212 a.C.), que ficou desaparecida por mais de mil anos até ser descoberta por Johan Ludvig Heiberg, no Metochion, biblioteca do Santo Sepulcro de Jerusalém, em Constantinopla.

O método, livro sobre os teoremas mecânicos de Arquimedes, estava escrito em um pergaminho e o conteúdo foi raspado e apagado, em 1229, pelo Padre Ioannes Myronas, que, ao começar a escrever seu livro de orações, não tinha a quantidade necessária de pergaminhos e teve de dispor da técnica do palimpsesto (Netz; Noel, 2009). Ele reutilizou os materiais necessários, entre os quais estavam alguns pergaminhos gregos que continham conteúdos matemáticos. Como a raspagem não foi bem-feita, o conteúdo matemático original não foi totalmente eliminado. Em 1899, as obras contidas no Metochion foram catalogadas, e o manuscrito de orações contendo, parcialmente apagado, um conteúdo matemático em grego foi identificado.

Para recuperar o conteúdo do palimpsesto, foram usadas técnicas de fotografia digital, iluminação com diferentes comprimentos de onda e até fluorescência de raios X no Stanford Linear Accelerator Center (Netz; Noel, 2009).

A técnica de obtenção do substrato podia ser feita com a pele de qualquer animal, porém, por questão de qualidade, os pergaminhos eram normalmente obtidos da parte interna da pele (couro) do carneiro, pelo velino do vitelo de ovelhas e bezerros, o que justifica a escassez e o alto custo.

Estima-se que tenham sido necessários 300 carneiros para a impressão da Bíblia de Gutenberg (Roth, 1982). Nessa mesma época, calcula-se que um volume de 200 páginas em pergaminho custava 150 francos, ao passo que o mesmo volume, em papel, custaria 10 francos (Melo, 1926).

Toda essa situação revela como o papel apresentava vantagem sobre o pergaminho por ser um produto com preço inferior e por oferecer mais possibilidades de fabricação, melhor resistência e durabilidade. Febvre e Martin (1992, p. 45) assim explicam o contexto:

> Evidentemente, o papel não apresentava as mesmas qualidades exteriores do pergaminho. Mais fino, de aspecto felpudo (por muito tempo pensou-se que fosse fabricado com algodão), tinha menor firmeza e rasgava-se facilmente. Desempenhou a princípio um modesto papel de *ersatz*, finalmente aceitável, e mesmo vantajoso em certos casos: principalmente quando o documento escrito não era destinado a durar (cartas mensageiras, por exemplo, ou rascunhos) – ou ainda quando se tratava de executar a minuta de um texto destinado a ser em seguida copiado em pública-forma. Foi assim que

os notários genoveses não hesitaram em utilizar para seus registros cadernos de papel branco e mesmo, por vezes, velhos manuscritos árabes em cujas margens escreviam.

Katzenstein (1986, p. 221) assim compara o papel e o pergaminho:

> Muitas semelhanças surpreendentes entre o papel e o pergaminho levaram os peritos a admitir que os fabricantes de papel imitavam o pergaminho, considerado material mais nobre. Os primeiros fabricantes realmente imitavam os materiais mais caros; as folhas de papel eram cortadas exatamente no mesmo tamanho das folhas de papiro, padronizadas e vendidas como "papel de faraó". Supomos que os primeiros fabricantes podem ter sido também pergaminheiros, que transferiram alguns elementos da técnica do pergaminho ao papel. Uma semelhança entre o pergaminho e o papel era uma linha em ziguezague, peculiar e idêntica, presente em alguns dos primeiros papéis catalães e nos pergaminhos. Não pode ter sido uma marca d'água, uma vez que não era um deserto artístico e, de qualquer maneira, não havia marca d'água no pergaminho.

Segundo Roth (1982, p. 20), "as condições associadas ao processo produtivo, transporte e armazenamento fizeram do pergaminho um produto caro", mas ele continuou sendo utilizado até o fim da Idade Média, quando o papel inventado pelos chineses foi introduzido na Europa por comerciantes árabes, tornando-se popular.

A partir dessa data, o pergaminho passou a ocupar um cenário meramente artístico, formal e burguês, sendo muito usado para fins decorativos.

1.5 Registros nas Idades Média, Moderna e Contemporânea

A Idade Média abrange um extenso período de quase mil anos (476 a 1443). Essa denominação foi usada pela primeira vez pelo poeta italiano Francesco Petrarca, no século XIV, ao referir-se aos séculos que julgava como barbárie, entre a Antiguidade Clássica e a própria época em que se encontrava (Costa, 2016).

Esse foi um período bastante turbulento, em decorrência de vários acontecimentos no continente europeu, como invasões territoriais, guerras, formação de vários reinos independentes, consolidação do sistema feudal, economia agrícola, mão de obra servil, pouco uso de moedas, escassos contatos comerciais externos, fortalecimento do cristianismo e crescimento do poder interventivo da Igreja Católica com exacerbação de poderes (Caldeira, 2009). Nessa época, cada um era soberano no respectivo domínio; "a autoridade do Papa em matéria religiosa e eclesiástica" era absoluta, assim como "o poder do Rei sobre seus súditos" (Châtelet; Duhamel; Psier-Kochner, 2000, p. 31-32).

Le Goff (2015) afirma que a produção de papel na Europa teve início na Espanha, primeiramente na cidade de Játiva, ao sul de Valência, sobretudo pela grande quantidade de fontes de água ali existentes (Melo, 1926).

Motta e Salgado (1971, p. 20) explicam que a rota do papel foi lenta e longa, "pois a sua manufatura só conseguiu atingir a Europa dez séculos mais tarde, por caminhos tortuosos e difíceis. Os da África, e de Alexandria, Trípoli e Tunísia, faziam-no chegar à Espanha e, em seguida, à França".

Nesse processo inicial, a produção era feita por meio de trapos de tecidos de linho e de cânhamo, que, durante séculos, foram insumos fundamentais para a produção do papel no Ocidente.

Segundo Melo (1926, p. 20), "no século XIV esta indústria estende-se pela Catalunha, Valência e Aragão, sendo o uso do papel espanhol vulgar em toda a Península". Esses locais utilizavam quase que exclusivamente trapos porque era muito difícil obter outros materiais fibrosos, porém problemas associados à escassez de trapos potencializaram a busca por novas fibras para a produção do papel. Mesmo a Espanha sendo pioneira na produção europeia, no final do século XVI, ela dependia das importações de papel de Gênova (Hallewell, 2012).

Nessa época, o processo de produção da pasta de celulose era manual, artesanal, e os equipamentos utilizados eram bastante primitivos. O processamento tinha início com a imersão dos trapos em tanques com leite de cal branca, onde permaneciam durante aproximadamente 12 horas. Depois, o produto era amassado com as mãos e colocado sobre moldes para secar. Posteriormente, a frente e o verso das folhas eram revestidos por uma fina camada de mingau de amido de trigo e solubilizados em água fervente; por fim, as folhas eram novamente secas.

O papel arábico produzido na Espanha e na Sicília recebia essa adição de amido e, em alguns locais, o processo tinha atrasos, associados à demora na secagem em função do clima frio e úmido. A quantidade de carboidrato disponível na superfície, associada à umidade relativa do ar e à presença de agentes microbianos, acentuava os processos fermentativos do material, interferindo na qualidade do produto.

Quando a Itália iniciou o processo de produção de papel, algumas alterações, principalmente com relação às matérias-primas, geraram um produto de melhor qualidade. As principais cidades italianas produtoras de papel eram, em 1283, Fabriano e, em 1289, Amalfi.

A seguir, destacamos algumas contribuições feitas em meados do século XIII, na Itália:

- Começou-se a fazer a dissolução mecânica dos trapos de linho e de cânhamo por meio de um novo equipamento adaptado do pisão, usado para conformar lã, o qual detinha vários martelos que facilitavam a formação de uma polpa mais homogênea.
- Na cidade de Fabriano, passaram a acrescentar cola e gelatina animal ao processo, o que permitia maior fixação à pasta de trapos.
- Teve início o uso da marca d'agua, também conhecida como *filigrana*, desenho costurado nos fios de forma a comprovar a origem do papel. A marca d'água da época era clara: o mestre, com o uso de fio metálico de cobre ou bronze, criava uma imagem que, posteriormente, era costurada na tela, permanecendo em relevo. Isso deixava uma marca mais nítida na folha.

Portanto, a primeira alteração significativa na produção de papel ocorreu somente no século XIII, com o aperfeiçoamento do sistema de trituração (uso de martelos) e a substituição da cola de amido por cola de origem animal (obtida por meio da hidrólise do colágeno). Essa alteração fortaleceu a estrutura da indústria papeleira, e essas novas técnicas logo se espalharam pela Itália, chegando também a outros lugares da Europa (Brinquis, 2006).

Com a invenção da imprensa, o papel adquiriu grande protagonismo, uma vez que a demanda passou a ser enorme, exigindo que esse produto fosse obtido com mais rapidez e abundância, sendo fundamental o desenvolvimento de novas ferramentas e máquinas. A concorrência fez com que o aperfeiçoamento do processo se tornasse um segredo industrial. Os avanços nos métodos de produção de papel só estariam protegidos se convertidos em segredo de Estado. Assim, estabeleceu-se em Gênova uma abundante legislação sobre a proibição da imigração dos mestres papeleiros e dos carpinteiros especialistas na construção das máquinas e dos instrumentos necessários para a produção do "papel de Gênova" para outras cidades, a fim de garantir a hegemonia produtiva (Brinquis, 2006).

O aprimoramento dos processos, a substituição de matérias-primas e a qualificação da mão de obra possibilitaram a expansão dos conceitos associados à produção de papel em direção a outros países europeus e também para a Rússia. De acordo com Melo (1926), em 1348, iniciou-se na França a produção do papel, principalmente nas cidades de Champagne e Lorraine.

Martins (1996, p. 114) relata que da "Espanha para a Itália, da Itália para a França, a Inglaterra e a Holanda, fechou o seu círculo europeu: a história da civilização moderna foi escrita, em grande parte, não 'sobre' papel, mas 'pelo' papel. Na França há moinhos de papel funcionando em Troyes e em Essonnes, no século XIV".

No século XIV, segundo Gimpel (1977, p. 49), "por toda a Europa surgem relatos de moinhos movidos pela força hidráulica: a força motriz da água revolucionou a indústria do ferro, tal como tinha revolucionado a moagem e o pisoar do pano". Na Figura 1.12, há um exemplo desse novo maquinário, que permitiu o aprimoramento do processo por meio do uso da roda de mó.

Figura 1.12 – Roda de mó

Predrag Jankovic/Shutterstock

Esses equipamentos possibilitaram a obtenção de materiais mais homogêneos, que eram rasgados e triturados em pilão de martelos movidos por força hidráulica ou eólica. A massa obtida era colocada em tanques com água, com dimensões suficientes para a utilização de uma placa que atua como meio filtrante, capaz de reter as fibras e permitir o escoamento da parte líquida.

A Figura 1.13 ilustra essa sequência de produção do papel.

Figura 1.13 – Prensas e a produção do papel

Wikimédia Commons

Depois de passar pelo molde e ter o excesso de líquido retirado, o papel formado era removido ainda úmido, permitindo que o molde fosse reutilizado. Essa folha ainda úmida era prensada com o intuito de retirar o excesso de líquido e, posteriormente, pendurada para secar. Conforme Le Goff (1986, p. 208), "o primeiro moinho alemão surge em 1390, em Nuremberg, até então o papel italiano supria as necessidades deste país".

De acordo com Mello (1979, p. 100), "Apesar da afirmação de que a França começou a fabricar papel no século XII, na verdade só em 1248 e em 1250 é que se montaram os primeiros moinhos, em Troyes, na Champanha. Na Inglaterra, o primeiro moinho foi construído em Stevenage, em 1460". Já a Coroa portuguesa teve a autorização para erguer, no Rio Liz, engenhos para produzir papel em 29 de abril de 1411 (Melo, 1926).

A pandemia da peste bubônica que assolou a Europa no século XIV afetou também a produção de papel. Transmitida ao homem pela pulga de ratos pretos, o contágio entre os indivíduos ocorria por meio da tosse e dos espirros, o que comprometeu o uso de trapos na produção de papel, uma vez que eles se tornaram meios de contaminação.

O período que abrange o final do século XIV e o início do século XV, denominado Idade Moderna, é marcado por grandes transformações, como a ascensão das monarquias nacionais europeias, o início da recuperação econômica e demográfica após a peste negra, o desenvolvimento marítimo e o movimento de redescoberta da cultura clássica. Muitos historiadores consideram esse período como uma época de revolução social, com a substituição da produção feudal pelo capitalismo, com extraordinário crescimento do comércio.

Nesse contexto, a Coroa portuguesa passou por um período de prosperidade, com as viagens de Cristóvão Colombo ao continente americano em 1492 e de Vasco da Gama à Índia em 1497 (Caldeira, 2009). No século XV, Portugal concedeu auxílio financeiro e alvarás para o funcionamento de moinhos papeleiros no país, mas, mesmo assim, precisou importar papel da Holanda, da Inglaterra, da França e da Itália até o século XIX.

No século XV, o alemão Johannes Gutenberg desenvolveu uma máquina de impressão com partes móveis que permitiu a produção e a reprodução de livros em alta escala. Capanella (citado por Rossi, 2001, p. 66) define essa situação da seguinte forma: "foram feitos mais livros nestes cem anos do que em um passado de cinco mil; e a maravilhosa invenção do ímã, da imprensa e das armas de fogo constitui grandes sinais da união do mundo".

Eis que o livro, até então obtido após longos e trabalhosos processos, deixou de ser artesanal e passou a ser produzido de forma consideravelmente rápida, mudando a relação das pessoas com o objeto, antes praticamente restrito ao ambiente monástico, em que cabia aos monges copistas a tarefa de escrever à mão os textos considerados importantes.

O papel, considerado durante anos frágil e com qualidade inferior ao pergaminho, alcançou sua consolidação por seu uso pela imprensa, tornando-se um suporte popular da escrita e disseminador de conhecimento (Frugoni, 2007).

Elemento fundamental!

O surgimento da imprensa interferiu radicalmente na forma de ler e de divulgar escritos. O papel tornou-se um novo meio para disseminar conhecimento (Debus, 2004). Esse material passou a ser insubstituível na produção de panfletos, jornais e livros.

Outro fato histórico bastante relevante ocorreu em outubro de 1685, quando Luís XV revogou o Edito de Nantes, assinado pelo Rei Henrique IV em 1598. Esse edito concedia garantia de liberdade de culto na França, ainda que com ressalvas, colocando um fim aparente às guerras religiosas no país.

Com a revogação desse edito por Luís XV, a intolerância religiosa em relação aos protestantes franceses (conhecidos como *huguenotes calvinistas*) se acirrou, e a França perdeu muitos artesãos que fabricavam excelentes produtos. Esses indivíduos migraram para a Prússia, os Estados Unidos e a Holanda, onde o culto protestante era permitido. Entre eles estavam grandes produtores de papel, protestantes e judeus, que encontraram liberdade e progresso nos novos negócios, tornando a Holanda uma grande editora mundial.

Com o passar do tempo, a demanda por papel aumentou, principalmente em razão do grande volume de editoração de obras após a invenção da impressão mecânica, e a quantidade de moinhos nos países europeus alcançou um nível bastante elevado. Aos poucos, pesquisas foram sendo desenvolvidas para encontrar uma matéria-prima que suprisse as necessidades da indústria de papel, e as respostas só apareceram no século XX.

Essa dificuldade ocorreu porque a definição de determinada planta está associada à quantidade de celulose que ela apresenta, pois, quanto mais celulose, melhor. Esse processo já era efetuado empiricamente desde o início, visto que o agregado celulósico usado na obtenção de papel passava por um processo fermentativo de transformação das fibras, que dava origem à pasta celulósica, a qual, após a secagem, se transformava em papel (Martins, 1996).

A pasta de trapos foi muito importante e utilizada durante anos, e as primeiras tentativas de produção de papel sem trapos, com a utilização de matéria-prima vegetal, ocorreram entre 1765 e 1771.

A batedeira holandesa, criada em 1750, foi importante na etapa de substituição de matéria-prima. O equipamento consistia em um batedor de fibras rotativo, com barras de metal, dispostas dentro de um tanque, por onde circulava o material fibroso. Contudo, o uso desse equipamento gerava fibras curtas e um papel que não era de boa qualidade.

Desde o início da Idade Contemporânea, período atual da história, cujo marco inicial é a Revolução Francesa, em 1789, a valorização da razão e da ciência tem sido essencial para o progresso, provocando o aprimoramento de muitos processos de produção.

Uma grande influência nessa mudança foi a corrente filosófica iluminista, segundo a qual, na fase artesanal, há uma fraca associação entre o conhecimento científico e a produção técnica; porém, na fase industrial, essa correlação é elevada (Simondoon, 1989).

Em 1798, um operário francês, Louis Nicolas Robert, criou a primeira máquina manual de papel (Figura 1.14). O processo consistia em uma esteira rotativa de malha de tecido que recebia um fluxo contínuo de fibras e gerava uma folha ininterrupta de papel molhado.

Figura 1.14 – Máquina de Louis Nicolas Robert

Com esse equipamento, um único operador produzia o equivalente à produção diária da fábrica. Outro fator importante era que o artesão não conseguia equilibrar adequadamente um molde grande, o que limitava o tamanho do papel; com o uso da máquina, o tamanho era limitado apenas em largura – não havia limitação de comprimento.

A invenção de Louis foi aprimorada pelos irmãos ingleses Fourdrinier, pela incorporação de uma esteira transportadora de malha de bronze e madeira (Figura 1.15). Com esse equipamento, era possível produzir uma teia contínua de papel, o que permitia uma produção mais eficiente.

Figura 1.15 – Máquina de produção contínua de papel

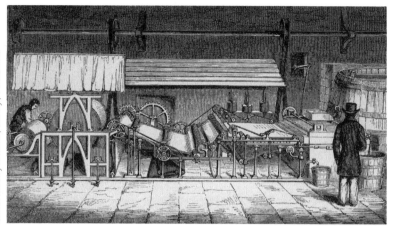

Em 1840, teve início o processo de produção com a polpa de madeira friccionada contra uma superfície abrasiva, constituindo-se a obtenção de fibras por pasta mecânica. Esse processo foi desenvolvido por Friedrich Gottlob Keller em 1840.

Esse processo gerava uma polpa com baixa resistência física, o que exigia alterações para se obterem fibras mais íntegras, fibras da madeira não danificadas, essenciais na obtenção de papel de qualidade. Essa necessidade foi suprida em 1844 por Keller, da Saxônia, que inventou um processo mecânico para produzir polpa a partir da madeira. Dez anos depois, os ingleses Charles Watts e Hugh Burgess conseguiram patentear, nos Estados Unidos, o processo de produção da celulose por meio do cozimento da madeira sob pressão, com hidróxido de sódio.

O processo sulfito foi desenvolvido em 1867 pelo norte-americano Benjamin Tilghman, ao passo que o conhecido processo sulfato (ou *kraft**) foi desenvolvido em 1884 pelo químico alemão Carl Dahl. Em 1909, foi consolidado pelos norte-americanos e é usado até os dias de hoje para a obtenção de celulose a partir de diversos tipos de madeira.

Em 1960, o eucalipto passou a ser amplamente utilizado como principal fonte de fibra para a fabricação do papel (Hilgemberg; Bacha, 2009).

Na Idade Contemporânea, as mudanças se tornaram mais céleres. Primeiramente, com a Revolução Industrial, ocorreu a transição para um novo processo de produção que usava a mecanização. Esse fato revolucionou a economia e a estrutura em que se organizava a sociedade. Em seguida, a nova divisão do trabalho possibilitou o consumo em massa. Por fim, em um terceiro momento, houve a automação com o uso de eletrônicos e da tecnologia da informação no âmbito industrial (Santos et al., 2018).

Elemento fundamental!

O papel chegou às Américas com as caravelas, que traziam os invasores e papéis para que pudessem escrever a história da colonização do continente. No Brasil, a produção de papel e de celulose teve início após a Revolução Industrial e seguiu as etapas mais evoluídas do processo produtivo. A primeira fábrica de papel foi construída em Andaraí Pequeno, no Rio de

---

* Palavra de origem alemã que significa "forte".

Janeiro, por volta de 1810. Já a segunda foi inaugurada em 1841, na freguesia do Engenho Velho, também no Rio de Janeiro, por Zeferino Ferrez, escultor e gravador que fez parte da Missão Artística Francesa (Mota; Salgado, 1971).

Onze anos mais tarde, foi criada em Orianda, no Rio de Janeiro, nas proximidades de Petrópolis, a terceira fábrica brasileira, pertencente ao Barão de Capanema, que faliu em 1874, depois de enfrentar muitas dificuldades, inclusive a falta de matéria-prima. Somente em 1960 o Brasil tornou-se autossuficiente na produção de papel, com a instalação das indústrias Klabin em Monte Alegre, no Paraná (Martins, 1996).

Na atualidade, o Brasil é um grande produtor de papel, fundamentado na produção à base de pínus e de eucalipto de reflorestamento, espécies cujo crescimento em solo brasileiro é muito rápido. As fibras vegetais usadas para a produção de papel são a celulose e a hemicelulose, que tendem a formar ligações moleculares entre as fibras na presença da água. Depois que a água evapora, as fibras ficam juntas, dispensando o uso de aglutinantes, sendo necessários apenas aditivos que aumentam a resistência a úmido e a seco.

Reciclagem

Neste capítulo, vimos que o material originalmente utilizado para a produção de papel foi a amoreira, posteriormente substituída pelo bambu. Em seguida, foram usados linho, cânhamo e trapos. Indicamos também que cada fabricante de papel tinha os próprios procedimentos, as próprias fórmulas e os próprios segredos. Mas não foi apenas o papeleiro, geralmente auxiliado por sua família, o arquiteto desse processo: até os homens das letras – o escritor, o copista e o escriba – faziam o próprio papel, a ponto de o procedimento e as ferramentas se popularizarem.

Na prática, o procedimento permaneceu o mesmo que os chineses haviam transmitido. O mérito de ter dado os primeiros passos para uma produção mais industrial cabe às populações italianas. Muitas operações puramente manuais foram mecanizadas, ainda que com os meios rudimentares conhecidos na época, em benefício da produção e dos custos, até o momento em que a matéria-prima precisou ser substituída e novas tecnologias foram implantadas.

Conforme demonstramos, a partir de 1844, os processos produtivos associados à obtenção do papel se tornaram mais consistentes, inicialmente com o aprimoramento do processo mecânico e, mais tarde, com o processo de cozimento da madeira com hidróxido de sódio, com o desenvolvimento do processo sulfito e, em 1884, do processo sulfato, também conhecido como *kraft*. Desde então, os processos de aprimoramento tornaram o papel cada vez mais popular e essencial para a sociedade moderna.

Conservando conhecimentos

1. Considerando os conceitos abordados neste capítulo, analise as proposições a seguir sobre a produção de papel:

    I. O pergaminho foi o primeiro papel produzido pela humanidade.
    II. O amate é um papel oriundo da pele de animais bovinos.
    III. O papiro de origem chinesa era menos quebradiço do que o egípcio.
    IV. A alteração do meio ambiente afeta as atividades sociais e econômicas, a biota, as condições estéticas e sanitárias do meio e a qualidade dos recursos ambientais.
    V. A China produzia livros desde o século II a.C., escritos em seda, material de custo elevado, o que tornava o processo bastante caro.

    Agora, assinale a alternativa correta:
    a) Somente as afirmativas II, IV e V são verdadeiras.
    b) Somente as afirmativas II, III e V são verdadeiras.
    c) Somente as afirmativas II e III são verdadeiras.
    d) Somente as afirmativas I e V são verdadeiras.
    e) Somente a afirmativa V é verdadeira.

2. Assinale a alternativa que indica a situação da Alemanha em 1230 com relação à produção de papel:
   a) O primeiro moinho alemão foi construído em 1390, em Nuremberg. Até então, o papel italiano supria as necessidades desse país.
   b) A Alemanha era autossuficiente em papel desde 1158, produzindo e exportando o excedente para Portugal.
   c) O primeiro moinho alemão foi construído em 1390, em Nuremberg. Até então, o amate mesoamericano supria as necessidades desse país.
   d) França e Alemanha eram parceiras produtivas de papel, e o principal comprador era Portugal.
   e) O primeiro moinho alemão é de 731 e foi instalado em Berlim, com o objetivo de produzir papel para toda a América Latina.

3. Assinale a alternativa que indica a matéria-prima da qual o pergaminho é obtido:
   a) Madeira de pínus.
   b) Papiro.
   c) Lã de ovelha.
   d) Insetos.
   e) Couro de animais.

4. A revogação do Edito de Nantes, em outubro de 1685, causou prejuízo à produção papeleira da França. Com relação a essa revogação, assinale a alternativa correta:
   a) A revogação do Edito de Nantes foi responsável pela perda de muitos papeleiros que fabricavam excelentes produtos, em razão da intolerância religiosa associada aos huguenotes calvinistas.

b) A revogação do Edito de Nantes fez com que papeleiros talentosos voltassem à França, depois de dois séculos de intolerância religiosa.
c) A revogação do Edito de Nantes permitiu a produção de papel em todo o território francês, inclusive nas colônias africanas.
d) A revogação do Edito de Nantes possibilitou a plantação de papiro em Paris, para que a França não precisasse comprar papel do Egito.
e) A revogação do Edito de Nantes obrigava a produção de pergaminho em todo o território Europeu com a supervisão da França.

5. Quando a Itália iniciou o processo de produção de papel, algumas alterações, principalmente com relação às matérias-primas, melhoraram o processo produtivo. Nessa época, as principais cidades italianas produtoras de papel eram:
a) Roma, em 1280, e Napoli, em 1289.
b) Fabriano, em 1283, e Amalfi, em 1289.
c) Veneza, em 1283, e Fabriano, em 1289.
d) Florença, 1289, e Milão, em 1283.
e) Napoli, em 1283, e Roma, em 1289.

6. No século XIII, ocorreram as primeiras alterações significativas na produção do papel que fortaleceram a estrutura da indústria papeleira. Assinale a alternativa que apresenta as alterações ocorridas nessa época:
a) Aperfeiçoamento do sistema de trituração (uso de martelos) e substituição da cola de amido por cola de origem animal.

b) Alterações no processo produtivo, com a incorporação de lignina ao processo, com o intuito de aumentar a resistência.
c) Início do processo de reciclagem, que consiste em coletar os resíduos de papel e usar no processo produtivo.
d) Substituição dos moinhos hidráulicos por máquinas de fragmentação para a geração de fibras curtas.
e) Substituição dos trapos de pano por lignina, hemicelulose e celulose.

7. Em 1750, foi desenvolvida a batedeira holandesa, usada para facilitar o processo produtivo do papel. Assinale a alternativa que apresenta as características desse equipamento:
   a) Consistia em um equipamento elétrico, com bolas que trituravam as fibras de modo a obter um material homogêneo, de fácil compactação, o que dava origem a um papel de excelente qualidade.
   b) Tratava-se de um batedor de fibras rotativo, confeccionado com barras de metal instaladas dentro de um tanque, por onde circulava o material fibroso, processo que gerava fibras curtas.
   c) Tratava-se de um equipamento hidráulico, movido à energia eólica, que cortava as fibras, e a agitação era suficiente para gerar uma massa compacta que dava origem a papéis de comprimentos que podiam chegar a 50 m.

d) A batedeira holandesa era uma máquina contínua, que gerava papéis prontos para serem utilizados. Foi um grande incremento na produção de jornais e de livros, muito presente nas universidades do século X.

e) Tratava-se de um processo produtivo que incorporava gordura oriunda da produção de manteiga na produção de papel, com o intuito de gerar papéis resistentes, que podiam ser vendidos em locais úmidos e quentes.

8. Em 1940, Friedrich Gottlob Keller deu início ao processo de produção por meio da polpa de madeira friccionada contra uma superfície abrasiva. Assinale a alternativa que indica corretamente por meio do que as fibras eram obtidas:
   a) Pasta química.
   b) Pasta mecânica.
   c) Pasta de resíduos.
   d) Pasta biológica.
   e) Pasta de pano.

9. Somente em 1960 o Brasil tornou-se autossuficiente na produção de papel, com a instalação das indústrias Klabin em Monte Alegre, no Paraná. Com relação a essa situação, assinale a alternativa correta:
   a) O papel no Brasil é obtido de fontes externas, principalmente do Canadá e dos Estados Unidos.
   b) A indústria de papel no Brasil tem como matéria-prima a madeira nativa de pínus e de eucalipto.

c) O país tem uma grande área de madeira nativa, a qual é explorada para a obtenção de toras que são processadas e convertidas em papel em países vizinhos.

d) A produção de papel no Brasil é baseada em processos de subsistência, e a celulose é produzida com resíduos agrossilvipastoris.

e) A produção industrial de papel no Brasil tem como matéria-prima a madeira reflorestada de pínus e de eucalipto.

Análises químicas

Refinando ideias

1. Explique por que o papel não foi bem aceito pela Igreja Católica no século XI.

2. O tratamento e o beneficiamento das peles de animais deram origem ao pergaminho. Explique como era obtido esse substrato.

Prática renovável

1. Elabore um plano de aula descrevendo o processo artesanal de obtenção do papiro.

Capítulo 2

Produção e reciclagem de papel na atualidade

Neste capítulo, abordaremos o aperfeiçoamento de processos e a introdução de novas matérias-primas que contribuíram para a expansão da indústria de papel no Brasil. Nosso objetivo é deixar claras as tentativas utilizadas para o tratamento da madeira com agentes químicos, por meio dos processos soda, sulfito e sulfato. Enfocaremos também a associação entre custos produtivos e reciclagem, dando ênfase ao processo menos poluente e mais econômico.

Discutiremos, ainda, o destino do passivo ambiental gerado durante o pós-consumo, administrado tanto no espaço urbano quanto nos espaços industrial e agrícola, sempre objetivando o compromisso com a Política Nacional de Resíduos Sólidos, de acordo com a Lei n. 12.305, de 2 de agosto de 2010 (Brasil, 2010).

Tendo isso em vista, devemos evidenciar que, a fim de minimizar a geração de resíduos sólidos, é essencial analisar o ciclo de vida desses materiais e avaliar as possibilidades de reaproveitamento ou de reutilização, de modo a modificar o produto e consolidar a necessidade do compromisso socioeconômico com o meio ambiente.

2.1 Produção de papel

No Brasil, as principais árvores usadas na produção de papel e de celulose são o pínus (*Pinus* sp.) e o eucalipto (*Eucalyptus* sp.), oriundas de áreas de reflorestamento.

Uma indagação habitual sobre esse setor diz respeito às questões ambientais associadas ao uso dessas duas espécies, que, por não serem nativas do Brasil, poderiam provocar problemas consideráveis para a biodiversidade animal e vegetal, principalmente por ocupar extensas áreas de terra. As raízes dessas árvores são grandes e longas; além de competirem pelo suprimento de água com outras árvores, causam o empobrecimento do solo abaixo delas.

As operações unitárias que envolvem a obtenção desse produto são bastante complexas, iniciadas pela aquisição de um agregado de fibras em suspensão, as quais são transformadas por processos térmicos e mecânicos e separadas por processos de polpação, branqueamento e refinamento. A pasta fibrosa obtida é estirada em superfície plana e lisa; depois de seca, forma folhas delgadas, com características físicas específicas, como espessura, gramatura, textura, resistência e cor.

Elemento fundamental!

A indústria de papel e de celulose tomou força a partir do Plano de Metas instaurado pelo Presidente Juscelino Kubitschek, no final dos anos 1950, alcançando significativo aumento na escala produtiva.

Nas últimas décadas, as alterações associadas à globalização e ao aumento da renda *per capita* impulsionaram o consumo mundial de celulose. Estimativas do Banco Mundial revelam que a renda média *per capita* mundial elevou-se de 692 dólares, em 1970, para 8.742 dólares, em 2020 (The World Bank, 2023).

No século XX, inúmeras transformações ocorreram na esfera global, como o surgimento de variadas atividades econômicas e comerciais, produtos e serviços. Novas normas e leis foram sancionadas, moedas foram criadas, houve fusões, criação de monopólios, diminuição da circulação do jornal impresso, pandemias e tantos outros acontecimentos que impulsionaram novos processos biotecnológicos e químicos, fundamentados em um desenvolvimento sustentável, com o uso de novas matérias-primas e tecnologias enxutas.

Em razão dessas mudanças, a indústria brasileira de papel e de celulose investiu grandes montantes de dinheiro com vistas a um mercado futuro promissor, com considerável consumo de celulose. Atualmente, o Brasil detém uma das maiores áreas de florestas plantadas destinadas à produção de celulose e de papel do mundo (FAO, 2015; IBÁ, 2017; Sanquetta et al., 2018).

De acordo com o Relatório 2019 da Indústria de Árvores Brasileiras (IBÁ, 2019), no ano de 2018, os valores investidos no plantio de florestas e em tecnologia industrial foram de aproximadamente 6,5 bilhões de reais, dos quais 3,2 bilhões foram destinados ao manejo das florestas e 3,5 bilhões ao parque fabril, o que resultou na produção de 19,5 Mt de celulose e 10,5 Mt de papel.

Da mesma forma que os investimentos possibilitaram maior produtividade, o consumo energético também teve uma variação: passou de 5% do consumo final industrial em 1970 para 16% em 2020, com crescimento médio de 5,4% a.a. de 1970 a 2020 (EPE; IEA, 2021).

Relembramos, neste ponto, que a crise energética mundial ocorrida em 1973 mostrou à sociedade a necessidade de se utilizar energia de maneira consciente. Desde então, o incentivo ao aproveitamento de fontes renováveis tem se intensificado, levando-se em consideração a possibilidade de reciclagem de resíduos e do processamento da sucata (Mano; Pacheco; Bonelli, 2005).

Elemento fundamental!

O modelo de organização fabril das empresas responsáveis pela produção de papel e celulose está fundamentado na otimização de processos, seguindo planos de investimentos que integram sistemas virtuais e físicos.

Atualmente, o desenvolvimento tecnológico vem impulsionando a produtividade industrial ao possibilitar a redução de custos e proporcionar soluções para o relacionamento com fornecedores e clientes por meio de novos modelos de negócios (Santos et al., 2018). É válido enfatizar que a indústria de papel experienciou as três profundas transformações industriais na história: a criação da energia a vapor, a automação e a tecnologia da informação.

A mais recente está associada ao que chamamos de *indústria 4.0*, termo atribuído ao conjunto de tecnologias e conceitos fundamentados em fábricas inteligentes e modulares, conectadas por sistemas ciberfísicos que viabilizam a criação e a articulação de fábricas por meio de um novo sistema produtivo e de comercialização (Hermann; Pentek; Otto, 2016; Furtado, 2017).

Segundo o Instituto Euvaldo Lodi (IEL, 2017), essa nova realidade produtiva é possível pelo uso de *clusters* tecnológicos constituídos por:

- inteligência artificial (IA);
- tecnologias de redes;
- internet das coisas (em inglês, *internet of things* – IoT);
- produção inteligente e conectada (PIC);
- materiais avançados;
- nanotecnologia;
- biotecnologia e bioprocessos;
- armazenamento de energia.

Pertencem também a esse contexto as iniciativas para o desenvolvimento tecnológico de maneira sustentável, chamadas de **green IoT**, cujo objetivo é ser energeticamente sustentáveis e eficientes, além de reduzir a pegada de carbono relacionada à IoT (Shaikh; Zeadally; Exposito, 2015; Jones; Comfort, 2017).

A adoção dessas tecnologias próprias da indústria 4.0 tem se tornado uma atitude essencial no setor de papel e de celulose, como no caso da utilização das biotecnologias de bioprocessos. Como as unidades fabris podem ser consideradas biorrefinarias, o uso de enzimas durante o processo cria possibilidades, melhorando processos químicos de produção (De Paula, 2018).

Outro exemplo são os *drones* e os veículos autônomos para monitorar as plantações, os quais viabilizam um monitoramento em tempo real que permite a identificação de focos de queimadas e de pragas, por exemplo (PWC, 2016).

O uso de um maquinário tecnológico, capaz de operar com flexibilidade durante longos períodos, possibilita uma reação mais rápida nos processos, melhorando a lucratividade e diminuindo a utilização de capital humano. Trata-se de mais um exemplo dessa inovação.

Vale ressaltar que, em 2016, o setor de papel e de celulose investiu em média, em nível mundial, 4% das receitas em digitalização e em integração das operações. Entre essas empresas, 38% detêm alto grau de operação e 34% planejavam investimentos para a adoção dessas tecnologias (PWC, 2016). Esses investimentos permitem fácil acesso à informação e a tomada de decisões, o que colabora na otimização das plantas industriais em condições associadas ao tratamento de água, utilização de energia e processamento de informações.

Acredita-se, também, que a implantação desses sistemas possibilite a economia em matéria-prima, energia, produção e rendimento mediante a otimização. Espera-se que haja um aumento de 20% no tempo de vida de equipamentos, uma redução de 15% no consumo de energia e de até 20% no uso de insumos, além de uma melhoria de 15% na produtividade até 2035 (Martin, 2017). É importante salientar que as unidades industriais de extração de fibras são plantas químicas, e a introdução de novos métodos, estimulados pela indústria 4.0, possibilita a implantação de novos processos. Nessa perspectiva, a conversão da biomassa não alteraria as rotinas operacionais do setor de papel e de celulose. Isso porque, para a obtenção de celulose, é necessário que a madeira seja desconstruída, portanto a matéria-prima usada nas novas biorrefinarias seria proveniente de uma biomassa que seria resíduo de um processo produtivo maior; é por isso que relacionamos essas indústrias a biorrefinarias.

Dados contidos no Relatório 2017 da IBÁ indicam o seguinte: "Com potencial para ser fonte de mais de cinco mil produtos e subprodutos inovadores originários da madeira, no futuro as árvores plantadas abastecerão outras atividades, como farmacêuticas, químicas, cosméticas, aeronáutica, têxtil, alimentícia, eletrônica e automobilística" (IBÁ, 2017, p. 24).

Dessa forma, a organização industrial deverá alcançar um novo patamar, no qual os parceiros deverão utilizar a fábrica de celulose como fonte de insumos para alimentar o desenvolvimento de novos produtos em plantas anexas. Assim:

> Suas aplicações na substituição de derivados de petróleo incluem a fabricação de termoplásticos moldáveis, fundíveis e mais resistentes a partir da lignina, um subproduto do processo de fabricação de celulose – resultado do processo de cozimento da madeira –; a substituição do diesel por bio-óleos; o aumento da eficiência e redução de custos na produção de etanol de segunda geração; a utilização do *tall oil* – subproduto da celulose de fibra longa –, na composição de revestimentos de superfícies, produtos asfálticos, desinfetantes e detergentes, entre outros; a produção de bioplásticos mais leves, renováveis e resistentes do que os polímeros convencionais; e até a produção de suplementos alimentares, cosméticos, embalagens e cimento de alto desempenho a partir de nanofibras. (IBÁ, 2017, p. 25)

As perspectivas futuras para a produção de papel e de celulose são muito promissoras, mas o caminho a seguir é bastante longo. Uma medida já aplicada, e com êxito, é a **segregação produtiva**, que consiste em separar as indústrias – as produtoras de celulose, as produtoras de papel e as com plantas integradas, produtoras de celulose e de papel – a fim de agregar as demandas energéticas por vapor, usado na secagem da celulose. A demanda por energia elétrica é observada, principalmente, na parte fabril, com o intuito de sempre reutilizar as energias durante o processo.

Uma indústria de papel de grande porte tem capacidade produtiva de cerca de um a dois milhões de toneladas por ano, ou seja, os insumos, a matéria-prima e os custos energéticos são bastante significativos (EPE; IEA, 2021). Nesse contexto, qualquer implementação que reduza o consumo é representativa e pode ocorrer de maneira contínua ou em batelada, com integração de áreas. A produção do papel ocorre em etapas distintas, cada uma com suas especificidades – por isso, devem ser consideradas e tratadas individualmente.

Vamos examinar as etapas produtivas envolvidas no processo de transformação que se desenvolve nas indústrias de papel e de celulose. A primeira etapa consiste no corte, no transporte e na preparação da matéria-prima e é realizada por meio do descascamento da madeira e da obtenção de toras, as quais serão lascadas e transformadas em cavacos de madeira, como ilustrado na Figura 2.1.

Figura 2.1 – Comprimento dos cavacos

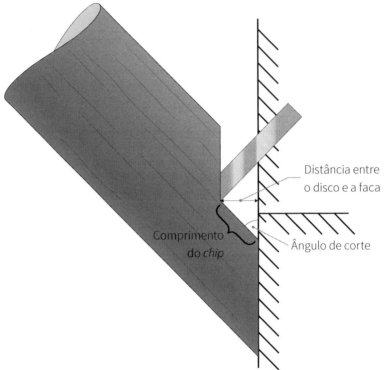

Fonte: Elaborado com base em Hartler; Stade, 1977, p. 448.

Essa madeira deve ser proveniente de troncos de árvores sadios, sem nós e sem tortuosidades. O transporte desse material até a indústria é um fator de elevado custo e deve ser levado em consideração, pois esses locais são afastados dos centros urbanos.

A etapa seguinte consiste no processo de polpação, no qual a madeira é desfibrada por meio de processos mecânicos, químicos ou por uma combinação dos dois. O processamento mecânico é uma etapa de refinação que ocorre em espécies de matéria-prima distintas, com o intuito de modificar as características da fibra, principalmente para melhorar a distribuição, evitando aglomeração e facilitando a flexibilidade. Portanto, é necessário o uso de equipamentos modernos que atuem de acordo com as especificidades de cada matéria-prima. Nesse processamento (o qual detalharemos mais adiante), é possível modificar a solubilidade parcial das hemiceluloses, alargar e comprimir as fibras, melhorar a penetração da água na parede celular e interferir na formação de finos (Bittencourt, 2004).

O processamento químico (o processo *kraft* é o mais recorrente), ilustrado na Figura 2.2, é mais complexo e utiliza o chamado *licor branco* (mistura de compostos químicos formados por sulfeto de sódio e hidróxido de sódio), que atua sobre a lignina.

Figura 2.2 – Fluxograma de um processo de obtenção de celulose

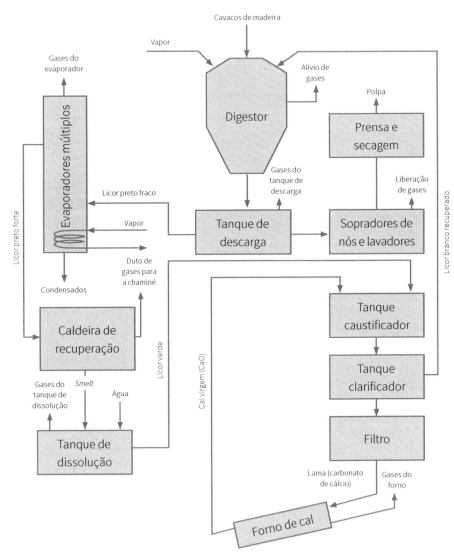

Fonte: Elaborado com base em Kenline; Hales, 1963, p. 3.

Nessa situação, após o processo de polpação química, o efluente gerado, denominado *licor negro*, deve ser tratado ou recuperado, pois apresenta material orgânico e inorgânico que permanece após o cozimento, fazendo desse efluente um composto tóxico, rico em substâncias químicas que necessitam de tratamento adequado, a fim de minimizar os problemas ambientais.

Na Tabela 2.1, especificamos esse composto.

Tabela 2.1 – Composição do licor negro oriundo do processo *kraft*

Componente orgânico	Composição (% em peso)	Elemento	Composição (% em peso)
Lignina	38-45	Oxigênio	33-38
Ácidos xilossossacáricos	1-5	Hidrogênio	3-5
Ácidos glucossacáricos	4-14	Carbono	34-39
Hidroxiácidos	7-15	Sódio	17-25
Ácido fórmico	6	Potássio	0,1-2
Ácido acético	4-14	Enxofre	3-7
Resinas e ácidos graxos	6-7	Cloreto	0,2-2
Terebintina	1	Nitrogênio	0,05-0,2
Outros	12-15		

Fonte: Elaborado com base em Hernández, 2007, p. 10; Bajpai, 2017, p. 11-16.

Constituintes solubilizados da madeira e reagentes não convertidos compõem o licor negro, cuja parte orgânica é formada por compostos de lignina, ácidos carboxílicos alifáticos e compostos resinosos provenientes da transformação dos polissacarídeos (Cardoso, 1998; Niemela; Alén, 1999). A parte inorgânica é constituída por hidróxido de sódio e por sulfeto de sódio, oriundos do licor branco, do carbonato de sódio formado durante a digestão e de outros sais minerais presentes naturalmente na madeira (Stefanov; Hoo, 2004).

Atualmente, o tratamento mais utilizado para o licor negro é a recuperação. Como ele tem, originalmente, de 14% a 17% de teor de sólidos (o restante é água), a substância apresenta baixo poder calorífico; por isso, é necessário que esse sistema seja concentrado. Para tanto, o sistema passa por um processo de evaporação, com o objetivo de aumentar a concentração de sólidos (65% de sólidos secos) e obter um material combustível que pode ser queimado em caldeiras (Stape, 2017). A água evaporada durante esse processo pode ser condensada e reutilizada na planta produtiva.

Com uma concentração considerável de sólidos e a presença de compostos orgânicos, o poder calorífico dessa mistura após concentração aumenta consideravelmente, podendo chegar a 14,1 MJ/kg, tornando-se viável sua utilização como combustível em caldeiras (Hamaguchi, 2013). Nelas, a parte orgânica é queimada e a inorgânica, formada por compostos de sódio, potássio, cloro, sulfato de sódio e carbonato de sódio, é recuperada.

O licor negro é injetado na forma de *spray* na caldeira, de modo a gerar gotas de licor com diâmetro de 2 mm a 3 mm, as quais sofrem diferentes modificações, como secagem, pirólise, oxidação e redução, que variam em função da dimensão do material e da composição do licor. Assim, é possível afirmar que ocorrem diferentes transformações em regiões distintas da caldeira.

Algumas gotículas serão convertidas em cinzas, pois podem sofrer combustão completa ou incompleta, ao passo que a outra parte, formada por gotas maiores, cai até o leito de carbonização, onde o carvão será oxidado e o sulfato de sódio (Na_2SO_4) será reduzido a sulfeto de sódio (Na_2S), conforme indicado a seguir.

$$Na_2SO_4 + 2C \rightarrow Na_2S + 2CO_2$$
$$Na_2SO_4 + 4C \rightarrow Na_2S + 4CO_2$$

Portanto, o sódio inorgânico e o enxofre presentes no licor negro são recuperados na forma de sais fundidos, também conhecidos como *smelt*, ricos em sulfeto de sódio (Na_2S) e em carbonato de sódio (Na_2CO_3). O *smelt* é, então, dissolvido em água, gerando o chamado *licor verde*, que é enviado a uma caustificação (reage com óxido de cálcio). Nessa reação, ocorre a conversão do carbonato de sódio em hidróxido de sódio (NaOH), conforme indicado a seguir.

$CaO_{(s)} + H_2O_{(L)} \rightarrow Ca(OH)_{2(aq)}$
(reação de apagamento da cal)

$Na_2S_{(aq)} + Na_2CO_{3(aq)} + Ca(OH)_{2(s)} \rightarrow 2NaOH_{(aq)} + Na_2S_{(aq)} + CaCO_{3(S)}$
(reação de caustificação)

Elemento fundamental!

O Na$_2$S é enviado à caustificação, mas não sofre alterações, sendo possível recuperar tanto o NaOH quanto o Na$_2$S, que fazem parte da composição inicial do chamado *licor branco*, encaminhado ao digestor para reutilização.

O CaCO$_3$ (precipitado da caustificação) é lavado e enviado ao forno de cal para queima e geração do óxido de cálcio (CaO). Conforme Tran e Vakkilainen (2008), temos:

$$CaCO_{3(s)} + calor \rightarrow CO_{2(g)} + CaO_{(s)}$$

(reação de requeima)

A energia gerada na transformação do licor negro pode ser utilizada dentro da planta industrial, o que é muito importante, uma vez que a demanda energética do processo produtivo de obtenção de celulose e de papel é bastante significativa. Desse modo, a energia limpa gerada na caldeira na forma de vapor pode ser usada na secagem das fibras de celulose.

O recorrente incentivo à substituição de combustíveis fósseis por renováveis, além da implantação de biorrefinarias, promove a oportunidade de gerar energia e combustível e de recuperar insumos químicos, como no caso do licor negro (Hamaguchi, 2013).

É possível utilizar o licor negro de outras maneiras, como no processo de biorrefino, o que representa um impulso energético a mais. Esse processo permite a geração do chamado *hidrogênio verde* e do metanol, que também podem ser convertidos na própria planta de celulose. Segundo Bajpai (2017), o licor negro apresenta metanol como composto em uma fração definida em 1%.

Em estimativas numéricas, uma planta de celulose produtora de 1.000 toneladas por dia pode gerar entre 25 MW e 35 MW de eletricidade por meio da queima de 1.500 toneladas/dia de licor negro na caldeira de recuperação (Tran; Vakkilainen, 2008).

É importante salientar que todas as tratativas associadas à contaminação atmosférica devem ser consideradas, uma vez que o licor negro contém produtos químicos como fenóis clorados, hidrocarbonetos aromáticos policíclicos e compostos orgânicos voláteis que, ao serem queimados, geram contaminação ambiental. Portanto, devem ser queimados em temperatura e condições suficientes para que seja feito um controle efetivo, visto que são insalubres e potencialmente poluentes.

Por exemplo, no processo de conversão do licor negro na caldeira, os compostos de enxofre reduzidos podem escapar. Eles são facilmente identificados pelo cheiro característico e penetrante de "ovo podre", o que facilita a detecção. De acordo com o Movimento Mundial pelas Florestas Tropicais (2005, p. 22), "um estudo finlandês (The South Karelia Air Pollution Study) mostra que a exposição a compostos fétidos do enxofre aumenta o risco de infeções respiratórias graves".

Finalizada essa etapa de polpação, na qual o licor branco é usado, a etapa seguinte consiste em uma lavagem da pasta para diminuir a presença de impurezas. O efluente gerado é o licor negro, recuperado quimicamente, como já demonstrado. A massa resultante é enviada para o processo de branqueamento, que consiste em aumentar a alvura da polpa por meio de ação química. Essa brancura está associada à lignina, responsável pela cor amarelada do papel, ou seja, quanto mais desse composto, mais difícil é o processo de branqueamento. Dependendo do processo, a polpa pode conter até 5% de lignina.

A lignina é um complexo altamente amorfo e heterogêneo de compostos fenólicos substituídos; ela pode ser isolada, extraída e usada como biocombustível na obtenção de fibras de aço carbono, polímeros, pesticidas, fertilizantes, agentes emulsificantes, aditivos para concreto, carvão vegetal, entre outros.

Geralmente, a polpa é alvejada em distintas fases, utilizando-se uma mistura de agentes alcalinos. Em razão do baixo custo, a cloração foi o processo mais empregado durante anos (atualmente em substituição), situação em que o cloro livre transforma a lignina em clorolignina, a qual é solúvel em água.

A clorolignina é retirada por ação alcalina, com lavagem que ocorre a temperatura entre 50 °C e 70 °C, em pH de 10 a 11, por aproximadamente uma hora. Esse processo alcança uma eficiência bastante satisfatória.

O problema em se usar cloro é a variedade de compostos orgânicos presentes na pasta, que, juntamente com esse composto, pode gerar produtos tóxicos, como dioxinas, furanos e outros organoclorados (também conhecidos como *compostos halogenados adsorvíveis*, ou AOX, sua sigla em inglês). Essas substâncias, com toxicidade específica e baixa biodegradabilidade, são também consideradas bioacumuladores, por permanecerem presentes na biosfera por muitos anos depois de terem sido liberadas, acumulando-se nos tecidos dos seres vivos.

A presença desses compostos organoclorados e de cloretos e o baixo teor de sólidos fazem com que o efluente de branqueamento seja impróprio para o envio ao ciclo de recuperação, tornando necessário, então, o tratamento dos efluentes líquidos no final do circuito produtivo, por meio de tratamento biológico e químico (Corazza, 1996).

Segundo publicação do Movimento Mundial pelas Florestas Tropicais (2005, p. 23),

> De acordo com a Agência de Proteção Ambiental dos Estados Unidos, a exposição a baixos níveis de dioxinas (medidos em milionésimas de miligramas) pode provocar no ser humano alterações do sistema imunológico, do sistema hormonal endócrino, incluindo a atividade de regulação dos esteroides sexuais e o crescimento e mudanças genéticas hereditárias, sem esquecer o câncer. Entre as fontes principais de emissão de dioxinas está o branqueamento de celulose com o cloro elementar.

Com base nesses dados, em meados da década de 1980, iniciou-se uma discussão pública (que ainda perdura) a respeito do processo de branqueamento da celulose. Análises químicas demonstraram alta concentração de AOX nos despejos de fábricas de celulose, assim como elevadas quantidades de dioxinas, o que deixou claro que esse setor estava poluindo significativamente o meio ambiente e contaminado a população.

Alerta sustentável!

Dioxina é o nome dado a uma família de compostos químicos oriundos de processos térmicos que envolvem produtos orgânicos com cloro. Há 77 formas diferentes desses compostos, cujas propriedades e toxicidades são similares e provocam graves efeitos sobre a saúde e o meio ambiente, agravados pelo perfil persistente e bioacumulativo dessas substâncias.

Outra situação associada ao processo de branqueamento diz respeito à geração de grandes quantidades de clorato, que atua secundariamente como herbicida. Mesmo que os despejos oriundos desse processo sejam mais biodegradáveis do que os anteriores, também são poluentes e persistentes e consideravelmente poluidores.

Se não recuperadas, as substâncias orgânicas presentes nos efluentes do processo de branqueamento, principalmente a lignina, provocam efeitos tóxicos crônicos quando o despejo pelas fábricas de celulose é inadequado, contaminando a vida aquática, interferindo nas características reprodutivas e alterando o metabolismo e a estrutura de populações desse meio.

Estima-se, ainda, a liberação de 3 kg a 5 kg de compostos halogenados por tonelada de polpa tratada. A geração desses compostos e a pressão social (iniciada em 1980) com relação aos danos ambientais provocaram a redução no consumo de cloro, o que estimulou o desenvolvimento de outros alvejantes, como peróxido de hidrogênio, oxigênio e hipoclorito de sódio, como indicado na Tabela 2.2.

Tabela 2.2 – Consumo de reagentes por tonelada de celulose seca

Quantidade em kg	Substância
15-20	Cloro gasoso
15-25	Soda cáustica
5-8	Dióxido de cloro
4-6	Peróxido de hidrogênio
16-24	Oxigênio

Fonte: Elaborado com base em Pivatto, 2019.

Os branqueadores usados em substituição ao cloro são bastante eficientes, e as proporções utilizadas são muito semelhantes. Quando se necessita de uma polpa mais branca, é possível submeter a fibra a uma segunda lavagem com hipoclorito de sódio ou tratá-la com dióxido de cloro ou peróxido de sódio, seguida de uma lavagem alcalina e outra aquosa.

Tanto a etapa vinculada à polpação quanto a relacionada ao branqueamento requerem grandes volumes de água. Por isso, as indústrias de papel e de celulose instalam-se em locais muito próximos a cursos de água, a fim de suprir as necessidades produtivas e despejar seus efluentes.

Durante anos, as indústrias de celulose foram grandes consumidoras de cloro e contaminadoras de cursos de água em função do despejo direto de organoclorados tóxicos nos corpos receptores. Os questionamentos e a formulação de leis ambientais impulsionaram mudanças drásticas associadas a esse processo produtivo e, atualmente, 82% da água captada e usada no processo retorna ao meio ambiente, após tratamento de efluentes (em estação de tratamento de efluentes – ETE). O restante, que não foi tratado na forma de efluente, retorna como vapor, oriundo de processos de secagem ou de evaporação da água nos tanques de tratamento do efluente. A outra parcela permanece no produto.

Outro equívoco cometido no processo diz respeito à redução e ao refino, pois, durante bastante tempo, acreditava-se que esse processo "hidratava" a polpa. Atualmente, sabe-se que o processo está relacionado à destruição parcial da estrutura da fibra, com consequente geração de microfibras, as quais aumentam a possibilidade de reter água, em decorrência do aumento da superfície que proporcionam.

A chamada *etapa de depuração* ocorre em peneiras centrífugas e multilimpadores, com o intuito de eliminar as impurezas da pasta de celulose. Na fase seguinte, a massa é transportada para a torre de armazenamento, onde passa a ser transformada para a obtenção de papel em uma usina integrada.

No caso de indústrias distintas, a massa é enviada para secagem, em que ocorrem a remoção da água e a geração de polpa seca, que, por sua vez, é cortada, enfardada e transportada para o cliente final.

A transformação da polpa em papel inicia-se em máquinas distintas (batedoras e refinadoras). A batedora possibilita acrescentar outras substâncias à pasta, como aditivos do tipo sabão de resina, que serve para proporcionar maior resistência à água; amido ou gomas especiais para torná-la resistente; cargas do tipo argila para torná-la opaca; tintas para colorir; alúmen (sais duplos) para ajustar o pH e ajudar na retenção dos aditivos na folha.

Para a obtenção do papel a partir da pasta preparada, é necessária a formação de uma folha úmida com as fibras arbitrariamente orientadas, o que se consegue pelo escoamento na seção de umidificação da máquina de preparação do papel. A partir daí, a folha úmida passa por uma prensa para retirar mais água e tornar-se mais compacta, melhorando, assim, suas características físicas, ocorrendo a finalização por eliminação, pelo calor, da maior parte da água ainda existente.

O processo produtivo, ilustrado na Figura 2.3, consome quantidades consideráveis de energia: para produzir uma tonelada de papel, são necessários 5 mil kWh de energia.

Figura 2.3 – Processo de fabricação de papel

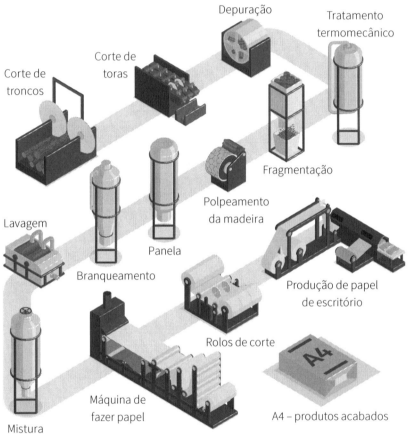

Estima-se que, para obter 100 toneladas de papel seco, são necessárias 200 toneladas de água. Quando o papel entra na seção de secagem, tem cerca de 66% de teor de umidade; ao sair, está com 7%. Essa água recuperada, no entanto, retorna para o processo produtivo, garantindo que ele seja mais enxuto e sustentável.

Com relação aos resíduos sólidos gerados por esse setor, podemos afirmar que se trata de materiais heterogêneos com alto percentual de matéria orgânica: aproximadamente 48 toneladas de resíduos são geradas para cada 100 toneladas de celulose produzida (Bellote et al., 1998).

Os resíduos gasosos são oriundos de reações naturais de fermentação aeróbia (ocorrem na superfície) e anaeróbia (ocorrem em profundidade e geram dióxido de carbono e metano, podendo ser utilizadas em outros processos). As mais significativas e que necessitam de maior controle são aquelas obtidas durante o processo *kraft*, que geram particulados (MP), compostos de enxofre, óxidos de nitrogênio, compostos voláteis, cloro e dióxido de cloro. Esses compostos devem ser minimizados e, sempre que possível, transformados, recuperados ou reutilizados no próprio processo.

Os processos industriais são responsáveis pelo consumo de recursos, pelo processamento, pela transformação e pela geração de produtos e subprodutos. Cada aspecto ambiental vai causar um impacto, pois as indústrias, mesmo que involuntariamente, provocam danos ao meio ambiente, como poluição da água, do solo ou do ar.

Vale salientar que o setor de papel e de celulose é composto por uma grande diversidade de empresas. Muitas detêm tecnologia de ponta, investem na área ambiental e no aprimoramento de novas tecnologias, possibilitando a constante conversão de resíduos em novos produtos.

Robles Júnior (2003) destaca que "a solução dos problemas ambientais é consequência da existência de uma gestão ambiental bem administrada, para identificação clara dos problemas e suas causas". Talvez seja esse, realmente, o melhor caminho.

2.2 Custos da reciclagem de papel

Como sabemos, o papel advém das árvores, que são fonte de caráter renovável, cujo custo associado à plantação é significativo, além de os resíduos gerados durante o corte e o processo produtivo serem enormes. O papel é formado por fibras celulósicas primárias, provenientes de matéria-prima natural ou secundária (quando já passaram por máquina de fabricação de papel). Estima-se que apenas 30% do material cortado seja aproveitado na fabricação de papel e de celulose (Shreve; Brink Jr., 1980).

Os resíduos oriundos das primeiras etapas do processo de produção de papel e aqueles provenientes da exploração vegetal são uma ótima opção de matéria-prima, cuja tecnologia de conversão vem sendo estimulada, principalmente em razão das questões ambientais vigentes no país, associadas à Política Nacional de Resíduos Sólidos, instituída pela Lei n. 12.305, de 2 de agosto de 2010 (Brasil, 2010), e do constante aumento do preço do petróleo no mercado mundial.

A utilização mais simples desses resíduos provenientes do corte e do descasque diz respeito à geração de energia, embora o caráter polimérico dessa madeira possibilite a obtenção de compostos de maior interesse comercial.

As paredes das células vegetais são compostas por polissacarídeos, hemiceluloses e ligninas, o que possibilita a conversão e a geração de diversos materiais, como terebintina, arabinogalactana, borracha, açúcar, óleos de pinho, oxalatos e ácido levulínico (Shreve; Brink Jr., 1980).

Como o papel pós-consumo não é um agente poluidor muito representativo, principalmente por ser biodegradável, a maior preocupação ambiental com relação a seu consumo está associada à derrubada de árvores, com o plantio da monocultura e com os efluentes gerados durante o processo produtivo. Dessa maneira, o incentivo à reciclagem é essencial, uma vez que não há mais espaço no mercado mundial para empresas que seguem a chamada *economia linear*, baseada em exploração, produção, consumo e descarte.

A segregação e a coleta seletiva, associadas a uma política que incentive a reciclagem, são necessárias por promoverem a utilização inteligente dos recursos naturais, minimizando a pressão sobre o capital natural e tornando o produto final mais competitivo, ideal para a atual economia circular.

O setor papeleiro tem um perfil bastante positivo, fundamentado em uma logística reversa forte, tendo atingido o marco de 70,3% de taxa de reciclagem em 2020, com expressivas variações quando comparado com os anos anteriores (IBÁ, 2021), sendo que a média global do setor é de 59,1% (ICFPA, 2021).

Segundo dados do movimento Recicla Sampa (2018), uma iniciativa das concessionárias de coleta de resíduos domiciliares e de saúde da capital paulista, "no Brasil, apenas 37% do papel produzido vai para a reciclagem, sendo que 80% é destinado para a confecção de embalagens, 18% para papéis sanitários e somente 2% para impressão".

Bellia (1996) sustenta que a reciclagem do papel proporciona economia energética na ordem de 23% a 74%, diminuição na poluição do ar em 74%, moderação na poluição da água em torno de 35% e redução de 58% no consumo de água no processo.

Para ser reciclado, o papel não deve conter impurezas, como barbante, metal, madeira e plástico, os quais são retirados por operações unitárias específicas.

O papel reciclado de primeira linha é gerado por meio da seleção rigorosa de matéria-prima, etapa bastante importante, uma vez que uma tonelada de aparas pode substituir de 2 a 4 metros cúbicos de madeira, evitando o corte de 15 a 30 árvores. Estima-se que, para reciclar uma tonelada de papel, sejam necessários 2.500 kWh de energia e que, na fabricação de uma tonelada de papel reciclado, sejam gastos aproximadamente 2.000 L de água (Assis, 2020).

A geração de resíduos de papel e de papelão de origem domiciliar e comercial é bastante representativa (Assis, 2020), por isso é cada vez mais necessário o incentivo por meio de políticas públicas que possibilitem uma correta segregação desses materiais a fim de conservar o potencial reciclável. Toda vez que o papel é misturado com lixo em vez de segregado ocorre contaminação, havendo comprometimento dos processos de reutilização e reciclagem.

A coleta seletiva consiste no recolhimento, na separação e no destino de resíduos recicláveis. Calcula-se que 46% do resíduo sólido doméstico seja resíduo orgânico e 17% papel (Hoornweg; Bhada-Tata, 2012; World Energy Council, 2016). Portanto, ao separar o lixo, possibilita-se a reintegração desses materiais no setor produtivo, diminuindo a extração de matéria-prima e o consumo de energia durante o processo.

Conforme Rosa et al. (2005, p. 5172),

> A reciclagem de papéis, vidros, plásticos e metais – que representam em torno de 40% do lixo doméstico – reduz a utilização dos aterros sanitários, prolongando sua vida útil. Se o programa de reciclagem contar, também, com uma usina de compostagem, os benefícios são ainda maiores. Além disso, a reciclagem implica uma redução significativa dos níveis de poluição ambiental e do desperdício de recursos naturais, através da economia de energia e matérias-primas.

O ciclo de vida do papel tem início com a definição da área de reflorestamento, cuja escolha está associada às espécies de rápido crescimento, como as do gênero *Eucalyptus*, *Pinus*, *Acacia* e *Araucaria* (Amda, 2023). No Brasil, na produção de papel e de celulose, 85% são contribuição de plantações de eucalipto e 15% de plantações de pínus, sendo necessárias duas toneladas de madeira para produzir uma tonelada de papel (Amda, 2023).

Figura 2.4 – Ciclo de vida do papel

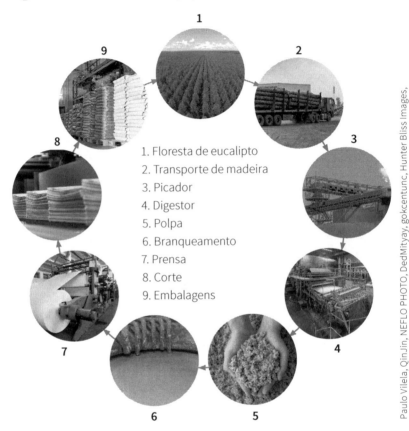

1. Floresta de eucalipto
2. Transporte de madeira
3. Picador
4. Digestor
5. Polpa
6. Branqueamento
7. Prensa
8. Corte
9. Embalagens

Paulo Vilela, QinJin, NEFLO PHOTO, DedMityay, gokcentunc, Hunter Bliss Images, WhiteYura, Lvivjanochka Photo/Shutterstock

A reciclagem contribui para um balanço ambiental positivo. Para ser reciclado, o papel percorre uma cadeia formada por catadores de papel, que realizam um processo manual de coleta, escolha, classificação e enfardamento.

Figura 2.5 – Processo de separação de papel para reciclagem

No processo de reciclagem, o material pode ser triturado e desfibrilado em meio a um grande volume de água. A massa formada é passada por cilindros, podendo ser transformada em diferentes tipos de papel, como ilustrado na Figura 2.6.

Figura 2.6 – (A) Máquina de trituração de papel, (B) papel despolpado e (C) máquina Fourdrinier

Os principais materiais selecionados para reciclagem, também denominados *aparas*, são papel ondulado, apara mista (resíduo de escritório), papéis de impressão, papel de jornal e papel para sacos de cimento.

As aparas geram produtos recicláveis distintos. O papel branco e o papel de jornal, por exemplo, são usados para produzir papel higiênico popular (o de primeira qualidade é obtido por meio da celulose virgem); a mistura de papel ondulado, papel *kraft* e papel de saco de cimento é empregada na geração de caixas para embalagens (Mano; Pacheco; Bonelli, 2005).

As aparas podem ser recicladas até a perda da qualidade da fibra, que diminui a cada ciclo de uso/descarte/reciclagem, sendo possível minimizar esse problema com a adição de nova fibra de celulose longa. O valor do papel reciclado é obtido por meio de distintas etapas da logística reversa:

- Etapa de coleta:

    Custo da coleta (Cc) = custo de posse (Cp) + Custo de beneficiamento inicial (Cb)

    Preço de venda ao sucateiro = Cc + Lucro do coletor (Lc)

- Etapa do sucateiro: Custo para o sucateiro = Cc + Lc + custo próprio (Cs)

    Preço de venda do sucateiro = Cc + Lc + Cs + lucro do sucateiro (Ls)

- Etapa da reciclagem:

    Custo do reciclador = Cc + Lc + Cs + Ls + Custo próprio (Cr)

    Preço de venda do reciclador = Cc + Lc + Cs + Ls + Cr + Lucro do reciclador (Lr)

Entende-se que na etapa de coleta existam pessoas responsáveis pela coleta de papel (catadores), havendo, portanto, um custo por posse desse papel e outro pelo beneficiamento, que seria uma primeira seleção do papel por parte dos catadores. (Magnus; Ramalho, 2005, p. 10)

As dificuldades associadas à reciclagem, como a falta de homogeneidade das aparas, os problemas na separação, a contaminação por impurezas, o tratamento dos resíduos e dos efluentes gerados e os custos com transporte, comprometem o reaproveitamento das aparas.

É notória a busca por fontes de recursos renováveis e alternativas que diminuam a extração de recursos naturais e a geração de resíduos urbanos e industriais. A reutilização e a transformação de materiais em desuso proporcionam não apenas sua reinserção na cadeia produtiva, mas também vários benefícios, como redução dos custos produtivos, reutilização de matéria-prima, redução de gastos públicos (limpeza urbana), crescimento da capacidade de suprimento da demanda interna e geração de emprego e renda.

Para a gestão eficiente de resíduos sólidos, é preciso também otimizar as possibilidades de reciclagem desses resíduos por meio de ações de educação ambiental e de conscientização da sociedade civil, visando à obtenção de benefícios sociais e econômicos como a geração de empregos e oportunidades.

2.3 Métodos de reciclagem

Como sabemos, o papel é largamente utilizado no mundo inteiro e, no Brasil, ele corresponde, aproximadamente, a 20% dos resíduos produzidos por um indivíduo.

A coleta seletiva, como mencionamos, tem uma função bastante importante na separação de materiais com potencial de reciclagem daqueles que não podem ser reciclados.

Alguns tipos de papel não podem ser reciclados pelo fato de estarem impregnados com substâncias impermeáveis, sujos, engordurados ou contaminados com produtos químicos nocivos à saúde e de origem sanitária, ou por suas características, como indicamos no Quadro 2.1.

Quadro 2.1 – Tipos de papéis recicláveis e não recicláveis

Recicláveis	Não recicláveis
Aparas de papel	Etiquetas e fita crepe
Caixas em geral	Fotografias
Cartazes	Papéis de bala e de biscoito
Embalagem Tetrapark®	Papel-carbono
Envelopes	Papel contaminado
Folhas de caderno	Papel impermeável
Folhetos	Papel plastificado
Jornais e revistas	Papel sanitário
Papelão	Papel vegetal

Fonte: Elaborado com base em Silva et al., 2004.

O processamento do papel reciclado é muito similar ao do papel virgem, somente menos ofensivo. A reciclagem é obtida por meio das fibras de celulose, sendo possível gerar papel 100% reciclado por meio de fibras secundárias ou mediante incorporação de pasta nova, e as fibras podem ser recicladas de cinco a sete vezes.

Sobre a pasta que contém as fibras do papel, Grigoletto (2011, p. 11) explica:

> A pasta celulósica também pode prover do processamento do papel, ou seja, da reciclagem do papel. Neste caso, os papéis coletados para esse fim recebem o nome de aparas. O termo

apara surgiu para designar as rebarbas do processamento do papel em fábricas e em gráficas e passou a ter uma abrangência maior, designando, como já foi dito, todos os papéis coletados para serem reciclados.

Para facilitar a reciclagem, os papéis devem ser separados por duas categorias de massa: uma de primeira qualidade, que consiste em aparas de papel, recortes de blocos e de envelope; e outra mista, que engloba aparas encontradas no lixo, papelão velho e papel de jornais e de revistas.

É possível recuperar o papel por meio de procedimentos mecânicos, em que a massa é transformada em polpa. Quando a reciclagem é para produção de papelão, em virtude da coloração escura, não é necessário remover tintas ou pigmentos. Para papéis mais claros, é necessário usar produtos químicos para o alvejamento, como é o caso do papel branco, do papel para jornal e do papelão para embalagens alimentícias.

No caso de papel branco, depois de segregados, os fardos de papel são enviados para as polpadeiras, nas quais a soda cáustica é incluída para promover a remoção da cor. Para retirar substâncias impregnadas, é recomendável o uso de agentes químicos como barrilha, peróxido de sódio ou silicato de sódio (ou um dos compostos fosfáticos de sódio) durante o polpeamento. O cozimento e o polpeamento ocorrem durante um processamento único, em uma faixa de temperatura de 94 °C a 125 °C. Finalizada essa etapa, realiza-se um alvejamento e, posteriormente, obtém-se o papel.

Figura 2.7 – Processo de reciclagem de papel

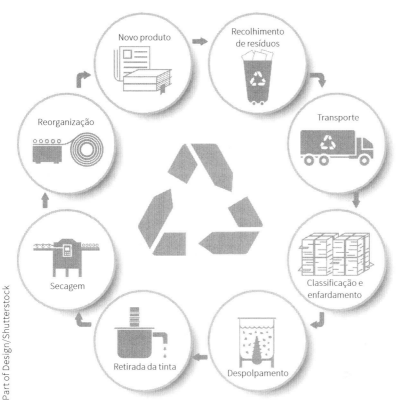

O material transformado é encaminhado ao processo de refino, no qual aditivos selecionados podem ser incorporados à massa conforme a necessidade do substrato, como sulfato de alumínio (usado como clarificador) e amido de mandioca (para aumento da resistência). Terminada essa etapa, o material pode ser alterado de acordo com o produto que se almeja, podendo ser modificado e convertido em papel higiênico, guardanapos, toalhas de rosto, papéis de embrulho, sacolas, embalagens para ovos e frutas, papelões, caixas de papelão, papel-jornal e papel de papelaria.

Figura 2.8 – Papel pós-reciclagem

Reciclagem de papel
Ao reciclar, você pode obter papel higiênico, toalhas de papel, caixas, sacos de papel, papelão
POR FAVOR, CLASSIFIQUE O LIXO

svetlatek/Shutterstock

As possibilidades de uso do papel reciclado são várias, e produzimos outras tantas centenas de tipos – inclusive, há papéis de uso exclusivamente industrial, como papéis para cigarro, papel-filtro, papel transparente impermeável, papel de embalagem para alimentos (papel de pratos, de copos e de tigelinhas, papel de embrulho com revestimento de plástico ou de folha de alumínio), papel-pergaminho, entre outros.

Nas palavras de Pinto-Coelho (2009, p. 203):

> O papel reciclado tem propriedades diferentes do papel novo, sendo a mais notória delas a coloração. A aceitação do papel reciclado é crescente, especialmente no mercado corporativo. Vários bancos, por exemplo, usam somente papel reciclado. Esse tipo de papel tem um apelo ecológico, o que faz com que alcance um preço até maior que o material virgem.

Investir na separação e na reciclagem de materiais após o consumo e diminuir o volume de resíduos descartados e acondicionados em lixões e aterros sanitários, já tão saturados, é totalmente viável, principalmente por acarretar economia de recursos naturais e produtivos. O alto potencial calorífico desses compostos orgânicos permite que os papéis que não podem ser reciclados sejam utilizados como combustível. Na Tabela 2.3, relacionamos o poder calorífico superior de alguns resíduos sólidos.

Tabela 2.3 – Poder calorífico associado a resíduos industriais

Componente	Poder calorífico superior – PCS (kJ/kg)
Papel	15.740
Embalagem cartonada	22.157
Casca de eucalipto	16.800
Cavacos de eucalipto	19.600

Fonte: Elaborado com base em Gomes, 2017.

A reciclagem pode ser ainda maior se investirmos em coleta seletiva e valorizarmos os trabalhadores que recolhem e segregam esses materiais. A reciclagem de papel gera renda para profissionais que atuam em cooperativas de catadores e recicladores de papel.

2.4 Tipos de papéis para reciclagem

Qualquer planta produtora de celulose é fonte de matéria-prima para a produção de papel. Um dos principais constituintes dos vegetais, a celulose, é um polímero composto de pequenas moléculas de carboidratos, a glicose, que também podem ser usadas para a fabricação de tecidos quando extraídas do algodão, do cânhamo, da chita ou do linho.

Indústrias especiais produzem tipos de papéis especiais, como os listados no Quadro 2.2, que variam de acordo com a composição e a gramatura (massa em gramas de uma área de 1 m² de papel – área linear do papel). Aproximadamente 95% dos papéis são obtidos pela transformação do tronco das árvores – a obtenção de papel por meio de ramos, galhos e folhas ainda é inviável.

Quadro 2.2 – Tipos de papéis e suas aplicações mais comuns

Tipos	Aplicações
Cartões perfurados	Cartões para computação de dados;
Branco	Papéis brancos de escritório, manuscritos, impressos, cadernos usados sem capas;
Kraft	Sacos de papel para cimento, sacos de papel de pão;
Jornais	Jornais;
Cartolina	Cartão e cartolina;
Ondulado	Caixa de papelão ondulado;
Revistas	Revistas;
Misto	Papéis usados mistos de escritórios, gráficas, lojas comerciais, residências;
Tipografia	Aparas de gráficas e tipografias.

Fonte: Recicloteca, 2023.

Feita de várias combinações de papéis que compõem a capa e o miolo (papel-capa e papel-miolo), a caixa de papelão ondulado é constituída por várias camadas, que oferecem resistência e leveza. Essas características, somadas à facilidade de obtenção, fizeram desse tipo de caixa uma embalagem muito útil, excelente para embalar produtos alimentícios, bebidas, eletrodomésticos, fruticultura e avicultura.

Alerta sustentável!

Mais de 1,6 milhão de toneladas de aparas de papel velho são reaproveitadas por ano no Brasil – a prática já é usada há muitas décadas. A maior parte dessa produção, aproximadamente 80%, é proveniente da reciclagem.

Durante o processo de reciclagem, as fibras de melhor qualidade são utilizadas para as partes externas, ao passo que as de qualidade inferior servem para produzir o papel-miolo. Outra possibilidade é a reutilização dessas embalagens, incentivada por supermercados e atacadistas, que são responsáveis por gerir uma rede de reaproveitamento, consolidada em uma rotina de acondicionamento, transporte, distribuição, recolhimento, desmonte e acondicionamento.

Figura 2.9 – Papel de embalagem

ANNVIPS; Sashkin/Shutterstock

Os papéis brancos são materiais nobres e valiosos no mercado de reciclagem, principalmente pelo baixo teor de impurezas. Seu formato consiste nas dimensões de uma folha de papel, expresso em centímetros, enunciando-se primeiramente a largura e, em seguida, a altura da folha. Segundo Baer (2001), a Associação de Engenheiros Alemães, com a finalidade de economizar papel, criou, em 1911, um formato padrão conhecido como *formato internacional* ou DIN (*Deutsche Industrie Normen* – Normas da Indústria Alemã), baseado em um sistema métrico que estabelece uma série harmônica de modelos, com tamanhos padronizados.

Da mesma maneira, a International Organization for Standardization (ISO), por meio da norma ISO 216, estabelece dimensões padronizadas por série, sendo a mais comum delas a série A, que caracteriza uma divisão dos papéis em diferentes tamanhos e proporções, distribuídos por similaridades.

A NBR 16752, instituída pela Associação Brasileira de Normas Técnicas (ABNT, 2020), normatiza todas as informações relacionadas às dimensões e ao *layout* dessa série, tanto para o uso na vertical quanto para o uso na horizontal, com tamanhos específicos, padronizados de acordo com a Tabela 2.4.

Tabela 2.4 – Tamanhos de papel conforme a ISO 216 (em mm)

	Série A		Série B		Série C
4A0	1682 × 2378	–	–	–	–
2A0	1189 × 1682	–	–	–	–
A0	841 × 1189	B0	1000 × 1414	C0	917 × 1297

(continua)

(Tabela 2.4 – conclusão)

Série A		Série B		Série C	
A1	594 × 841	B1	707 × 1000	C1	648 × 917
A2	420 × 594	B2	500 × 707	C2	458 × 648
A3	297 × 420	B3	353 × 500	C3	324 × 458
A4	210 × 297	B4	250 × 353	C4	229 × 324
A5	148 × 210	B5	176 × 250	C5	162 × 229
A6	105 × 148	B6	125 × 176	C6	114 × 162
A7	74 × 105	B7	88 × 125	C7	81 × 114
A8	52 × 74	B8	62 × 88	C8	57 × 81
A9	37 × 52	B9	44 × 62	C9	40 × 57
A10	26 × 37	B10	31 × 44	C10	28 × 40

Fonte: Elaborado com base em Reis, 2015.

O padrão de papel da chamada *série A* consiste na relação em que o tamanho de cada folha corresponde exatamente à metade do tamanho da folha anterior, a fim de possibilitar reduções e ampliações de imagem, sem ser necessário fazer cortes.

A série A tem algumas características que precisam ser enfatizadas: a razão entre o comprimento do papel e a largura é uma constante igual a $\sqrt{2}$; a área do papel tamanho A0 é de 1 m²; e, quanto maior é o número atribuído à série, menor é o tamanho do papel.

Figura 2.10 – Características do papel da série A

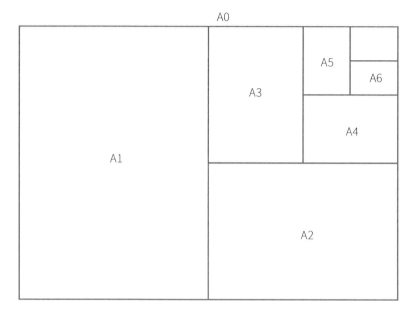

Outra característica é a gramatura, que está relacionada ao peso e à espessura do papel, sendo que papéis com a mesma espessura não precisam ter a mesma gramatura, a qual varia conforme a densidade e o material empregado; portanto, a espessura não determina, obrigatoriamente, o peso. A unidade de medida desse parâmetro é g/m^2, que representa o quanto pesa uma folha de papel com área de 1 m^2, podendo variar entre 11 g/m^2 (como o papel-carbono) e 600 g/m^2 (como o papel duplex); porém, usualmente, utilizam-se gramaturas intermediárias, entre 75 g/m^2 e 180 g/m^2.

Esses papéis apresentam coloração característica que interfere na reciclagem. Normalmente, têm coloração clara, existindo muitos papéis coloridos, como as cartolinas, o papel *kraft* (que apresenta um matiz terroso, rústico, ou mesmo cores vivas) e os papéis duplex (com uma "cobertura" que torna a cor da superfície diferente da cor do miolo, sendo comumente utilizados em sacolas e embalagens), entre vários outros existentes (granado, fósforo, cartão etc.).

A forma como as fibras se alinham também é uma característica importante; representa a direção em que o papel se rasga com maior facilidade e afeta a capacidade de dobra e de impressão do material. No sentido longitudinal à folha, define-se como "sentido de fibra longo" e, no sentido transversal, como "sentido de fibra curto".

Existe uma grande variedade de características que, quando bem compreendidas, possibilitam a escolha do material mais apropriado ao trabalho almejado. As seis características básicas do papel são:

1. sentido da fibra;
2. peso;
3. corpo;
4. opacidade;
5. cor;
6. acabamento.

A gramatura baseia-se no peso em gramas de uma folha de superfície igual a 1 m^2. A fórmula para o cálculo do peso em determinado formato é:

Quantidade de folhas × Formato em metro × Gramatura

No Quadro 2.3 constam alguns exemplos de papéis e algumas de suas características.

Quadro 2.3 – Tipos de papéis

Acetinado	Fabricado com celulose branqueada, tem adição de carga mineral na ordem de 10 a 15% de cinzas. Comercializado com dimensões de 66 × 96 cm e 76 × 112 cm, em bobinas diretamente aos conversores, nos pesos padrão de 50 g/m² a 120 g/m².
Apergaminhado ou sulfite	Fabricado com celulose branqueada, tem adição de carga mineral na ordem de 10% a 15% de cinzas. É bem colado, tem acabamento liso e conta com uso comercial e industrial. Comercializado nos formatos 66 × 96 cm e 76 × 112 cm, nos pesos padrão, partindo de 180 g/m².
Bíblia	Fabricado com celulose branqueada, tem adição de carga mineral adequada para dar elevada opacidade. É alisado, com gramatura que geralmente não excede a 45 g/m². É útil na confecção de bíblias e similares.
Bouffant	Fabricado com celulose branqueada, tem elevada carga mineral, geralmente em torno de 20% de cinzas. É absorvente e bem encorpado, normalmente pouco alisado. Usado principalmente para impressão de livros em tipografia e para serviços de mimeografia. Gramatura de 110 g/m².

(continua)

(Quadro 2.3 – continuação)

Capa	Fabricado com celulose semiquímica, misturada, às vezes, com pasta de resíduos agrícolas e/ou aparas. Os tipos melhores são fabricados em duplex, com uma camada de material mais limpo, geralmente de celulose não branqueada, isolada ou misturada com os materiais da parte inferior. Alisado ou monolúcido, geralmente de 170 g/m² a 250 g/m².
Capas e similares	Fabricados com aparas e/ou pasta mecânica, os tipos melhores têm pequena adição de celulose, geralmente sulfito não branqueada, de acabamento monolúcido ou supercalandrado. Comercializados com dimensões 66 × 96 cm, seu peso oscila de 100 g/m² a 200 g/m², sendo o formato preponderante.
Carbono	Fabricado com celulose de fibras têxteis e/ou celulose de madeira, com a finalidade específica de servir como base para a fabricação de papel-carbono. De acabamento alisado ou monolúcido, pode ser branco ou colorido, com gramatura de 11 g/m² a 25 g/m².
Cartão AG	Com gramatura de 110 g/m², é muito usado para capa de cadernos.
Cartão *bristol*	Fabricado comumente pela colagem de duas folhas de papel monolúcido de primeira linha, é chamado também, genericamente, de *cartão branco* ou *cartolina branca*. Tem gramatura de 180 g/m², 240 g/m², 290 g/m² e 340 g/m².
Cartão chinês	Fabricado com a inclusão de pequena quantidade de fibras longas, tingidas de cor diferente, que lhe dão um aspecto característico, supercalandrado. Tem gramatura de 150 g/m².

(Quadro 2.3 - continuação)

Cartões de primeira	Fabricados exclusivamente com celulose branqueada, são usados pelos fabricantes de caixas e cartuchos na confecção de embalagens finas para artigos de toucador e produtos comestíveis, como sorvetes. Têm gramatura de 200 g/m^2.
Cartão íris	Fabricado com aspecto marmorizado característico, supercalandrado, nas cores branco, azul, canário, laranja, rosa e verde. Tem gramatura de 220 g/m^2.
Cartolina	Fabricada diretamente na máquina, a distinção entre cartolina e papelão se dá pela espessura – é papelão quando supera o meio milímetro. Tem gramatura de 180 g/m^2.
Cigarros	Fabricado com celulose de fibras branqueadas e/ou celulose de madeira, de 13 g/m^2 a 25 g/m^2, com elevada capacidade, este tipo contém carga mineral de até 26% de cinzas, com marca d'água vergê, velin ou filigrana. Sua combustibilidade é controlada por processos normais de fabricação ou pela adição de impregnantes.
Color *plus*	Sem dupla face, apresenta colorido na massa, boa lisura para impressão, resistência das cores à luz, estabilidade dimensional, controle colorimétrico e continuidade das cores. Suas aplicações são em trabalhos publicitários, papel para carta, envelopes, convites, catálogos, blocos, capas, folhetos, cartões de visita etc.
Desenho	Fabricado com celulose branqueada, bem colado, com elevada resistência à abrasão por borracha. Tem acabamento áspero característico, provocado pela marcação dos feltros úmidos. Tem gramatura geralmente de 100 g/m^2 a 280 g/m^2.

(Quadro 2.3 – continuação)

Duplex	Nome genérico dado aos cartões fabricados em duas ou mais camadas de materiais diferentes: a camada superior, chamada *forro*, é feita de material melhor, monolúcido, em cores naturais ou tingidas. O duplex de primeira é o tipo mais importante desse papel, cuja camada superior é feita com celulose branqueada. As camadas inferiores são chamadas *contraforro*, ou *suporte*, e são fabricadas com celulose não branqueada e pasta mecânica, e/ou aparas, e/ou celulose semiquímica e pasta mecânica. Comercializado no formato 77 × 113 cm, é usado em larga escala para capas de cadernos. A camada superior tem geralmente de 80 g/m^2 a 100 g/m^2, e as camadas do suporte, de 200 g/m^2 a 600 g/m^2.
Embalagem	Também chamado por alguns de *envoltório* ou *capa*, é o papel fabricado com a finalidade específica de embrulhar as resmas e bobinas da fábrica. O mais comum é aquele semelhante ao papel maculatura, alisado ou monolúcido, geralmente nas cores violeta, azul, verde, cinza e amarelo. Tem gramatura em torno de 130 g/m^2.
Embrulhos diversos	Fabricados essencialmente com aparas, pasta mecânica ou pastas de resíduos agrícolas, os tipos melhores recebem a inclusão de pequenas quantidades de celulose não branqueada, geralmente sulfito. São comercializados em formatos ou bobinas, principalmente de 50 g/m^2 a 100 g/m^2, em cores diversas. Sua maior utilização é para embrulhos e embalagens simples. Algumas vezes, têm um nome característico, como *macarrão*, *hamburguês*, *havana* e *LD*.

(Quadro 2.3 – continuação)

Florpost	Fabricado com celulose branqueada, geralmente com 30 g/m², branco ou nas cores características azul, verde, rosa, canário e ouro, tem acabamento alisado ou monolúcido. Comercializado em maior escala em revenda, no formato 66 × 96 cm, para segunda via de correspondência e talões de notas.
Fósforo	Fabricado geralmente com celulose de fibra longa, sulfato ou sulfito, em 40 g/m², de cor azul característica, monolúcido, em bobinas estreitas, com o objetivo de forrar caixas de fósforos.
HD	Fabricado essencialmente com aparas e pasta mecânica, em algumas regiões do país com a inclusão de pasta de resíduos agrícolas. Monolúcido, nas cores características rosa, verde e amarelo, em bobinas de 25 cm, 40 cm e 60 cm de largura, com 22 cm de diâmetro e furo de 5 cm. É utilizado em maior escala para embrulhos em estabelecimentos comerciais; no entanto, quando é comercializado pela revenda, também é aplicado na manufatura de serpentinas e confetes. Tem gramatura de 55 g/m² a 60 g/m².
Heliográfico	Fabricado com celulose branqueada, com baixo teor de ferro, bem colado, acabamento alisado, branco ou levemente colorido, em gramaturas de 40 g/m² a 120 g/m², destinando-se ao beneficiamento posterior com tratamento com produtos sensíveis, para uso específico em cópias pelo processo heliográfico.

(Quadro 2.3 – continuação)

Higiênico	Papéis para uso sanitário. Os melhores tipos são fabricados com celulose branqueada, e os inferiores com aparas jornal e/ou pasta mecânica. O acabamento é sempre crepado, e a gramatura do produto pronto tem em torno de 35 g/m². É comercializado pelas fábricas aos distribuidores revendedores do ramo, em bobinas pequenas com a largura variando em torno de 10 cm e a metragem geralmente de 25 m a 40 m. Os de melhor qualidade são apresentados com folhas duplex.
Jornal	Fabricado com celulose sulfito não branqueada ou sulfato semibranqueada, com elevada percentagem de pasta mecânica e/ou amparas limpas. É monolúcido ou alisado, usado principalmente em serviços de qualidade inferior para impressão tipográfica comercial de uso geral. Nesse caso, é comercializado pela revenda, de 40 g/m² para cima, principalmente no formato padrão 66 × 96 cm.
Kraft	Fabricado com celulose não branqueada, geralmente na cor natural, parda característica, e em suas variantes castanho, laranja e amarelo, ou ainda azul, monolúcido ou alisado, preponderantemente em bobinas, de 40 g/m² para cima. É comercializado em maior escala pelas fábricas diretamente aos consumidores, principalmente fabricantes de sacos, embora também possa ser betumado, gomado, impregnado etc., usado em formatos para embrulho. Outro tipo é o *kraft* para impregnação com resina fenólica, para fabricação de laminados, em bobinas, com 160 g/m².

(Quadro 2.3 – continuação)

Kraft multifolhado	Também chamado abreviadamente de *kraft*, é o papel *kraft* fabricado com as especificações rígidas exigidas pelos fabricantes e usuários de sacos multifolhados. Essas especificações exigem uma celulose sulfato de alta resistência, de fibra longa, geralmente empregada pura. É alisado na máquina, tem cor natural parda característica e é pouco colado, apresentando principalmente 80 g/m^2 em bobinas.
Maculatura	Fabricado essencialmente com aparas de baixa qualidade e, em algumas regiões do país, com a inclusão de pastas de resíduos agrícolas, monolúcido, com predominância da cor natural cinza. É oferecido em bobinas ou folhas, acima de 70 g/m^2, e comercializado pela revenda ou diretamente pelas fábricas ao interior, para uso em embrulhos grosseiros.
Manilha	Fabricado essencialmente com aparas e pasta mecânica, em algumas regiões do país com a inclusão de pasta de resíduos agrícolas. É usado para embrulhos em lojas comerciais. Monolúcido, nas cores características rosa, verde e amarelo, de 40 g/m^2 a 45 g/m^2, comercializado no formato 60 × 90 cm.
Manilhinha	Fabricado essencialmente com aparas e/ou pasta mecânica, em algumas regiões do país com a inclusão de pasta de resíduos agrícolas. Monolúcido, de cor natural branco acinzentado, de 40 g/m^2 a 45 g/m^2, geralmente no formato 33 × 44 cm. Utilizado para embrulho, sobretudo nas panificadoras, é comercializado no formato 70 × 110 cm.

(Quadro 2.3 – continuação)

Mimeógrafo	Fabricado com acabamento vergê e marca d'água da fábrica, com a finalidade principal de impressão em mimeografia. É comercializado no formato 22 × 33 cm.
Miolo	Fabricado especificamente para confeccionar a onda do papelão ondulado, produzido com celulose geralmente semiquímica de madeira ou de resíduos agrícolas, como bagaço de cana e palha de arroz, e/ou aparas. Conta com acabamento alisado, geralmente em bobinas, de 120 g/m² a 150 g/m².
Monolúcido de primeira	Fabricado com celulose química branqueada, com adição de carga mineral na ordem de 10 % a 12%, bem colado, acabamento supercalandrado em uma das faces. É usado em flexografia, na confecção de rótulos, cartazes, capas, impressos, sacos e embalagens. Nesse último caso, é isolado ou laminado, colado e impregnado com outros materiais, como plástico, celofane e alumínio. Comercializado nos formatos 66 × 96 cm e 76 × 112 cm, nos pesos padrão de 50 g/m² para cima.
Offset	Fabricado com celulose branqueada, bem colado, carga mineral entre 10% e 15% de cinzas, normalmente com colagem superficial à base de amido. É usado principalmente para serviços de impressão pelo processo *offset*, em revistas, livros, folhetos, cartazes, selos etc. Comercializado nos formatos 87 × 114 cm, 66 × 96 cm e 76 × 112 cm, apresenta geralmente de 60 g/m² a 150 g/m².
Opaline	Apresenta excelente rigidez (carteado), alvura e lisura, bem como espessura uniforme. É empregado em cartões de visita, convites e diplomas.

(Quadro 2.3 – continuação)

Pergaminho ou cristal (*glassine*)	Papel cuja característica principal é a transferência e a impermeabilidade, produzidas por uma refinação excessiva, em celulose branqueada adequada, geralmente fabricada especificamente para esse fim. De acabamento supercalandrado, destina-se principalmente à embalagem de produtos oleosos, gordurosos ou açucarados. Comercializado em maior escala na revenda, nos pesos baixos a partir de 30 g/m², nos formatos 50 × 70 cm e 70 × 100 cm.
Papel-jornal	Produto à base de pasta mecânica de alto rendimento, com opacidade e alvura adequadas. É fabricado em rolos para prensas rotativas ou em folhas lisas para a impressão comum em prensas planas. A superfície pode variar entre áspera, alisada e acetinada. Suas aplicações são em tiragens de jornais, folhetos, livros, revistas, material promocional, blocos e talões em geral.
Papéis reciclados/ importados	Em sua composição, há 50% de papéis aparas (sobra de papel), sem impressão, e 20-50% de papéis impressos reciclados pós-consumido, variando de acordo com o efeito que se deseja obter.
Rotogravura	Feito com celulose, geralmente sulfito ou sulfato, de fibra longa, e mais de 60% de pasta mecânica, por vezes branqueadas, supercalandrado, de 45 g/m² a 55 g/m². É destinado à impressão de revistas e de livros, sobretudo pelo processo rotogravura.

(Quadro 2.3 – conclusão)

Seda	Fabricado com celulose branqueada, de acabamento alisado ou monolúcido, em maior escala para embalagens finas. É vendido diretamente a consumidores industriais em bobinas de 18 g/m^2, sobretudo para a confecção de guardanapos.
Strong	Fabricado com celulose sulfito não branqueada ou sulfato semibranqueada, com eventual inclusão de aparas tipo *hollerith*, monolúcido, gramaturas de 40 g/m^2 a 80 g/m^2. É utilizado em maior escala na fabricação de sacos.
Tecido	Fabricado com celulose não branqueada e/ou pasta mecânica e aparas limpas, de acabamento supercalandrado ou monolúcido, principalmente de 70 g/m^2 a 120 g/m^2.
Tipo *kraft* de segunda ou semikraft de segunda	Fabricado com aparas, com a inclusão de pasta mecânica ou de pasta de resíduos agrícolas. Tem gramatura de 40 g/m^2 a 60 g/m^2, em bobinas.
Toalhas	Feitas com celulose não branqueada e pasta mecânica, são produtos fabricados especificamente para uso em toalete. Crepados, os de melhor qualidade são feitos com celulose branqueada, em gramaturas geralmente de 48 g/m^2 a 50 g/m^2.

Fonte: Elaborado com base em Emgraf, 2023; Taboada, 2019.

Quando acabado, cada papel apresenta uma especificidade que varia de acordo com o processamento, como: **opacidade**, que consiste na capacidade de barrar a passagem da luz; **alvura**, que é a capacidade do papel de ser mais "branco" pela reflexão de luz no comprimento de onda próximo a 457 nm; e **porosidade**, que é determinada pela capacidade do papel de deixar passar o ar por meio dele, sem se romper (Fernandes, 2003).

Como podemos perceber, é possível desenvolver um tipo de papel especial para cada tipo de situação.

2.5 Processo de polpação da madeira

A redução da madeira bruta e de outros materiais até a obtenção do papel acabado segue processos específicos, entre os quais está o processo de polpeamento, cujo intuito é retirar principalmente a lignina das fibras. O processo de polpeamento varia de acordo com as características da madeira, podendo ocorrer pelos seguintes processos: mecânico, com sulfato alcalino (*kraft*), com sulfito ácido ou semiquímico. Cada processo atua em um pH distinto e com substâncias específicas, como demonstram a Tabela 2.5 e o Quadro 2.4.

Tabela 2.5 – pH do tratamento químico

Processo	pH
Ácido	1,0 – 3,0
Bissulfito	4,5
Neutro	6,0 – 8,0
Alcalino	11,0 – 14,0

Fonte: Castro, 2009, p. 7.

Quadro 2.4 – Substâncias químicas utilizadas no tratamento

Processo	Substância química
Soda	Hidróxido de sódio
Sulfato ou *kraft*	Hidróxido de sódio + sulfeto de sódio
Sulfito	Sulfitos alcalinos
Domílio	Cloro
Organossolvente	Organossulfônicos

Fonte: Castro, 2009, p. 7.

No Brasil, aproximadamente 81% dos processamentos de extração de celulose ocorrem por meio do processo *kraft* ou sulfato, e os 12% restantes, pelo processo soda e demais processos (Batista, 2019). O processo varia em função da matéria-prima e do produto almejado, como especificado no Quadro 2.5.

Quadro 2.5 – Classificação e usos dos tipos de celulose utilizados na manufatura do papel

Tipos	Características	Usos
Pasta mecânica	Resistência física reduzida, baixo custo, boa capacidade de impressão, alta opacidade.	Papel de jornal, catálogos, revistas, papéis de parede, papéis absorventes, papelão.
Celulose semiquímica	Características bem variáveis de processo para processo.	Papelão corrugado, papel de jornal, papel de impressão, para escrita e para desenho.
Celulose sulfato/*kraft*	Escura, opaca, bastante resistente.	Papéis, papelões e cartões para embalagens e revestimentos; papéis de primeira para embalagens e para impressão (livros, mapas etc.).

O processo de polpação ocorre por transformação da madeira em polpa, por meio da separação das células da matéria intersticial, que são, geralmente, do sistema longitudinal.

O processo mecânico consiste no desagregamento do sistema celular da madeira por moinhos. A moagem é feita em ângulo agudo em relação ao comprimento das toras, para que as fibras liberadas sejam mais longas, mediante uma ação de remoção, e não de corte, que dão voltas rápidas em presença de água.

Nesse caso, os blocos de madeira são pressionados longitudinalmente por esses moinhos; assim, as fibras e os feixes de fibras se separam. Essas fibras longas podem ser utilizadas na fabricação do papel de jornal (imprensa) e de outras variedades de papéis.

Nessa etapa, é utilizada apenas energia mecânica, sem emprego de reagentes químicos. Por meio desse procedimento, é possível obter materiais com baixo índice de cristalinidade e de elevada superfície específica. Esse processo é eficiente, porém bastante custoso em razão do elevado consumo de energia, associado ao uso de equipamentos, como moinho de bolas, moinho de rolos e extrusora.

A etapa seguinte consiste em retirar a lignina residual da madeira, substância responsável pela resistência das fibras de celulose. Esse processo varia em função da quantidade de lignina.

No Brasil, o processo de polpeação mais utilizado é o processo *kraft*, principalmente por apresentar ciclos curtos de produção, por possibilitar a recuperação dos reagentes e pelo alto rendimento (Santos et al., 2001). Esse processo é alcalino e pode ser usado em qualquer espécie de madeira (mole ou dura), sendo muito eficiente para retirar os óleos e resinas presentes. O processo consiste no corte das toras, na limpeza e na geração de cavacos, os quais são enviados aos digestores.

A polpação ocorre por meio do cozimento dos cavacos no digestor, por reação com o licor branco, no qual a lignina é dissolvida, gerando uma celulose limpa (livre de lignina).

O licor de cozimento consiste em uma solução de hidróxido de sódio (NaOH) e sulfeto de sódio (Na_2S), que são enviados ao reator. O processo ocorre sob pressão para que os cavacos sejam impregnados pela solução, otimizando a reação do licor com a lignina e a produção das fibras (Grande, 2012).

As características dos cavacos interferem no processo. No cozimento, os cavacos secos (45% a 55 % de umidade) são imersos no licor branco, em um meio bastante alcalino (pH = 12,5 a 14,0), que permite uma penetração do licor de 5 a 15 vezes mais rápida (Foelkel, 2009). A impregnação da madeira pelo licor ocorre por porosidade e capilaridade. Caso os cavacos estejam úmidos, a água atua como uma barreira para a penetração desse licor, prejudicando o processo. Da mesma maneira, se os cavacos estiverem muito secos, existirá uma quantidade muito grande de ar nos poros, que também dificultam a impregnação do licor, interferindo no rendimento do processo (Foelkel, 2009).

Elemento fundamental!

Madeiras com densidade baixa são mais facilmente impregnadas e deslignificadas em função da grande quantidade de vasos; assim, é possível alcançar altos rendimentos e proporcionar menor geração de resíduos (Foelkel, 2009).

Caso o licor não alcance o centro do cavaco, no final do cozimento não vai ocorrer a deslignificação e parte da madeira ficará subcozida, sendo removida da polpa durante a depuração e descartada como rejeito (Grace et al., 1989).

A correta impregnação do licor faz com que os reagentes alcalinos entrem de maneira uniforme na matriz lignocelulósica, o que interfere muito pouco nos carboidratos. As concentrações de hidroxilas e de hidrossulfetos devem ser bem estimadas para garantir a completa deslignificação.

As fibras brutas, produzidas durante o processamento da pasta, podem ser utilizadas diretamente na fabricação de papel depois de uma preparação adequada, embora frequentemente a polpa que procede do digestor sofra uma clarificação (alvejamento). Isso se faz, principalmente, com a pasta química e, em menor escala, com a pasta semiquímica do sulfito neutro, bem como, com fins específicos, com a pasta mecânica.

No processo *kraft*, em decorrência das temperaturas (150 °C a 170 °C), os hidróxidos e os íons sulfeto reagem com a lignina e com os carboidratos presentes (principalmente glucomananas e xilanas), possibilitando que as fibras de celulose sejam separadas (Paula, 2010).

2.5.1 Aplicação biotecnológica

A madeira pode ser atacada por fungos, que, em razão do meio em que se desenvolvem e da natureza parasita, diferem das plantas comuns pelo formato e pelos métodos de nutrição.

Incapazes de produzir o próprio alimento, os fungos absorvem o material orgânico já pronto no meio ambiente. Eles retiram os nutrientes necessários das paredes da madeira, degradando as substâncias que compõem a parede celular.

A diversidade associada a esses seres é bastante grande, e seus efeitos sobre a madeira são muito variados. Como agentes biológicos de degradação da madeira, eles podem ser classificados em três categorias, dependendo da natureza e da característica associada à deterioração e aos bolores.

Os apodrecedores são capazes de desintegrar a parede celular, interferindo nas propriedades físicas e químicas da madeira. Quando esse microrganismo começa a crescer no substrato, desenvolve filamentos microscópicos (hifas) que penetram no tecido lenhoso, como uma espécie de raiz minúscula. As enzimas são geradas nas extremidades dessas "raízes", que se propagam pelas paredes da célula secretando material extracelular. Esse material hidrolisa as longas cadeias dos compostos poliméricos (celulose, lignina), transformando-as em cadeias menores. Esses compostos hidrolisados são absorvidos na parede celular dos fungos e metabolizados por enzimas intracelulares, que geram energia e substâncias necessárias ao desenvolvimento desses microrganismos.

Na Figura 2.11, listamos algumas enzimas responsáveis pela degradação de materiais celulósicos.

Figura 2.11 – Enzimas responsáveis pela degradação de madeira

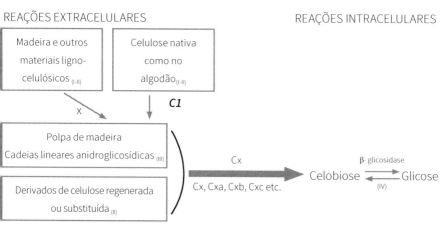

Fonte: Elaborado com base em Aquarone; Borzani; Lima, 1975, p. 81.

Com o aumento do ataque microbiológico, a quantidade de madeira destruída também aumenta, e a peça torna-se mais leve e menos resistente às solicitações mecânicas. Nessa situação, a perda de peso é menor do que a perda de resistência mecânica. Estima-se que uma peça que perde 8% de peso tenha perdido, aproximadamente, 60% da resistência mecânica (Aquarone; Borzani; Lima, 1975).

Esses microrganismos podem atacar a celulose e a lignina com diferentes intensidades. Os que agem sobre a lignina são denominados **podridão branca**, pois o substrato transformado fica esbranquiçado e a destruição é mais intensa. Quando a madeira fica escura, há a **podridão parda**. Existe também a **podridão mole (*soft-rot*)**, quando ocorre um ataque bastante distinto, em que a camada afetada se restringe a alguns milímetros de profundidade e a superfície da madeira apresenta trincas transversais como se tivesse ocorrido uma carbonização.

Os fungos manchadores produzem variação de cor, e os mais importantes, em termos econômicos, são os que produzem manchas no alburno da madeira. Esses microrganismos provocam rupturas dos raios nos quais estão concentradas as reservas nutritivas. Esse problema é recorrente durante a estocagem, o transporte e o armazenamento, quando existem condições de umidade e temperatura favoráveis (de 24 °C a 35 °C).

Ensaios mecânicos indicam que esses microrganismos interferem na resistência dinâmica da madeira em até 20%, o que não é representativo a ponto de comprometer o uso comercial.

Os bolores se desenvolvem na madeira em condições favoráveis de temperatura e abundância de umidade, formando micélios com cores variadas que vão do branco até o negro. Esses microrganismos não comprometem a resistência ou outras propriedades da madeira, mas existe a possibilidade de que, quando embolorada, a madeira possa também apresentar-se apodrecida, uma vez que as condições favoráveis aos bolores são, da mesma maneira, propícias ao desenvolvimento de fungos apodrecedores.

O desenvolvimento de fungos na madeira depende de alguns fatores, como umidade, temperatura, aeração e fonte de alimento. Do mesmo modo que esses microrganismos são indesejáveis em algumas situações, como no caso do armazenamento, eles podem ser desejáveis em outras. Eles utilizam os componentes químicos (carboidratos, lignina e hemicelulose) intrínsecos à madeira como substrato nutritivo, gerando novos materiais. Assim, o setor de fabricação de celulose pode se valer tanto dos microrganismos quanto das enzimas como ferramentas biotecnológicas para a produção e a reciclagem de papel e de celulose.

Figura 2.12 – Fungos degradadores em seu estado natural de colonização da madeira

  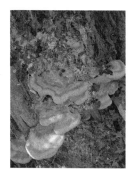

Marc korkomaz; Sonesay Studio; G Natura Lover/Shutterstock

As enzimas são substâncias proteicas produzidas por seres vivos e que atuam como catalisadores biológicos de reações químicas. Seu uso é de considerável importância, principalmente porque elas são facilmente obtidas por processos biotecnológicos, agem como aceleradoras de reações difíceis (quimicamente e termicamente) e não são consumidas em seu processo de catálise, podendo ser novamente utilizadas e obtidas de fontes naturais e renováveis.

As enzimas atuam sobre determinado substrato, de maneira específica e eficiente, desde que inseridas em condições adequadas, como pH, temperatura, umidade, salinidade e radiação. Essas substâncias têm sítios ativos que se unem ao substrato e, após conversão, deslocam-se para outros sítios do substrato.

Elemento fundamental!

O uso das enzimas tem como vantagens menor consumo de recursos naturais, menor consumo de energia, menor geração de efluentes e de resíduos, baixa toxicidade e ecotoxicidade de efluentes e de resíduos, biodegradabilidade e sustentabilidade.

É possível usar compostos químicos, como álcalis e ácidos, para se combinarem com os compostos presentes nas fibras e, assim, diluí-los, proporcionando a produção de fibras de boa qualidade. Também podem ser utilizados agentes biotecnológicos para a obtenção de fibras de ótima qualidade. O que influencia na escolha é o fator tempo, visto que os processos químicos são mais rápidos do que os biotecnológicos.

Na produção de papel, as enzimas mais usadas são amilases, hemicelulases e ligninases. As amilases atuam sobre o amido residual presente em aparas brancas, que causam uma falsa característica de que são fibras hidrofílicas, mas, na verdade, são fibras enrijecidas e pouco aptas à reidratação.

As hemiceluloses são divididas em glucoronidases, que rompem as ligações entre o ácido urônico e as moléculas de açúcares; xilanases, que atuam entre as moléculas de xilose; e manases, que decompõem as moléculas. Sua principal atuação é sobre as fibrilas, agindo diretamente sobre as moléculas de celulose e enfraquecendo sua ligação na matriz de carboidratos da fibra, o que possibilita o desprendimento.

As ligninases são enzimas oxidativas de radicais fenólicos que degradam a lignina e são muito utilizadas para modificar fibras recicladas não branqueadas, principalmente as obtidas de papelão ondulado. A lignina presente nessas fibras pode ser atacada por essas enzimas, e sua oxidação libera grupamentos fenólicos para o filtrado, que interagem na superfície das fibras e proporcionam um reforço às ligações entre elas, em virtude das cargas eletrostáticas.

A formação de grupos ácidos e carboxílicos altera a polaridade das fibras, revertendo a histerese/cornificação (diminuição do índice de retenção de água) e melhorando a capacidade de reciclagem das fibras.

Por meio do uso dessas enzimas, ocorre a deslignificação parcial dos materiais lignocelulósicos, mas, concomitantemente, acontece a perda de outras frações em diferentes intensidades, dependendo do microrganismo empregado, o que pode comprometer as características da fibra gerada.

É importante selecionar os microrganismos mais adequados, com o objetivo de controlar as reações paralelas e potencializar as reações de conversão de lignina e a atividade lignolítica, diminuindo os tempos extremamente longos de incubação.

Os fungos atacam tanto a madeira dura quanto a mole de maneiras distintas, por meio da produção de enzimas hidrolíticas e oxidativas que agem na degradação de substratos lignocelulósicos. Os processos de degradação da celulose e da hemicelulose ocorrem por ação hidrolítica e da lignina, em função da complexidade, por meio de um sistema de enzimas: lignolíticas, redutoras e produtoras de peróxido de hidrogênio (Kirk; Farrel, 1987). Assim,

- fungos de podridão branca geram enzimas que convertem os polímeros (celulose, hemicelulose, lignina) em moléculas menores, que são usadas como nutrientes;
- fungos de podridão parda geram enzimas que degradam fracamente a lignina e apresentam intensa degradação da holocelulose.

O tratamento enzimático deve ocorrer em massas com baixa consistência (4% a 6%), colocadas em tanques sob leve agitação, de 35 a 45 minutos, em temperaturas de 40 °C a 50 °C. O pH do sistema dependerá do tipo de enzima e da forma de colagem (ácida, neutra ou alcalina). Quando o ponto ótimo for alcançado, para encerrar a ação enzimática, basta aumentar a temperatura da massa para 70 °C com a injeção de vapor, a fim de desnaturar a enzima.

Reciclagem

Neste capítulo, explicamos que o processo de fabricação do papel é realizado em local próximo da fábrica, onde a madeira é recebida na forma de toras ou de cavacos e é imediatamente processada. A madeira é reduzida a cavacos para que se possa obter uma boa acomodação no interior do refinador e do digestor e para haver uma saturação rápida e completa com os licores de cozimento.

Vimos também que a extração da celulose é possível somente após uma série de operações unitárias específicas que envolvem produtos químicos e, consequentemente, geram resíduos e efluentes que precisam ser tratados com responsabilidade sustentável.

Destacamos que a produção de papel e de celulose requer grande consumo de energia e de água, gerando, com isso, uma grande quantidade de efluentes. Para reverter essa situação, a tendência é a reciclagem de água dentro do sistema produtivo.

Apontamos a importância de entendermos que os resíduos gerados durante o processo produtivo apresentam potencial de recuperação. Isso ocorre com a transformação do licor negro em licor verde e com a recuperação de reagentes primários e da água do processo.

Embora a celulose seja obtida tanto por processos mecânicos quanto por processos químicos, os métodos químicos são os mais usados na atualidade. Quando há necessidade de branqueamento, é importante visualizar a possibilidade de haver agentes contaminantes ambientais perigosos, como dioxinas e organoclorados, que comprometem o meio ambiente e podem causar problemas ambientais consideráveis.

Por fim, tratamos do uso da biotecnologia. Como a madeira é um material renovável, formada por carboidratos, ligninas e hemiceluloses, é possível a transformação desse substrato por microrganismos e enzimas. Essa possibilidade permite otimizar o consumo de recursos naturais, energia e geração de efluentes e de resíduos, potencializando processos mais sustentáveis.

Conservando conhecimentos

1. Assinale a alternativa correta com relação aos diferentes tipos de papel:
    a) O papel acetinado é fabricado com celulose branqueada, no peso de 120 g/m^2.
    b) O papel sulfite é fabricado com celulose branqueada, no peso de 180 g/m^2.
    c) O papel bufante é fabricado com celulose branqueada, com gramatura geralmente de 45 g/m^2.
    d) O papel-bíblia é fabricado com celulose semiquímica, com gramatura de 170 g/m^2 a 250 g/m^2.
    e) O papel de capa é fabricado com celulose não branqueada, com gramatura de 15 g/cm^2.

2. Assinale a alternativa correta com relação à utilização do eucalipto como matéria-prima para o papel:
   a) A partir dos anos 1960, a espécie eucalipto tornou-se amplamente utilizada como a principal fonte de fibra para a fabricação do papel.
   b) A espécie eucalipto tornou-se amplamente utilizada como a principal fonte de energia térmica para a fabricação do papel em 1600 a.C.
   c) Desde 2018, a principal fonte de fibra para a fabricação de papel é a madeira de eucalipto.
   d) Amplamente utilizada desde 105 a.C., a madeira de eucalipto é usada como única fonte de fibra para a fabricação do papel.
   e) A fibra de eucalipto é a única fonte de celulose, e seu uso foi iniciado pelos chineses em 105 d.C.

3. Analise as afirmativas a seguir com relação à produção de papel no Brasil e julgue-as como verdadeiras (V) ou falsas (F):
   ( ) A legislação brasileira não permite a produção de madeira no território nacional.
   ( ) Por volta de 1810, surgiu a primeira fábrica de papel no Brasil, que foi construída em Andaraí Pequeno, no Rio de Janeiro.
   ( ) Em 1841, foi fundada a primeira fábrica de papel no Brasil, por Zeferino Ferrez, escultor e gravador que fez parte da Missão Artística Francesa.
   ( ) Todo solo degradado é despoluído com a plantação de eucaliptos, pois as raízes longas limpam o solo degradado.

Agora, assinale a alternativa que apresenta a sequência correta:
a) V, V, V, F.
b) F, F, V, F.
c) F, V, F, F.
d) F, V, V, F.
e) F, V, V, V.

4. Assinale a alternativa correta com relação às perspectivas futuras da produção de papel e às possibilidades de uso das fábricas de celulose:
   a) Fonte de insumos para alimentar o desenvolvimento de novos produtos em plantas anexas.
   b) Fonte de celulose transgênica oriunda dos processos de produção de cimentos de alto desempenho.
   c) Fonte de derivados de petróleo sintético, obtidos por processo de polpeamento por uso de hidróxido de sódio e enxofre.
   d) Fonte de etanol de segunda qualidade, em razão da contaminação por carboidratos presentes na celulose.
   e) Fonte de *tall oil* para produção de celulose de alto desempenho e substituição do diesel por trio-óleos.

5. Assinale a alternativa **incorreta** com relação às características dos cavacos que interferem no processo:
   a) No cozimento, os cavacos secos são imersos no licor branco em um meio alcalino.
   b) Em cavacos úmidos, a água atua como barreira para a penetração do licor.

c) A impregnação da madeira pelo licor ocorre por porosidade e capilaridade.
d) O pH ácido permite maior penetração do licor nos cavacos.
e) Madeiras com baixa densidade são facilmente impregnadas e deslignificadas.

Análises químicas

Refinando ideias

1. Explique o processo de polpeação da madeira.
2. Qual é o processamento de extração de celulose mais usado no Brasil?

Prática renovável

1. Elabore um relatório detalhando o processo de recuperação do licor negro.

Capítulo 3

Celulose

Neste capítulo, trataremos das tecnologias envolvidas na obtenção de celulose e dos derivados resultantes dos processos de hidrólise e de fermentação, dos processos de carbonização e de destilação e do processo de eterificação. Explicaremos também as ligações de hidrogênio e as fontes de fibras celulósicas.

Descreveremos as transformações ocorridas na área durante os séculos, enfatizando as implementações produtivas, como a identificação da celulose, o desenvolvimento do processo sulfito e o processo *kraft*. Essas implementações oportunizaram a invenção de máquinas e de equipamentos até chegarmos às transformações observadas no século XX, com a introdução de novas práticas de manejo florestal que aumentaram a oferta de matéria-prima, possibilitando a instauração de um processo produtivo sustentável que alcançou alta produtividade e que, hoje, aproveita espécies florestais de rápido crescimento.

3.1 Caracterização da celulose

A indústria de papel e de celulose é uma das principais representantes das indústrias de processos químicos atualmente, e as operações unitárias envolvidas estão em constante aperfeiçoamento, a ponto de haver complexos integrados que formam as chamadas *biorrefinarias*.

Desde a sua criação pelos chineses até 1690, data da suposta chegada ao continente americano, o processo original de produção de papel passou por várias e intensas alterações.

No fim do século XVIII, houve um significativo aumento da produção, principalmente em virtude da Revolução Industrial, que amenizou a constante escassez de matéria-prima (trapos de panos que se tornaram caros) e aumentou a demanda, dando origem a um mercado com grande poder de consumo.

Em 1719, ocorreu uma implementação produtiva significativa com a incorporação de fibras de madeira ao processo. A ideia surgiu depois de o naturalista René-Antoine Ferchault de Réaumur observar que as vespas mastigavam a madeira podre e obtinham uma pasta compacta que era empregada na confecção de seus ninhos, leves e resistentes (Heller, 1997).

Outras duas datas de significativa importância para a tecnologia moderna na produção de papel foram 1867, quando Tilghman, nos Estados Unidos, desenvolveu o processo de sulfito, e 1884, quando Dahl, na Alemanha, desenvolveu o processo *kraft*.

No fim do século XVIII e início do século XIX, a indústria papeleira teve novo impulso, ocasionado pela invenção de máquinas e de equipamentos que proporcionaram a produção contínua. Nesse período, houve a definitiva substituição de trapos por fibras vegetais.

Nos vegetais, existem diferentes tipos de fibras, que consistem em estruturas alongadas observadas em folhas, caules, sementes e frutos, localizadas no envoltório extracelular presente em todos os vegetais. Esse envoltório é denominado *parede celular*, formada por celulose, hemicelulose e lignina (Malherbe; Cloete, 2002). Esse conjunto de substâncias que compõem a parede celular, também conhecido como *lignocelulose*, são materiais orgânicos abundantes que impedem alterações morfológicas nesses organismos, em razão do caráter semirrígido.

Esses materiais lignocelulósicos podem ser convertidos e usados em inúmeros processos industriais, como alimentos, combustíveis, insumos químicos, enzimas e bens de consumo (Lora; Glasser, 2002). Portanto, qualquer fração desse material lignocelulósico pode ser modificada por tratamento químico, enzimático ou físico (Grzegorz; Cybulska; Rosentrater, 2013).

Essas porções de materiais lignocelulósicos podem ser hidrolisadas e convertidas em açúcares, podendo ser transformadas por fermentação ou mediante fragmentação em compostos molares menores e utilizadas em processos para a obtenção, por exemplo, de espumas de poliuretanos, resinas fenólicas e epóxi, na produção de fenol e de etileno ou, ainda, convertidas em fibras de carbono, como acontece com a lignina (Kadla, 2002).

Características como teor de lignina, acessibilidade da celulose a enzimas e microrganismos e grau da cristalinidade da celulose determinam a digestibilidade desses materiais e, consequentemente, sua aplicabilidade. O inconveniente é que esses procedimentos precisam de grande quantidade de energia, o que interfere no custo do processo. Não há um processo ideal para o isolamento da celulose, mas ele tem importância analítica e industrial, uma vez que está associado a pequenas perdas (geração de resíduos) e à degradação.

Mas, primeiramente, é preciso entender o que é a celulose e, para isso, temos de mencionar as pesquisas realizadas em 1838 pelo químico francês Anselme Payen, que identificou essa substância e a descreveu como um material sólido, resistente e fibroso, o qual remanescia após a ação de tratamentos ácidos e básicos (Camargos, 2016). Esse composto é um material de origem renovável e biodegradável, disponível em fontes derivadas da madeira, resíduos agrícolas e silviculturais, bactérias, algas e outras espécies aquáticas (Thomas et al., 2020).

A celulose é um componente básico dos tecidos vegetais, um homopolissacarídeo linear considerado a fonte de biomassa mais abundantemente encontrada na biosfera (Habibi; Lucia; Rojas, 2010).

Como explicam Shreve e Brink Jr. (1980, p. 487), "a madeira é uma substância complexa de caráter polimérico. De 40 a 50% do peso da madeira seca são celulose, que é uma fibra de grande valor". A madeira apresenta propriedades que possibilitam seu emprego desde tempos remotos, como já vimos, atendendo às necessidades básicas do homem na forma de combustível e como matéria-prima na obtenção de habitação e de transporte, por exemplo. Atualmente, a madeira é essencial para a economia, sendo utilizada em uma ampla gama de possibilidades, principalmente na indústria de papel e de celulose.

A Figura 3.1 ilustra as várias etapas da produção de papel, desde a árvore até o produto final, em um de seus principais usos: a produção de livros.

Figura 3.1 – Etapas da produção de papel

O uso dessas plantas lenhosas ocorre porque elas apresentam células longas, fortes e com paredes relativamente espessas, o que gera boas fibras. Algumas espécies vegetais que dependem da rigidez dos próprios tecidos para crescer têm mais tecidos de sustentação, ao passo que as espécies que se apoiam ou se agarram a outras para subir demandam menor estrutura de suporte (Taiz, 1984).

Nesse tipo de planta, a parede celular é uma mistura complexa de polímeros que variam em composição.

A madeira consiste em um conjunto de células heterogêneas, com características únicas, necessárias para o crescimento, a condução de água, a transformação, o armazenamento e a condução de substâncias nutritivas e a sustentação vegetal (Panshin; Zeeuw, 1970).

Plantas com distintas estruturas requerem diferentes propriedades mecânicas dos órgãos (raízes, caule e folhas) e, por isso, apresentam células com atividades específicas. As fibras são responsáveis pelo mecanismo de sustentação da planta; as células do parênquima do floema são responsáveis pelo transporte de substâncias orgânicas e pelo armazenamento de substâncias nutritivas; e os vasos do xilema têm a função de transportar a seiva bruta, composta por água e sais minerais, retirados do solo por meio dos pelos absorventes das raízes.

Figura 3.2 – Transporte de água, nutrientes e minerais

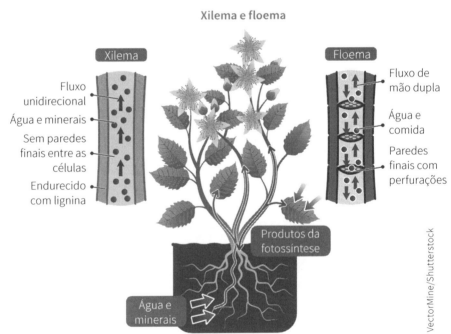

VectorMine/Shutterstock

O tronco, também conhecido como *caule*, é um órgão vegetal associado à sustentação da planta e que faz a conexão entre as raízes e as folhas. Adaptados a diferentes ambientes, os caules podem ser aquáticos, subterrâneos e aéreos e apresentam funções específicas, como fixar o substrato, fazer fotossíntese e proteger contra herbívoros, por exemplo. Nesse órgão, é possível observar a presença de gemas, zonas de alongamento, nós e entrenós, como ilustrado na Figura 3.3.

Figura 3.3 – Morfologia de uma árvore

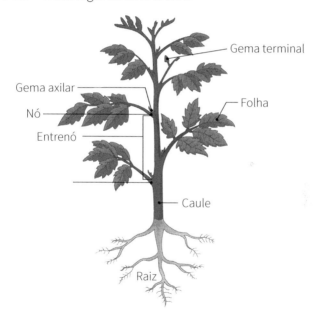

Se fizermos um corte na diagonal em um tronco, como ilustrado na Figura 3.4, identificaremos as seguintes estruturas: casca (ritidoma e floema), região cambial, anéis de crescimento (lenho inicial e lenho tardio), alburno, cerne, raios e medula.

Figura 3.4 – Corte transversal na madeira

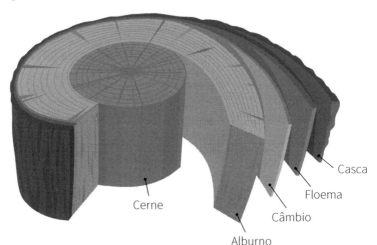

A parede celular delimita o tamanho, a forma da célula e a textura do tecido dessas plantas, além de determinar a forma final do órgão vegetal. As paredes celulares contêm uma variedade de enzimas que desempenham funções importantes na absorção, no transporte e na secreção de substâncias nas plantas.

A parede celular é a principal responsável pelas características mecânicas dos tecidos de sustentação e, por isso, está presente em maior quantidade nos troncos. Formada quimicamente por celulose, hemiceluloses, lignina e outros componentes em menor quantidade, a madeira é um biopolímero tridimensional, constituído por um grande número de unidades idênticas que variam em quantidade conforme a espécie (Lepage et al., 1986).

As variações observadas entre os grupos ocorrem consideravelmente em relação à quantidade de polissacarídeos não celulósicos, de proteínas e de compostos fenólicos (Vogel, 2008).

Tabela 3.1 – Composição típica de lignocelulósicos

Componente	Faixa de variação(%)
Celulose	40-49
Hemicelulose	25-35
Lignina	15-25
Extrativos	01-10

A quantidade de celulose, hemicelulose e lignina na parede celular depende da espécie vegetal e varia de camada para camada. Estatisticamente, estima-se que a quantidade de lignina encontrada em madeiras de coníferas varie de 25% a 35% e, em madeiras de folhosas, esteja na proporção de 18% a 25% (Rowell, 2005).

Caules jovens, com alta proporção de crescimento, apresentam hemiceluloses diferentes das encontradas nos tecidos maduros, em que não há crescimento celular. Além disso, observa-se a defesa contra patógenos e herbívoros (Wolf; Hématy; Hofte, 2012).

Esses polissacarídeos presentes na madeira são chamados de *holocelulose*, ou *carboidratos totais de celulose*, e são subdivididos em celulose (40%), que é um polímero de linhas de alto peso molecular, composto por unidades de glicose com alta resistência química, hemicelulose (30%) e outros polissacarídeos que apresentam baixo peso molecular e têm menor resistência química a ácidos e álcalis.

Os açúcares nas hemiceluloses são, principalmente, xilose, galactose, arabinose, manose e glicose.

A lignina pode ser considerada "o material adesivo da madeira" porque cimenta as fibras, dando maior resistência estrutural à espécie. É um polímero reticulado complexo de unidades de fenilpropano condensado, unidas por várias ligações de éter e carbono, cuja representação vemos na Figura 3.5.

Figura 3.5 – Representação da estrutura da lignina de coníferas (A) e de folhosas (B)

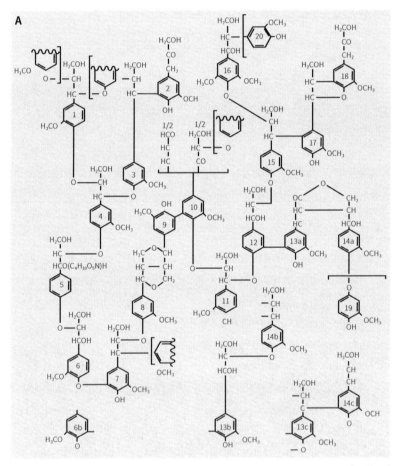

(continua)

(Figura 3.5 – conclusão)

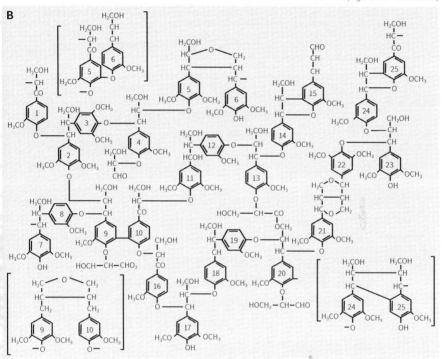

Fonte: D'Almeida, 1988a, p. 78-79.

A lignina pode ser considerada um polímero de álcool coniferílico. Cerca de 50% das ligações são éteres β-arílicos. Ela pode ser degradada por solução alcalina, solução ácida de sulfito e por diferentes agentes oxidantes, inclusive enzimas. A remoção da lignina da madeira permite obter fibras de celulose conhecidas como *polpa*.

É importante salientar que existem muitas diferenças entre os tipos de madeira. Alguns são classificados como *duros* por apresentarem menos lignina e mais hemiceluloses (ricas em xilose), e outros são denominados *macios* por terem mais lignina e menos hemiceluloses (que são ricas em unidades de galactose, glicose e manose). Essa quantidade de lignina interfere consideravelmente no processo de extração de celulose.

As madeiras moles, ou de coníferas, pertencem ao grupo das gimnospermas, que apresentam como características uma folhagem com formato de agulha e a ausência de frutos (sementes descobertas). Já as madeiras duras, também conhecidas como *folhosas*, pertencem ao grupo das angiospermas dicotiledôneas. Essas espécies apresentam folhas largas e sementes encerradas em frutos, características que permitem sua identificação (Rowell, 2005).

Além da holocelulose e da lignina da parede celular, a madeira contém cerca de 2% de extrativos que podem ser separados por destilação ou extração com solvente e dar origem a diferentes substâncias de considerável interesse comercial, como etanol, metanol, acetona, plásticos fenólicos, pesticidas, solventes, metilcelulose, etilcelulose e carboximetilcelulose.

Ao analisarmos a matriz polimérica completa, como ilustrado na Figura 3.6, podemos identificar as estruturas e aplicar diferentes métodos de separação, que podem ser mecânicos ou térmicos. Esses processos possibilitam o rompimento da estrutura lignocelulose, facilitando o processo de biorrefinação e de obtenção da celulose.

Figura 3.6 – Matriz completa dominada por celulose, hemicelulose e lignina no tecido vegetal

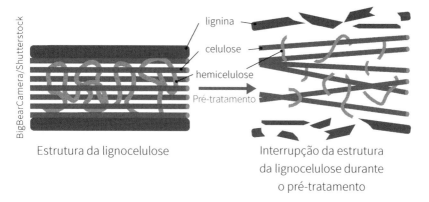

lignina
celulose
hemicelulose
Pré-tratamento
Estrutura da lignocelulose
Interrupção da estrutura
da lignocelulose durante
o pré-tratamento

BigBearCamera/Shutterstock

A celulose, um polímero de glicose – $(C_6H_{10}O_5)_n$ –, é um carboidrato complexo, polissacarídeo, insolúvel em água e formado por grandes cadeias de moléculas de glicose, que compõem a parede celular dos vegetais, conferindo-lhes rigidez e firmeza (Araújo, 2015).

Figura 3.7 – Estrutura molecular da celulose

petrroudny43/Shutterstock

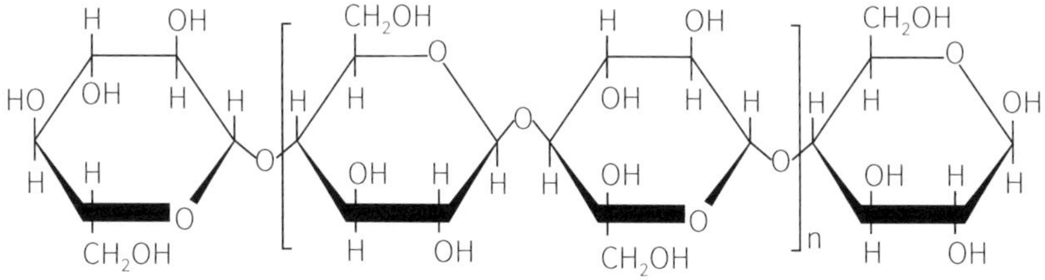

Atchison e McGovern (1987) afirmam que, na madeira, a celulose tem um grau médio de polimerização, por volta de 3.500, ao passo que a celulose em polpa tem um grau de polimerização

em torno de 600 a 1.500. Uma molécula de celulose apresenta áreas com configuração ordenada, rígida e inflexível em sua estrutura (celulose cristalina) e outras áreas de estruturas flexíveis (celulose amorfa), as quais são responsáveis por algumas diferenças de comportamento, como a relacionada à absorção de água e ao inchamento, que ocorre nas regiões amorfas da molécula.

Como vimos, as árvores não são compostas apenas de celulose; portanto, para produzir papel ou extrair a celulose, é necessário haver o desfibramento, a deslignificação e a lavagem da madeira para obter as fibras que serão incorporadas a outros processos industriais.

Figura 3.8 – Fibras de celulose

Henri Koskinen; Marco Lazzarini/Shutterstock

O uso de fontes distintas de celulose pode contribuir para a maior produtividade, que reflete em menor custo produtivo e maior competitividade. A indústria de papel e de celulose é um setor bastante forte, com grande representatividade na economia brasileira, tanto que, em 2020, o Brasil se firmou como um dos maiores exportadores de celulose do mundo, com 70% da produção nacional destinada à exportação, o que representa 15 milhões de toneladas de celulose. Esse valor é bastante considerável quando comparado ao do segundo maior exportador, o Canadá, que exporta 9 milhões de toneladas, e ao do terceiro lugar, os Estados Unidos, que exportam 7,8 milhões de toneladas de celulose, conforme o *ranking* Food and Agriculture Organization (FAO, 2015).

As indústrias de celulose se dedicam ao processamento da madeira para a obtenção da principal matéria-prima para a produção de papel: a polpa ou pasta. Essas empresas são grandes aglomerados fabris localizados nas mesmas áreas das florestas ou plantações de monoculturas de espécies próprias, o que permite acesso e transporte facilitados, diminuindo, assim, as despesas.

Como a madeira é constituída por diferentes substâncias, o processamento para a obtenção da pasta inicia-se com a trituração da madeira, que, então, é transformada por meio de diferentes processos industriais. Os processos mecânicos trituram a madeira e liberam as fibras, transformando até 95% delas em pasta, em um processo no qual a lignina permanece e o produto gerado apresenta coloração marrom ou amarela, algo característico do papel não branqueado. Nessa etapa, são produzidos papel-jornal e outros produtos cuja qualidade de impressão não é tão necessária.

No processo químico, a madeira é, inicialmente, transformada em pequenas lascas e, depois, submetida a cozimento com agentes químicos. Nesse caso, ocorre a separação da lignina da celulose por meio de hidrólise (reação com água) com alta temperatura e agentes químicos, sendo necessária uma grande quantidade de energia. Esse processo é bastante versátil, além de permitir a alteração do agente químico, a fim de potencializar o rendimento. No processo *kraft* (atualmente o mais comum), as lascas de madeira são cozidas com soda cáustica; no processo sulfito, as lascas de madeira são cozidas em uma solução ácida; e, no processo termomecânico químico, as lascas são aquecidas a vapor e tratadas com produtos químicos antes de serem moídas.

Alerta sustentável!

As leis ambientais já não permitem o lançamento de resíduos indesejáveis em qualquer local; por isso, é necessário agir de maneira sustentável, sem comprometer o meio ambiente. Para isso, deve haver a conversão ou o tratamento adequado desses resíduos. Os resíduos da floresta não são úteis à fabricação do papel, mas podem dar origem a derivados químicos de interesse comercial.

Cada processo gera diferentes substâncias que devem ser recuperadas ou reutilizadas. A maior parte do processo *kraft* é dedicado à recuperação dos reagentes de aquecimento, com a recuperação do calor em decorrência da queima da matéria orgânica presente no licor e a recuperação das substâncias envolvidas.

No processo sulfito, o dióxido de enxofre liberado é recuperado, assim como o licor de magnésio, que, posteriormente, é utilizado na digestão da madeira e na lavagem da polpa. O processo com sulfito neutro caracteriza-se pelo elevado rendimento, de 65% a 85%, e as perdas no polpeamento ficam entre 35% e 15% das componentes da madeira. Por meio de métodos especiais, essas substâncias são recuperadas e seus subprodutos podem ser utilizados (Shreve; Brink Jr., 1980).

3.2 Derivados químicos da celulose e da glicose

Como já explicamos, a celulose é formada pela união de moléculas de β-D-glicose*, responsáveis por compor a parede celular dos vegetais. As plantas realizam anabolismo quando a água, o dióxido de carbono e a energia solar são usados na síntese de glicose, que é um monossacarídeo, conforme a reação a seguir:

$$6CO_{2(g)} + 6H_2O_{(g)} + energia \rightarrow C_6H_{12}O_{6(aq)} + 6O_{2(g)}$$

O dióxido de carbono penetra na folha através de pequenos orifícios, denominados *estômatos*, e a água absorvida pela raiz deve percorrer um caminho mais longo até a folha. A concentração de sais no solo, normalmente, é menor do que no interior da raiz; por isso, a água penetra por osmose e, através do

---

* A designação *beta* refere-se à posição do grupo OH no carbono 1, e a letra D corresponde ao símbolo para dextrógiro, bem como à posição do OH no lado direito do carbono assimétrico.

alburno, flui até a copa da planta. Os carboidratos gerados são conduzidos verticalmente através do floema e radialmente pelas células radiais, sendo armazenados nas células parenquimáticas ou transformados em celulose, lignina, hemicelulose etc.

Em outras palavras, essas moléculas de glicose podem se combinar (catabolismo) para formar um polissacarídeo (polímero de condensação), a celulose, extremamente útil aos seres humanos. O processo de extração de celulose é complexo e pode ser resumido nas seguintes etapas:

1. Batimento e refinamento da polpa para tornar as fibras mais fortes, mais uniformes, mais densas, mais opacas e menos porosas.
2. Coagulação e revestimento das fibras com sulfato de alumínio (alúmen de papeleiro).
3. Adição de enchimentos, como argilas inorgânicas, carbonato de cálcio ou dióxido de titânio, para ocupar os espaços entre as fibras.
4. Adição de cola para conferir resistência à penetração de líquidos. A maior parte da colagem é uma emulsão de sabão ou cera precipitada pelo alúmen. Isso produz um filme gelatinoso na fibra e uma superfície endurecida.
5. Adição de resinas de resistência úmida para aumentar a resistência do papel quando molhado, sendo as mais utilizadas as resinas de ureia-formaldeído.
6. Tingimento.

Existem muitos produtos químicos que são importantes na fabricação de papel, entre os quais se incluem pigmentos e corantes, resinas que proporcionam resistência à umidade, colas, espessantes, biocidas, antiespumantes etc.

No entanto, a celulose não é utilizada apenas na obtenção de papel; ela pode ser usada na obtenção de muitos outros produtos, como demonstra o Quadro 3.1.

Quadro 3.1 – Produtos feitos com celulose

Material	Produto
Papel	Papel-jornal, livros, lenços de papel, papelão ondulado, caixas, bolsas, cigarro, recipientes para alimentos, pratos, papel de parede, roupas descartáveis.
Papelão	Painel de fibra (fibras com adição de fenólicos): painéis, móveis, isolamento.
Aglomerados (resíduos de madeira ou pó + resina)	Painéis, contrapisos, compensados em geral e substitutos de madeira serrada.
Laminados (camadas de madeira + resina fenólica, ureia ou melamina)	Peças estruturais e de máquinas.
Alimentos	Emulsificantes, espessantes e estabilizantes de alimentos industrializados, como hambúrgueres e queijo ralado. Na forma de tripa vegetal, muito usada em salsichas e linguiças.
Higiene	Fraldas descartáveis, papel higiênico, absorventes.

(continua)

(Quadro 3.1 – conclusão)

Material	Produto
Farmacêuticos	Enchimento de comprimidos, arreadores para liberação controlada de fármacos.
Outros	Adesivos, biocombustíveis, materiais de construção.

Assim como é possível obter celulose por meio da madeira, é possível obter diferentes produtos dos resíduos e efluentes gerados nesses processos, os quais estão descritos na sequência.

3.2.1 Processo de hidrólise e fermentação

A hidrólise da madeira ou de seus constituintes rende vários produtos de interesse comercial. Diversos materiais, como sabugo de milho, cascas de caroço de algodão, cascas de amendoim e bagaço de cana, podem sofrer hidrólise, gerando açúcar e, por meio de sua fermentação, álcool. O grande problema é o rendimento associado a cada um dos resíduos utilizados.

A hidrólise dos polissacarídeos presentes na madeira em açúcares e a fermentação desses açúcares em álcool etílico são processos viáveis, mas não tão rentáveis quanto a produção de álcool por meio de etileno ou por fermentação de milho e de cana-de-açúcar. Na obtenção da polpa de papel por meio de sulfito, formam-se açúcares por hidrólise dos constituintes da madeira, dos quais cerca de 60% podem ser transformados em álcool por processos fermentativos.

Nesse processo, o licor usado é separado da polpa e acondicionado em tanques de fermentação, onde ocorre aquecimento até 30 °C, ajuste de pH com cal (pH = 4,5) e recebimento de ureia como nutriente. Após a fermentação, o mosto é destilado e obtém-se o álcool.

Vários outros produtos químicos também podem ser obtidos por meio da hidrólise da madeira, entre eles o furfural. Esse composto orgânico é formado por meio da hidrólise de polissacarídeos em pentoses, seguida de desidratação, e pode ser usado na produção de alguns plásticos fenólicos, na produção de pesticida e na produção de solventes. Além disso, pode ser convertido em tetrahidrofurano (THF) e em álcool furfurílico.

Outra possibilidade é a obtenção de substâncias aromáticas como a vanilina (4-hidroxi-3-metoxibenzaldeído), muito usada como flavorizante em alimentos, bebidas e produtos cosméticos, por meio de licor residual de sulfito por hidrólise alcalina da lignina (Clark, 1990 citado por Daugsch; Pastore, 2005, p. 642).

O aroma de baunilha é obtido "originalmente" das favas da planta *Vanilla planifolia* na forma de gluco-vanilina, mas esse processamento biossintético é bastante trabalhoso e caro (Daugsch; Pastore, 2005). Entretanto, é possível extrair um sintético da madeira por hidrólise da lignina. O primeiro rende um extrato natural cujo valor de venda pode chegar a 4 mil dólares o quilo; já a produção do extrato sintético de vanilina, que apresenta apenas a nota sensorial principal do *flavour* de baunilha, pode chegar a 12 dólares o quilo (Daugsch; Pastore, 2005).

De acordo com Daugsch e Pastore (2005, p. 642),

> A biotransformação do ácido ferúlico, eugenol, isoeugenol e outros em vanilina pode ser feita enzimaticamente. Um rendimento de vanilina de até 17 g/L foi obtido pelo tratamento de isoeugenol com lipoxidase. Enquanto o eugenol tratado com lipoxidase resultou em concentrações bem mais baixas que 0,5 g/L, o ácido ferúlico não pode ser transformado em vanilina usando-se lipoxidase.

A vanilina, portanto, pode ser obtida por transformação química ou microbiológica, com variações significativas de rendimento. Por meio do processo de hidrólise de lignina, é possível obter 1 kg de vanilina a cada 310 kg de rejeitos (Damasio; Pacheco, 2010).

3.2.2 Processo de carbonização e destilação

A origem da carbonização da madeira é bastante remota. O primeiro processo químico foi a obtenção do carvão, usado pelos habitantes das cavernas como combustível, muito útil porque não gerava fumaça (Shreve; Brink Jr., 1980).

No Egito Antigo, também se produziam o carvão e o ácido pirolenhoso, muito utilizado nos embalsamamentos, por meio do processo de destilação da madeira. Esse processo foi igualmente uma fonte importante de renda para os Estados Unidos, com a obtenção de ácido pirolenhoso, de alcatrão, de breu, de metanol, de ácido acético e de acetona. Como descrevem Shreve e Brink Jr. (1980, p. 488),

A produção do alcatrão do pinho foi, possivelmente, uma das primeiras indústrias das colônias na nova Inglaterra, florescendo desde 1965. Em 1750, a Carolina do Norte estava ocupada e nela se tinha estabelecido um comércio crescente de produtos de madeira; em 1900, o principal estado produtor era a Georgia. No mesmo ano, foi construída uma fábrica em Gulfport, Missouri, para extrair terebintina e óleo de pinhos de cepos e toras rejeitadas, e também para remover a resina. Nos dias de hoje, a Flórida e a Geórgia são os principais produtores da terebintina e da resina.

Por meio da destilação, é possível obter, aproximadamente, de 1% a 2% de metanol por peso de madeira; 4% a 5% de ácido acético; e 0,5% de acetona.

Durante anos, essa foi a única fonte desses compostos, mas o processo foi deixado de lado com o surgimento dos processos sintéticos.

Alguns fenóis também podem ser obtidos por meio da destilação, assim como gases comuns, como dióxido de carbono, monóxido de carbono, metano e hidrogênio.

A fabricação de carvão vegetal, principalmente briquetes, vem crescendo em demanda. Resíduo oriundo da combustão dos voláteis da destilação de madeira dura, ele é um carbono elementar e um material orgânico incompletamente decomposto, repleto de produtos químicos adsorventes. Sua carbonização ocorre a 400-500 °C. O carvão tem um teor volátil de 15% a 25% e pode alcançar de 37% a 46% de rendimento em peso de madeira.

A madeira das coníferas envolve três divisões principais: 1) a das gomas; 2) a da destilação; e 3) a do sulfato. A goma das coníferas é obtida do *Pinus palustris* e do *Pinus caribaea*.

Os destilados são derivados dos tocos saturados de resinas, e os derivados do sulfato são provenientes de licores sulfatados já usados no processo, os licores *kraft*. A mistura desses complexos orgânicos dá origem à terebintina e a resinas de pinho.

A aguarrás, ou essência de terebintina, representa uma mistura de compostos orgânicos conhecidos como *terpenos*, essenciais na produção de tintas e solventes de verniz. Trata-se de uma mistura de terpenos voláteis $C_{10}H_{16}$ (hidrocarbonetos feitos de unidades de isopreno). Outros compostos encontrados em quantidades abundantes são canfeno, dipenteno, terpinoleno e careno.

Embora tenha sido substituída por hidrocarbonetos de petróleo (toluol e xilol) como diluentes de tinta, em razão do preço mais baixo e da geração de menos odores, a terebintina ainda é um bom solvente e diluente em suas muitas aplicações especiais. O padrão de uso para a terebintina é o seguinte: 48% de óleo de pinho sintético, 16% de resinas de politerpeno como adesivos, 16% de inseticidas de toxofeno, 11% de solvente e 9% de óleos essenciais de aroma e fragrância.

O óleo de pinho (Figura 3.9) é uma mistura de álcoois derivados de terpinas. Pode ser extraído do pinho, mas também é feito sinteticamente por meio de terebintina, especialmente a fração α-pineno, por reação com ácido aquoso.

Figura 3.9 – Óleo de pinho e resíduos de poda

3.2.3 Processo de eterificação

O processo de eterificação consiste em tratar a madeira com reagentes orgânicos e inorgânicos, com o objetivo de gerar novos produtos a partir da celulose. A celulose é insolúvel em água e na maioria dos solventes orgânicos tradicionais, e os solventes mais eficientes nesse composto são os complexos de cobre-amina (hidróxido de cupramônio e cuproetilenodiamina), os compostos N, N – dimetilacetamida, o cloreto de lítio e os solventes verdes (D'Almeida, 1988a).

Em razão dessa dificuldade de solubilização da celulose, caminhos alternativos para aumentar a solubilização em água e em outros solventes aumentam a aplicabilidade dessa matéria-prima na obtenção de novos derivados celulósicos, como acetato de celulose, sulfato de acetato de celulose, sulfato de celulose, carboximetilcelulose (CMC), etilcelulose (EC), hidroxipropilmetilcelulose (HPMC), hidroxietilmetilcelulose (HEMC), hidroxietilcelulose (HEC) e metilcelulose (MC) (Vieira, 2009).

Esses métodos de transformação tiveram início em 1900, quando vários desses derivados, como etilcelulose, metilcelulose e carboximetilcelulose, começaram a ser utilizados.

Essa reação de eterificação ocorre normalmente em meio alcalino, por meio de agentes eterificantes, como haletos ou sulfatos de alquila. A alquilação é um processo químico pelo qual um grupo alquila (C_nH_{2n+1}) é ligado a uma molécula de substrato orgânico por reação de adição ou substituição. Esses grupos alquila substituem ou adicionam moléculas, como carbocátions, carboânions, radicais ou carbenos.

Esses éteres de celulose têm a propriedade de mudar a reologia de soluções e de formulações à base de água. Entre os mais comuns estão o cloreto de metila, que gera metilcelulose; o cloreto de etila, que gera etilcelulose; o etilenocloridrina, ou seu óxido, que gera hidroxietilcelulose; e o ácido cloroacético, ou seu sal de sódio, que gera a carboximetilcelulose, como especificado na reação a seguir (Shreve; Brink Jr., 1980, p. 494):

$$[C_6H_7O_2(OH)_3]_x + xNaOH \rightarrow [C_6H_7O_2(OH)_2ONa]_x$$

Celulose   Celulose alcalina

$$[C_6H_7O_2(OH)_2ONa]_x + xClCH_2COONa \rightarrow [C_6H_7O_2(OH)_2COONa]_x$$

Cloroacetato de sódio   Sódio carboximetilcelulose

O sódio carboximetilcelulose é um pó branco, fisiologicamente inerte, empregado no revestimento para tecidos e papel, para melhorar a textura de sorvetes e como estabilizante de emulsão de outros compostos (Shreve; Brink Jr., 1980).

Ele é usado para alterar a viscosidade, aumentar a retenção de água, estabilizar suspensões, formar filmes, lubrificar e geleificar soluções. Em virtude dessas propriedades, são bastante usados em processos industriais, nas áreas alimentícia, farmacêutica, de tintas e vernizes, petroquímica e têxtil.

3.3 Ligações de hidrogênio na celulose

A composição inicial da celulose, observada em 1838, consistia em um composto contendo 44,4% de carbono, 6,2% de hidrogênio e 49,3% de oxigênio, o que equivalia à fórmula mínima de $C_6H_{10}O_5$, com peso molecular de 162 g/mol.

Análises posteriores revelaram, contudo, que esse valor era muito maior. A celulose seria, portanto, um alto polímero ou um agregado de moléculas simples, mantidas coesas por ligações secundárias. Com o passar do tempo, foi comprovado que se tratava de um polímero constituído por um grande número de unidades idênticas de glicose.

A celulose é o principal constituinte das paredes celulares e consiste em um polímero de condensação não ramificado, composto por fibrilas de aproximadamente 3,5 nm de diâmetro, contendo cerca de 40 moléculas. Essas fibrilas elementares são organizadas em feixes maiores que, eventualmente, formam as fibras macroscópicas observadas no algodão e no papel (Darvell, 2012).

Por ser uma molécula insolúvel, a ação enzimática é prejudicada, o que interfere na quebra da celulose. Suas moléculas organizam-se em camadas de fibras que proporcionam resistência e flexibilidade, sendo estabilizadas por ligações de hidrogênio que fazem com que a ligação β-1,4 seja bastante resistente.

Elemento fundamental!

É interessante salientar que, no caso da ingestão da celulose por animais ruminantes, a presença de bactérias no trato digestivo proporciona a geração de enzima celulase, capaz de metabolizar essas fibras.

Outra situação é a associada aos cupins, que, por meio de um protozoário denominado *triconinfa*, conseguem digerir a celulose, transformando-a em glicose.

No caso dos seres humanos, essa situação de quebra não ocorre.

A celulose é constituída por subunidades de glicose, unidas por ligações glicosídicas. Cada unidade de glicose contém grupos hidroxilas livres, ligados aos carbonos, como vemos no esquema da Figura 3.10.

Figura 3.10 – Representação esquemática da estrutura da celulose

grebeshkovmaxim/Shutterstock

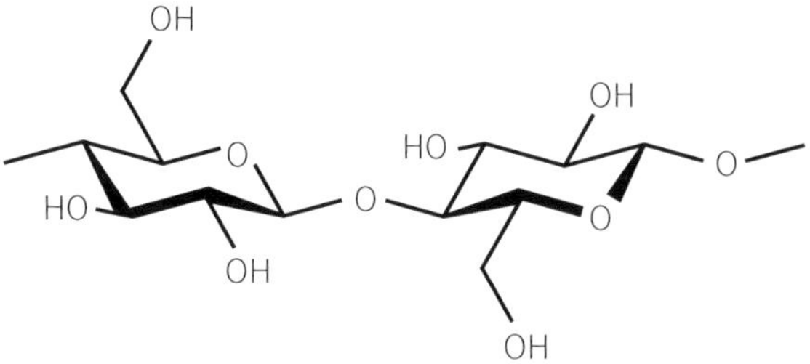

Essa disponibilidade de grupos hidroxilas permite que as macromoléculas de celulose façam ligações de hidrogênio intra e intermoleculares, as quais são extremamente importantes e justificam as características químicas e físicas dessas fibras (Vieira, 2004).

Figura 3.11 – Representação das ligações de hidrogênio na estrutura cristalina da celulose: (A) ligações de hidrogênio intermoleculares e (B) ligações de hidrogênio intramoleculares

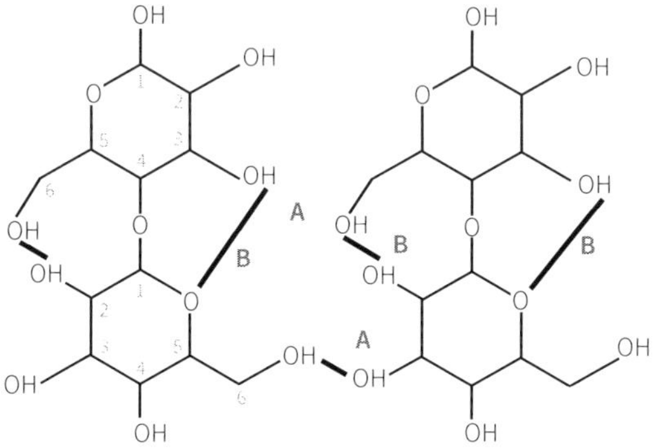

Fonte: Lima, 2017, p. 14.

As ligações intramoleculares ocorrem entre os grupos hidroxilas de uma mesma cadeia, e as ligações intermoleculares ocorrem entre grupos hidroxilas de cadeias adjacentes. As ligações de hidrogênio intramoleculares são responsáveis pela rigidez, e as intermoleculares pela formação de cadeias de celulose, que, alinhadas, formam as microfibrilas, as quais formam as fibrilas, que se ordenam para formar as sucessivas paredes celulares da fibra, conforme representado na Figura 3.12.

Figura 3.12 – Morfologia da celulose: (A) escala de celulose contida em plantas, (B) obtenção de CNC e (C) bionanocelulose cultivada pela síntese de celulose bacteriana

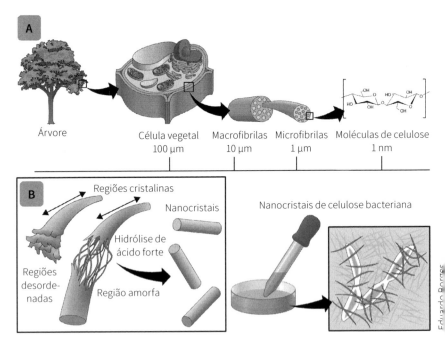

Fonte: Tedesco, 2021, p. 20.

A estrutura da celulose apresenta regiões altamente organizadas, nas quais as ligações de hidrogênio são fortes, ou seja, existem muitas ligações próximas umas das outras, o que faz da celulose um composto insolúvel em água. Essa organização da celulose – ora organizada (cristalina), ora desorganizada (amorfa) – é uma estrutura semicristalina, o que justifica seu comportamento hidrofílico.

A presença dos grupos hidroxilas nas regiões amorfas interrompidas (fibrilas) permite a absorção de grandes quantidades de água. Assim, os tratamentos com bases fortes geram grupos hidroxilas que propiciam a formação de regiões que absorvem consideráveis quantidades de água, o que torna o composto bastante absorvente. Portanto, podemos afirmar que, embora a celulose seja insolúvel em água, o tratamento alcalino pode interferir nessa característica.

As cadeias longas e as reações dos álcoois poli-hídricos da celulose são as responsáveis pela formação de vários produtos resistentes e flexíveis. Esses derivados da celulose dependem dos grupos substituintes, da grandeza de substituição, do tipo de pré--tratamento e do grau de degradação das cadeias compridas em cadeias mais curtas (Shreve; Brink Jr., 1980).

3.4 Fonte de fibras celulósicas

Após a identificação da fórmula química da celulose em 1838, ocorreu o aprimoramento de seu uso e surgiram novas tecnologias. Shreve e Brink Jr. (1980, p. 496) descrevem algumas delas:

Em 1844, [...] Keller, da Saxônia, inventou um processo mecânico de fazer polpa a partir de madeira. O processo à soda foi desenvolvido por Watt e Burgess, em 1851. Em 1867, o químico Tilghman conseguiu a patente fundamental (patente americana 70.485) para o processo ao sulfito. O processo ao sulfato, ou Kraft (Kraft é do alemão, significando forte), foi o resultado de experiências fundamentais efetuadas por Dahl no ano de 1884, em Danzig.

Em 1870, foi produzido o primeiro termoplástico e, como consequência, iniciou-se a produção industrial do *rayon* em 1885 e a do celofane em 1912. Em 1992, os químicos Shiro Kobayashi e Shin-Ichiro Shoda sintetizaram a celulose sem utilizar enzimas (Kobayashi et al., 1992).

Todas as fibras vegetais podem ser usadas para obter celulose, um composto inodoro, sem sabor, biodegradável e insolúvel em água e na maioria dos solventes orgânicos. Ela pode ser decomposta quimicamente em glicose quando tratada com ácidos minerais concentrados em alta temperatura (Wyman, 1994).

Os tipos de celulose são vários, e a diferença entre eles é a localização das ligações de hidrogênio entre e dentro dos filamentos, inclusive podendo existir sob mais de uma forma cristalina. O grau de cristalinidade da celulose está relacionado à acessibilidade química, sendo que essa região tem maior resistência à tração, ao alongamento e à solvatação (absorção de solvente).

São quatro diferentes polimorfos de celulose: celulose I, II, III e IV, como ilustrado na Figura 3.13. A celulose I é convertida em celulose II por tratamento em álcalis fortes (mercerização);

o tratamento da celulose I e II com amônia líquida gera celulose III, que é convertido em celulose IV por tratamento de celulose III com glicerol a alta temperatura.

Figura 3.13 – Conversão de várias formas cristalinas de celulose

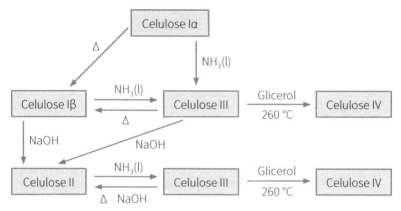

Fonte: Elaborado com base em O'Sullivan, 1997, p. 173.

A celulose I, ou celulose nativa, é a celulose cristalina, formada por cadeias paralelas encontradas na natureza, com dois alomorfos: Iα (estrutura triclínica) e Iβ (estrutura monoclínica), que podem coexistir em diferentes proporções, dependendo da fonte de celulose. A celulose Iα é comum em algas e bactérias, e a celulose Iβ é encontrada na parede celular de plantas e em tunicados (Lavoratti; Scienza; Zattera, 2016).

A celulose nativa, extraída por meio de tratamentos tradicionais de branqueamento de fibras, é responsável pelo aprimoramento das propriedades mecânicas associadas a esse material, em virtude de seu elevado módulo de elasticidade e cristalinidade (Camargos, 2016).

A celulose II, ou celulose regenerada, é obtida pela precipitação desse composto em soluções, geralmente alcalinas, e apresenta uma ligação de hidrogênio adicional por anel glicopiranose, o que torna esse polimorfo mais termodinamicamente estável do que a celulose I.

A celulose III é obtida por meio de tratamentos das celuloses I e II com amônia. A celulose IV é produzida pela modificação da celulose III tratada com glicerol a temperaturas altas. A principal forma de nanocelulose é a celulose I, semicristalina e obtida de fontes naturais (Lavoine et al., 2012; Lavoratti; Scienza; Zattera, 2016; Khalil et al., 2014).

Há outras características qualitativas importantes relativas à conformação cristalina das cadeias individuais de celulose que devem ser consideradas, como ilustrado na Figura 3.14.

Figura 3.14 – Diferentes formas cristalinas da celulose

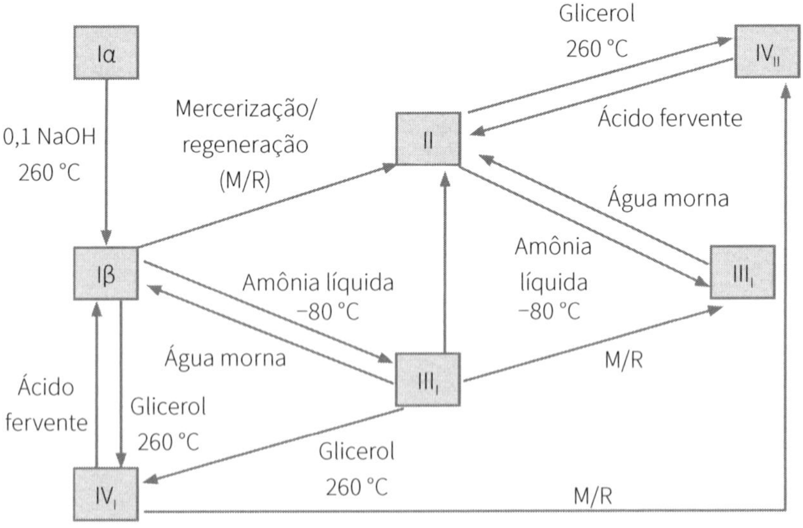

Fonte: Ogeda; Petri, 2010, p. 1550.

A celulose está presente em muitos vegetais, embora somente alguns apresentem importância comercial. Fatores como taxa de crescimento da planta e quantidade de celulose presente em cada espécie são parâmetros decisivos para a escolha da fonte.

Quadro 3.2 – Principais fontes de fibras celulósicas

Material	% Celulose	Material	% Celulose
Algodão (do fruto do algodão)	94-96	Cânhamo	~65
Árvores coníferas – *softwood* (madeira mole – fibra longa)	41-44	Milho (talo)	~43
Árvores folhosas – *hardwood* (madeira dura – fibra curta)	40-44	Juta	~58
Bagaço de cana	~50	Palha de trigo/arroz	~42
Bambu	~45	Rami	~86

Fonte: ABTCP, 2011, p. 13.

A parte lenhosa da madeira é a principal fonte de celulose, correspondendo a 94% das fibras celulósicas utilizadas na produção mundial, mas é possível extrair a celulose de folhas, sementes e frutos.

É importante salientar que fibras oriundas das células epidérmicas de sementes têm estrutura unicelular e grande quantidade de celulose, como é o caso do algodão (semente do algodoeiro *Gossypium*), da *akund* (semente de *Calotropis gigantea* e *Calotropis procera*) e da *kapok* (semente de *Ceiba pentandra*).

Figura 3.15 – Sementes de (A) algodão, (B) *akund* e (C) *kapok*

Brunaferreira_agro; Arrow eye; Joko SL/Shutterstock

As fibras extraídas do caule de plantas específicas também apresentam grandes quantidades de celulose e de substâncias como pectina, hemicelulose e lignina. Podemos citar como exemplo dessas plantas: cânhamo (*Cannabis sativa*), giesta (*Cytisus scoparius* e *Spartium junceum*), juta (*Corchorus capsularis* e *Corchorus olitorius*), kenaf (*Hibiscus cannabinus*), linho (*Linum usitatissimum*), rami (*Boehmeria nivea* e *Boehmeria tenacissima*), Sunn hemp (*Crotalaria juncea*), urena (*Urena lobata* e *Urena simata*), abutilon (*Abutilon angultum*, *Abutilon avicennae* e

Abutilon theophrasti), punga (*Clappertonia ficifolia*, *Triumfetta cordifolia* e *Triumfetta rhomboidea*) e bluish dogbane (*Apocynum androsaemifoium* e *Apocynum cannabinum*).

As imagens da Figura 3.16 reproduzem algumas dessas espécies.

Figura 3.16 – (A) Cânhamo, (B) *kenaf*, (C) linho, (D) juta e (E) urena

Do mesmo modo, algumas folhas provenientes de certas plantas são constituídas essencialmente por celulose, com algumas substâncias incrustantes e intercelulares, formadas por hemicelulose e lignina, como abacá (*Musa textilis*), alfa (*Stipa tenacissima* e *Lygeum spartum*), fique (*Furcraea macrophylla*), fórmio (*Phormium tenax*), henequén (*Agave fourcroydes*), maguey (*Agave cantala*), sisal (*Agave sisalana*) e tampico (*Agave funkiana*).

Figura 3.17 – (A) Abacá e (B) sisal

Alexey Lesik; HiTecherZ/Shutterstock

Alguns frutos também apresentam boas quantidades de celulose, hemicelulose e lignina. Nesse caso, podemos destacar como principal representante o cairo, cujas fibras são provenientes da casca da noz do *Cocos nucifera*.

Figura 3.18 – *Cocos nucifera*

warat42/Shutterstock

Como vimos anteriormente, embora seja possível extrair a celulose de inúmeras fontes, nem sempre isso é viável economicamente. Nesse contexto, a extração de fibras para papel e celulose ocorre, quase que exclusivamente, pelo uso de *Eucalyptus* e *Pinus*.

Figura 3.19 – (A) *Eucalyptus* e (B) *Pinus*

A utilização das fibras de fontes alternativas na produção de papel ainda é bastante inexpressiva, chegando a cerca de 6% da produção mundial, impulsionada principalmente pela atuação de países asiáticos, que produzem papéis artesanais e materiais com especificidades comerciais, usados para decoração e no reforço e substituição de fibras minerais.

Quadro 3.3 – Principais materiais lignocelulósicos e seus constituintes

Constituintes médios	Madeira dura *Eucalyptus*	Madeira mole *Pinus*	Bagaço de cana	Palha de milho	Bambu	Araucária
Celulose (%)	41,0	42,5	34,5	45	59,7	58,3
Hemicelulose (%)	22,5	11,5	27,0	35	18,2	7,1
Lignina (%)	24,5	30,0	20,0	15	22,1	28,3
Cinzas (%)	0,75	0,5	2,5	4,5	0,7-2,7	0,3
Comprimento de fibra (mm)	1,15	3,15	1,5	-	0,8-1,7	4,2
Diâmetro de fibra (mm)	0,015	0,056	0,019	-	0,020	0,060

Fonte: Elaborado com base em Castro, 2009.

O uso de fibras extraídas de outras fontes não lenhosas com rentabilidade exige a análise de algumas características dessas fibras, como: comprimento e largura das fibras e dos vasos; largura do lume e espessura da parede celular; teores de celulose, de hemiceluloses, de lignina, de extrativos e de cinzas; e densidade. Isso serve para comprovar e garantir que a amostra em questão tem potencial de transformação e de uso.

É importante entender que a demanda por essas fibras é limitada em razão da produção sazonal e dos altos custos associados ao manuseio e à estocagem. Além desses fatores, esses materiais podem conter grande quantidade de lignina, e isso exige que alguns passem por operações unitárias que utilizam grande quantidade de insumos químicos que, ao contrário dos processos nos quais se emprega madeira, são difíceis de recuperar.

Nesses casos, há a geração de um efluente complexo que precisa ser tratado e, sempre que possível, recuperado, o que torna o processo produtivo inviável por questões ambientais, por dificuldade de recuperação de insumos químicos e pelo alto custo energético.

3.5 Classificação das fibras celulósicas

Segundo Koga (1988), as fibras que se destacam na obtenção de pastas celulósicas e de papel são as de origem vegetal. As mais importantes são as fibras da madeira, pertencentes ao grupo das dicotiledôneas arbóreas (*Angiospermae*) e das coníferas (*Gymnospermae*). Além da parte lenhosa, proveniente dos troncos das árvores, as fibras podem vir de folhas, como é o caso do sisal, e de sementes, como é o caso do algodão.

Essas fibras podem ser usadas isoladamente ou em conjunto com outras, de diversas origens, como fibras de origem animal, mineral e sintética.

3.5.1 Fibras de origem animal

As fibras de origem animal são oriundas de pelos ou produzidas por secreção glandular de alguns insetos. As primeiras provêm dos bulbos pilosos de animais como a ovelha, a alpaca, a vicunha, a lhama, entre outros que produzem lã. As demais são obtidas pela secreção glandular de insetos como o *Bombix mori* (bicho da seda), a *Antheraea mylitta* e a *Antheraea pernyi,* proveniente das glândulas sericígenas, sob a forma de filamentos de fibroína ligados por sericina (Araújo; Castro, 1988).

3.5.2 Fibras de origem mineral

A mais usada entre as fibras de origem mineral é o amianto, também conhecido como *asbesto*, que, em grego, significa "indestrutível", "imortal", "inextinguível". Encontrada naturalmente na crosta terrestre, os gregos usavam essa fibra de origem mineral na confecção de tochas de templos (mechas) e na produção cerâmica (Begin; Samet; Shaikh, 1996; Murray, 1990).

Pertencente ao grupo dos silicatos hidratados, ela é flexível, resistente ao calor e dividida em dois grupos: as serpentinitas (representadas pela crisotila) e os anfibólios (amosita, crocitolita, antofilita, tremolita e actinolita).

O amianto crisotila é o que se utiliza nas indústrias têxtil e papeleira, em virtude de suas fibras maleáveis e curvas. O uso desse material dá origem a fibras de alta resistência mecânica que apresentam incombustibilidade, baixa condutividade térmica e boa capacidade de isolamento elétrico, acústico e de filtragem, oferecendo ainda grande resistência a produtos químicos, ao desgaste e à abrasão.

A utilização dessa fibra está associada à produção industrial de mantas de isolamento, usadas para revestir caldeiras, fornos, estufas, tubulações e equipamentos térmicos. Pode ser empregada também na confecção de roupas e de biombos para proteção contra o fogo em indústrias químicas e petroquímicas e na produção de papelões usados na produção de juntas de revestimento e vedação.

No entanto, o amianto está proibido em muitos países desde a década de 1990 e, no Brasil, desde 2017, em razão dos riscos que o material representa para a saúde dos trabalhadores dessa indústria e de seus familiares, bem como para o meio ambiente.

3.5.3 Fibras vegetais

A geração de polpas por meio de resíduos vegetais, principalmente agrossilvipastoris, pode não ser economicamente atrativa, mas é possível. Ademais, se pensarmos o setor agrossilvipastoril como responsável por desflorestamento, percebemos que é interessante programar novas alternativas que otimizem a produtividade. Várias pesquisas são divulgadas, ano a ano, a respeito da obtenção da celulose por meio de fontes alternativas.

Segundo Rojas (1996), há viabilidade técnica para a obtenção de pasta de celulose por meio da ráquis da bananeira, oriunda de resíduos agrossilvipastoris. Já Atchison (1989) aponta que há tecnologia industrial para a produção de celulose por meio de bagaço de cana-de-açúcar e de bambu. Esses autores ressaltam que equipamentos podem ser implementados e alguns processos produtivos aperfeiçoados para esse tipo de beneficiamento.

É importante salientar que existem tamanhos corretos de fibra para cada processo. Por exemplo, quando a demanda é por fibras longas (obtidas de coníferas), o comprimento médio deve ser de 2 mm a 5 mm e, quando a demanda é por fibras curtas (o resto, com algumas exceções), o comprimento deve ser uma média entre 0,5 mm a 1,5 mm. A fibra longa é mais flexível, sendo, por exemplo, muito utilizada para produção de papel de jornal (Downes et al., 1997).

A qualidade da celulose e do papel está associada às características das fibras, como comprimento, diâmetro e espessura da parede. A densidade da madeira correlaciona-se intimamente com a qualidade das fibras; assim, as madeiras densas geram fibras espessas e resistentes, e as menos densas geram fibras menos densas e frágeis (Downes et al., 1997). Essas características possibilitam a separação das fibras em diferentes categorias de celulose: fibra curta, fibra longa e *fluff*.

É possível obter da madeira de eucalipto celulose de fibra curta, muito útil na produção de papéis menos resistentes, mais macios e de boa absorção. A celulose de fibra longa, obtida de espécies coníferas como o pínus, é utilizada na produção de papéis mais resistentes. Por sua vez, o *fluff*, desenvolvido no Brasil por meio da fibra longa, apresenta um alto rendimento e produz papéis com alta capacidade de absorção e retenção de líquidos, muito útil na produção de materiais higiênicos, como fraldas descartáveis e absorventes.

Como vimos, cada fibra tem uma característica e provém de uma fonte distinta. Além disso, o tempo de produção da celulose no Brasil é menor, em razão de o eucalipto (fibra curta), que é a principal fibra da celulose brasileira, atingir mais rapidamente a idade ideal para corte (sete anos em média), bastante diferente do pínus, que fornece fibra longa, em um intervalo de tempo que varia de 15 a 20 anos (Bradesco, 2019).

No Quadro 3.4, apresentamos alguns exemplos de fibras, considerando-se suas dimensões e características.

Quadro 3.4 – Características e dimensões de fibras de origem vegetal

Nome	Características	Comprimento	Largura	Densidade média da fibra	Ciclo de crescimento
Bambu (*Bambusa* sp.)	Planta lenhosa da família das bambusáceas ou das gramíneas.	0,9 a 6,5 mm	7 a 50 μm	0,5 a 0,76 g/cm^3	3 a 5 anos
Bagaço de cana (*Saccharum officinarum*)	Origem agrícola e uma das mais promissoras fontes de fibras para a indústria papeleira. Usado para quase todos os tipos de papéis: embalagem, impressão, escrita, fins sanitários, impermeável, miolo de papelão ondulado, capa de corrugado, papelões branqueados, periódicos e papel-jornal.	Variável	Variável	0,15 a 0,46 g/cm^3	1 a 5 anos
Algodão (*Gossypium* sp.)	As fibras longas são destinadas à indústria têxtil, e as fibras curtas são utilizadas para a fabricação de algodão hidrofílico, indústria de fibras sintéticas (*rayon* e acetato de celulose), papel-moeda etc.	12 a 33 mm	16 a 22 μm	1,5 a 1,6 g/cm^3	130 a 220 dias

(*continua*)

(Quadro 3.4 – continuação)

Nome	Características	Comprimento	Largura	Densidade média da fibra	Ciclo de crescimento
Linho (*Linum usitatissimum*)	Muito utilizado na indústria têxtil, constitui-se em fonte de fibras para a indústria de papéis especiais (mapas, cigarros, carbonos).	6 a 60 mm	25 a 35 μm	1,59 g/cm^3	85 a 100 dias
Rami (*Boehmeria nivea*)	Fibras longas e muito resistentes, com alto teor de celulose (86%).	60 a 250 mm	10 a 80 μm	1,5 g/cm^3	2 anos (cultura permanente que pode chegar a 20 anos)
Crotalaria (*Crotalaria juncea*)	É uma planta da família da leguminosa, de crescimento rápido e de ciclo anual, sendo que as fibras interessantes são as da casca. Utilizada na manufatura do papel de cigarro.	7,5 mm	30 μm	0,213 a 0,245 g/cm^3	120 a 240 dias
Kenaf (*Hibiscus cannabinus*)	Fibrosa de grande potencial para a indústria papeleira.	6 mm	24 μm	0,3 a 1,21 g/cm^3	Colheita anual
Abacá (*Musa textilis*)	Espécie de bananeira nativa das Filipinas e da Indonésia. As fibras de suas folhas fornecem papel resistente de alta densidade.	6 mm	24 μm	1,5 g/cm^3	18 a 24 meses

(Quadro 3.4 – continuação)

Nome	Características	Comprimento	Largura	Densidade média da fibra	Ciclo de crescimento
Sisal (*Agave sisalana*)	Uma das principais fibras duras do mundo. A utilização do sisal para a produção de papéis de alta resistência é prática comum no Nordeste brasileiro.	1,5 a 4 mm	20 a 32 µm	1,4 g/cm^3	3 anos após o plantio. Depois, anualmente.
Fórmio (*Phormium* sp.)	Produz pastas celulósicas de alta resistência.	7 mm	15 µm	Variável	Primeira colheita após 3 anos de plantio. Depois, de 8 a 15 meses.
Palhas de cereais (trigo, aveia, centeio, cevada, arroz e milho)	A celulose, obtida geralmente pelo processo soda, é usada na forma branqueada para a fabricação de papéis e papelões.	Variável	Variável	0,157 g/cm^3 (milho)	Variável
Aveia (*Avena sativa*)	A celulose obtida pelo processo soda é usada na forma branqueada para a fabricação de papéis e papelão.	0,8 a 2,8 mm	12 a 16 µm	0,5 g/cm^3	120 a 200 dias
Abacaxi (*Ananas comosus*)	As folhas são tratadas para a utilização das fibras.	2,5 a 10,0 mm	4 a 8 µm	1,35 g/cm^3	300 dias

(Quadro 3.4 – conclusão)

Nome	Características	Comprimento	Largura	Densidade média da fibra	Ciclo de crescimento
Cânhamo de Maurícios (*Cannabis sativa*)	Ideal para lenços de papel, papel higiênico, papel para impressão, papel para cigarros, telas, saquinhos de chá, papel-moeda, papelão e papel de embrulho.	5 a 55 mm	16 a 50 µm	1,48 g/cm^3	6 semanas
Junco (*Juncus* sp.)	As fibras do junco são curtas e delgadas, sendo que as localizadas na parte interna dos caules têm maior comprimento e largura em relação à parte externa.	1 a 1,8 mm	10 a 20 µm	0,38 g/cm^3	4 a 6 meses
Taboa (*Typha latifolia*)	Planta emersa útil na produção de nanocompósitos por meio da extração de nanofibras.	10 a 25 mm	15 µm	0,64g/cm^3	57 dias

Fonte: Elaborado com base em Koga, 1988; Marinelli et al. 2008; Giacomini, 2003; Azzini; Salgado; Teixeira, 1981; Webber; Bledsoe; Bledsoe, 2002; Brebu, 2020; Foelkel; Barrichelo, 1975a; Oliveira et al., 2004; Souza, 2006; Madueke; Mbah; Umunakwe, 2022; Hiroce; Benatti Júnior; Feitosa, 1988; Ribeiro; Guimarães, 1972, Annunciado; Sydenstricker; Amico, 2005; Nascimento et al., 2015.

Alerta sustentável!

A Associação Brasileira Técnica de Celulose e Papel (ABTCP, 2004) define *papel* como uma folha formada sobre tela, por meio de uma suspensão aquosa de fibras naturais (minerais, vegetais e/ou animais), com ou sem adição de outras substâncias. Portanto, são muitas as possibilidades de transformação e de aprimoramento.

Reciclagem

Neste capítulo, vimos que, do ponto de vista da produção, é necessário analisar os componentes da madeira para caracterizar suas macromoléculas e potencializar sua extração. A celulose, as polioses e a lignina estão presentes em todas as madeiras; os componentes minoritários de baixo peso molecular (extrativos e substâncias minerais) variam de espécie para espécie, e as proporções e as composições diferem em coníferas e folhosas.

É possível dividir os principais grupos químicos que compõem a matéria-prima em substâncias inorgânicas e orgânicas, como compostos aromáticos, terpenos, ácidos alifáticos, álcoois, magnésio, cálcio, potássio e outros componentes.

Enfatizamos que a celulose, mesmo sendo insolúvel em água, tem grande afinidade com ela. Durante a dessorção, muitas pontes de hidrogênio entre celulose e água são convertidas em pontes celulose-celulose, as quais só serão desfeitas pela absorção de água à pressão de vapor elevada, característica associada ao processo *kraft*. Também vimos que as fibras de celulose sofrem intumescimento quando em contato com algumas substâncias químicas e que, quando esse procedimento é levado ao extremo, possibilita a desintegração das regiões cristalinas das fibras e, consequentemente, sua dissolução.

Esse processo pode ser intercristalino ou intracristalino: no primeiro caso, o agente penetra nas regiões amorfas das microfibrilas e, no segundo, ocorre penetração nas regiões cristalinas das microfibrilas.

No processo intercristalino, o inchamento que ocorre por ação da água pode chegar a 20-25%, sendo esse poder aumentado pela adição de ácidos, bases ou sais inorgânicos, bem como de alguns orgânicos, como a tioureia e o resorcinol. O intracristalino ocorre por interferência de soluções concentradas de ácidos e bases fortes. Quando essa celulose é intumescida, as forças intermoleculares são menores em razão da solvatação, o que torna as moléculas mais reativas, otimizando os processos.

Todas essas alterações químicas permitiram o aprimoramento e, atualmente, o papel é produzido por meio de muitas opções de matéria-prima, que variam de fibras de origem vegetal, como madeira, algodão, palha e linho, até fibras vítreas e sintéticas, sempre dependendo das características almejadas.

Conservando conhecimentos

1. Assinale a alternativa correta sobre aspectos relacionados à celulose:
   a) A celulose é um polissacarídeo.
   b) A celulose é um monossacarídeo.
   c) A celulose é um dissacarídeo.
   d) A celulose é um politriglicídeo.
   e) A celulose é um triglicerídeo.

2. Assinale a alternativa que indica corretamente qual é a função do polissacarídeo mais abundante do planeta que forma o papel:
   a) Formar as membranas e as organelas.
   b) Formar a membrana citoplasmática.
   c) Compor a parede celular.
   d) Acumular reserva energética de amido.
   e) Decompor a matéria orgânica em água.

3. Assinale a alternativa que indica para que é utilizada a celulose, o biopolímero mais abundante da Terra:
   a) Produção de concreto e metais.
   b) Produção de papéis, plásticos, tecidos e emulsificantes.
   c) Produção de tecidos, bebidas e metais.
   d) Produção de gasolina e etanol.
   e) Produção de metais e polímeros.

4. Assinale a alternativa que indica corretamente o componente químico majoritário da madeira:
   a) Glicose β-anil ramificada.
   b) Unidades α-β glicomanose ramificadas.

c) Unidades μ-β-celulose lineares.
   d) Unidades β-D-piranose em cadeia ramificada.
   e) Unidades β-D-anidroglicopiranose em cadeia linear.
5. O algodão é a forma mais pura de celulose (95-99%).
   No entanto, para a produção de polpa celulósica, a madeira é preferencialmente utilizável em razão do elevado rendimento. Assinale a alternativa correta sobre a organização das moléculas de celulose:
   a) A estrutura da parede celular é preenchida por clorofila e cimentada com sílica amorfa.
   b) A estrutura da parede celular é preenchida por hemicelulose e cimentada com lignina.
   c) A estrutura da parede celular é preenchida por cálcio e cimentada com lignina.
   d) A estrutura da parede celular é preenchida por magnésio e silício.
   e) A estrutura da parede celular é preenchida por pectinas e cimentada com cálcio.
6. Assinale a alternativa correta com relação à madeira:
   a) A madeira é um material heterogêneo, anisotrópico, higroscópico, sólido, poroso, utilizado para muitos fins, como produção de papel, energia, móveis e outras tantas aplicações.
   b) A madeira é um material composto, formado por coníferas ricas em seivas, com presença de cálcio, magnésio e fósforo e com fibras de 5 mm a 20 mm.

c) A madeira é um material composto, formado por folhosas ricas em seivas, com presença de cálcio, magnésio e fósforo e com fibras de 5 mm a 20 mm.
d) A madeira é formada por ligações celubiósicas com quatro monômeros, ricas em hemicelulose e grupamentos hidroxilas.
e) A madeira é um material fibroso, composto por fibras com 5 cm a 20 cm e rico em gomas, cálcio, magnésio e fósforo.

7. A celulose é um polímero cujo peso molecular é de:
    a) 162, chegando a ter 1.500 unidades de açúcares.
    b) 12, chegando a ter 150 unidades de açúcares.
    c) 16, chegando a ter 15 unidades de açúcares.
    d) 10, chegando a ter 1 unidade de açúcar.
    e) 162, chegando a ter 500 unidades de açúcares.

8. Polissacarídeos são polímeros de glicose constituídos fundamentalmente por átomos de carbono, de hidrogênio e de oxigênio, que desempenham diversas funções e fornecem inúmeros produtos. Os mais conhecidos são o glicogênio, a celulose e o amido. As funções dessas moléculas são, respectivamente:
    a) estrutural, reserva e estrutural.
    b) reserva, reserva e estrutural.
    c) reserva, estrutural e reserva.
    d) estrutural, estrutural e reserva.
    e) reserva, estrutural e estrutural.

9. Na composição química das células, os glicídios são extremamente importantes. Analise as afirmativas a seguir e julgue-as como verdadeiras(V) ou falsas (F):
   ( ) Alguns carboidratos são fonte primária de energia para as células, e outros atuam como reserva dessa energia.
   ( ) Alguns glicídios são importantes para a formação dos ácidos nucleicos.
   ( ) Como exemplo de carboidratos, podemos citar a glicose, o amido, o glicogênio e a celulose.
   ( ) Além da função energética, os carboidratos, também conhecidos como *glicídios*, têm função estrutural em algumas células.

   Agora, assinale a alternativa que apresenta a sequência correta:
   a) F, V, V, V.
   b) V, F, V, V.
   c) V, V, F, V.
   d) V, V, V, V.
   e) V, V, V, F.

10. É correto afirmar sobre a maltose (formada por glicose + glicose), a sacarose (formada por glicose + frutose) e a lactose (formada por glicose + galactose):
    a) A maltose é um polissacarídeo resultante da digestão do amido.
    b) A sacarose é um dissacarídeo encontrado em abundância na cana-de-açúcar.

c) A lactose é um monossacarídeo que não pode ser digerido pelos mamíferos.
d) A maltose, a sacarose e a lactose são tipos de celulose.
e) Os três carboidratos são dissacarídeos encontrados em vegetais e minerais.

Análises químicas

Refinando ideias

1. Quando relacionamos os vegetais, identificamos basicamente dois tipos de crescimento. Quais são eles?
2. Os compostos orgânicos que fazem parte do vegetal são gerados nas folhas, durante a fotossíntese. Explique o que ocorre durante esse processo.

Prática renovável

1. Elabore um plano de aula para explicar as reações de anabolismo e de catabolismo.

Capítulo 4

Descrição de algumas matérias-primas lignocelulósicas

Neste capítulo, vamos diferenciar as principais matérias-primas fibrosas e caracterizar a potencialidade de uso de cada uma. Em algumas situações, o isolamento da celulose é facilitado, pois ela já ocorre de maneira isolada e razoavelmente pura, como no caso do algodão; em outras, porém, ocorre de modo complexo, como no caso da madeira, em que a celulose está intimamente associada a outros polímeros. Os materiais lignocelulósicos podem ser convertidos e usados em inúmeros processos industriais, como na produção de alimentos, combustíveis, insumos químicos, enzimas e bens de consumo.

Esses compostos estão disponíveis em madeira de lei, madeira conífera, resíduos de colheitas, resíduos celulósicos, biomassas herbáceas e resíduos sólidos municipais, em quantidades específicas, por isso precisam passar por várias operações unitárias, com considerável gasto de energia e insumos (remoção da lignina).

No Brasil, as oportunidades vinculadas ao desenvolvimento de uma indústria baseada em matérias-primas renováveis têm um cenário promissor, visto que o país apresenta vantagens como culturas agrícolas de grandes extensões, ampla biodiversidade, água e diversidade climática, como abordaremos neste capítulo.

4.1 Eucalipto

As espécies vegetais podem ser agrupadas em diferentes sistemas de classificação, de acordo com características ou relações em comum, que podem ser englobadas em dois sistemas gerais: artificial e filogenético. Nos sistemas artificiais, esses seres são relacionados tendo em vista a conveniência da identificação, tal como se faz quando se classificam as madeiras em coníferas e folhosas. No sistema filogenético, consideram-se as relações genéticas, focando, principalmente, o desenvolvimento evolutivo.

Desde o fim do século XIX, utiliza-se a filogenética para a classificação, principalmente pelo teor didático. No sistema filogenético, existem quatro divisões principais: *Thallophyta*, *Bryophyta*, *Pteridophyta* e *Spermatophyta*.

A matéria-prima usada para produção de pasta celulósica se enquadra em *Spermatophyta*, plantas vasculares com sementes que se dividem em *Gymnospermae* e *Angiospermae*.

As madeiras pertencentes à subdivisão *Gymnospermae* são denominadas *coníferas* (moles), e as pertencentes à subdivisão *Angiospermae* são chamadas de *folhosas* (duras). Os vegetais da divisão *Spermatophyta* são formados, basicamente, por quatro componentes: celulose, hemicelulose, lignina e outros materiais em menor quantidade. A parede celular das plantas pertencentes a essa divisão é uma mistura complexa de polímeros que variam em composição, mas que podem ser quantificados em, aproximadamente, 70% de polissacarídeos e 28% de lignina.

As plantas do gênero *Eucalyptus* são angiospermas (formam flores e frutos) muito adaptáveis a diferentes ambientes e condições climáticas, cuja espécie de árvore pertence à família Myrtaceae. Oriundas da Austrália, fazem parte da composição da floresta tropical dessa região e são essenciais ao desenvolvimento e à conservação de espécies animais.

Figura 4.1 – Ramo de eucalipto com flores

Scisetti Alfio; unselfishly/Shutterstock

A disseminação dessa espécie por outras regiões do planeta ocorreu no século XIX. Começou na Europa, passou pelos Estados Unidos e, finalmente, chegou oficialmente ao Brasil no ano de 1868, pelo Estado do Rio Grande do Sul, por meio de Frederico de Albuquerque (Andrade; Vecchi, 1918). Não existem relatos oficiais referentes a datas anteriores no que se refere à incorporação dessa espécie na silvicultura brasileira, mas exemplares de *E. robusta* Smith e de *E. tereticornis* Smith foram plantados por D. Pedro I em 1825, no Jardim Botânico do Rio de Janeiro, sendo, portanto, os mais antigos (Jacobs, 1979). A demanda por madeira teve com o eucalipto uma parceria vantajosa, pois é uma espécie versátil, totalmente apta a fornecer lenha, estacas, dormentes, carvão vegetal, celulose, papel, móveis, medicamentos, essências, entre outros, em diferentes estágios de crescimento.

A alta produtividade e o baixo custo do eucalipto (maiores taxas de retorno de investimento) em terras brasileiras permitiram estabelecer uma alta competitividade, principalmente no que diz respeito à produção de papel e de celulose. Nem mesmo os questionamentos quanto à nocividade dessa espécie aos biomas brasileiros, por demandar grandes quantidades de água, podendo, em alguns casos, até mesmo ressecar rios e outras fontes hídricas existentes no entorno dessas grandes plantações, interferiram no plantio de reflorestamento.

Essa árvore só começa a florescer quando tem cerca de cinco anos e, mesmo tendo uma copa muito grande, quase não projeta sombra, pois todas as folhas ficam posicionadas lateralmente ao sol.

Figura 4.2 – Eucalipto

A espécie tem um cheiro muito forte em razão de compostos naturalmente produzidos pelo metabolismo secundário desses vegetais, como terpeno, canfeno, pineno, fencheno, limoneno, mirtenol, borneol, pinocarveol, flavonoides, além de cetonas, aldeídos, taninos e seu óleo essencial, composto principalmente de eucaliptol e eudesmol. Esses compostos têm função estratégica associada à proteção e à atração de animais polinizadores e dispersores. É bastante viável extrair óleos essenciais dos compostos voláteis presentes na estrutura do eucalipto, por meio de métodos de decocção, o que confere aos resíduos de eucalipto outras aplicabilidades que vão além da obtenção de papel e de celulose.

A extração desses óleos ocorre em virtude da lipossolubilidade e da baixa densidade desses compostos, o que permite a implementação de diversas operações unitárias de extração, como destilação por arraste de vapor, hidrodestilação, enfloração (*enfleurage*), extração com solventes orgânicos, fluido supercrítico, líquido subcrítico e micro-ondas.

A **hidrodestilação** é uma técnica bastante interessante e convencional de extração dos óleos essenciais das folhas de eucalipto, principalmente por possibilitar o uso de água como solvente (Aziz et al., 2018). Nesse processo, o material a ser separado fica em contato direto com a água, que, ao atingir a temperatura de ebulição, arrasta os óleos voláteis, os quais, ao entrarem em contato com uma superfície fria, condensam na forma de uma mistura heterogênea, com duas fases, em decorrência da diferença de polaridade e de densidade entre a água e o óleo extraído.

Figura 4.3 – Hidrodestilação laboratorial

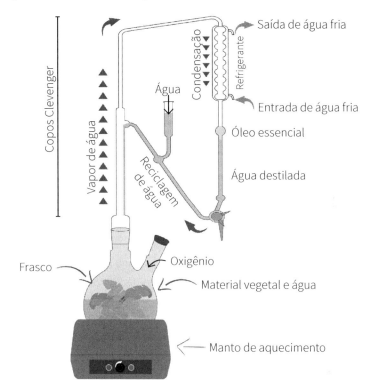

Vale ressaltar que, com a instituição do Código Florestal de 1965, por meio da Lei n. 4.771, de 15 de setembro de 1965, houve um grande incentivo à atividade de reflorestamento no Brasil, em razão de benefícios fiscais (Brasil, 1965). A Lei n. 5.106, de 2 de setembro de 1966 (Brasil, 1966), permitia a concessão de incentivo aos empreendimentos florestais, conforme art. 1º:

Art. 1º As importâncias empregadas em florestamento e reflorestamento poderão ser abatidas ou descontadas nas declarações de rendimento das pessoas físicas e jurídicas, residentes ou domiciliados no Brasil, atendidas as condições estabelecidas na presente Lei.

[...]

§ 2º No cálculo do rendimento tributável previsto no art. 53 da Lei número 4.504, de 30 de novembro de 1964, não se computará o valor das reservas florestais, não exploradas ou em formação.

§ 3º As pessoas jurídicas poderão descontar do imposto de renda que devam pagar, até 50% (cinquenta por cento) do valor do imposto, as importâncias comprovadamente aplicadas em florestamento ou reflorestamento, que poderá ser feito com essências florestais, árvores frutíferas, árvores de grande porte e relativas ao ano-base do exercício financeiro em que o imposto for devido. (Brasil, 1966)

Esse incitamento potencializou a eucaliptocultura, monocultura que se expandiu rapidamente e fez com que o governo difundisse novas estratégias para o plantio, com o propósito de incentivar a indústria papeleira e alcançar escala comercial.

Dessa maneira, a produção foi expandida para diferentes estados e, em 1970, a produção de madeira de eucalipto já tinha atingido a tão almejada escala comercial. Assim, o Brasil logo se tornou referência mundial na eucaliptocultura e, em 2000, já liderava como um grande produtor mundial, com preços bastante competitivos.

Entre as diferentes possibilidades, a espécie *Eucalyptus grandis*, trazida ao país por meio de sementes colhidas da costa sudeste da Austrália, foi a que melhor se desenvolveu na silvicultura brasileira. Em muitos locais, o plantio de *Eucalyptus grandis* apresentou qualidade satisfatória para a produção de celulose de fibra curta, visto que a adaptação foi muito boa, principalmente no litoral do Espírito Santo. Porém, em algumas regiões, o crescimento não foi tão rápido, o que interferiu no desempenho produtivo, principalmente em virtude da ação patogênica de alguns fungos, com incidência mais comum de cancro, causado pelo fungo *Chrysoporthe cubensis*, e de ferrugem, que atacavam as espécies já na fase de viveiro.

O desenvolvimento de alguns estudos mostrou que esse desajuste era peculiar, ocorrendo em alguns locais, com algumas espécies e em algumas épocas do ano. Desse modo, foi possível identificar qual espécie era a mais indicada para o ambiente no qual se pretendia iniciar o reflorestamento.

O cancro do eucalipto (*Chrysoporthe cubensis*) é uma das doenças mais impactantes. As espécies com maior resistência em relação a essa doença são *E. pellita*, *E. urophylla*, *E. robusta* e *E. resinifera* (Ferreira; Milani, 2012; Alfenas et al., 2009). Com relação à ferrugem, as principais fontes de resistência são encontradas nas espécies *E. pellita*, *E. resinifera*, *E. robusta*, *E. saligna*, *E. tereticornis* e *E. urophylla* (Ferreira; Milani, 2012; Alfenas et al., 2009).

Existem outras espécies de fungos causadores de doenças em *Eucalyptus* spp. que se manifestam, principalmente, quando os plantios são estabelecidos em ambientes úmidos e quentes, portanto, condições inadequadas ao desenvolvimento dessas plantas. Em virtude dessa instabilidade com relação aos agentes microbiológicos, associados aos problemas referentes a ambientes úmidos e quentes, foram feitos investimentos em pesquisa com o objetivo de melhorar geneticamente essa espécie, por meio do desenvolvimento de híbridos sintéticos de polinização, obtidos pelo controle entre indivíduos selecionados pelo genótipo, plantados para seleção e clonagem.

Isso resultou em ganhos genéticos significativos em razão dos efeitos da heterose e/ou combinação entre características. Esses procedimentos biotecnológicos viabilizaram o desenvolvimento de genótipos mais adaptados e mais produtivos. Esses procedimentos foram mais amplos, especialmente após pesquisas que contribuíram para que o DNA do eucalipto fosse sequenciado.

Ao sequenciar o DNA, foi possível acessar dados genéticos do eucalipto contidos nas bases nitrogenadas que informam as características específicas de dado organismo. Com base nesses dados, viabilizam-se a geração de informações e a ampliação do domínio sobre determinada espécie, como se estivéssemos tendo acesso a um manual de instruções que possibilite entender a base genética de seu crescimento e de sua grande capacidade de ambientação.

Esse sequenciamento ocorreu em 2008 pela rede internacional Eucalyptus Genome Network (Eucagen), que identificou os 36 mil genes do DNA da espécie *Eucalyptus globulus*.

Esse projeto específico, realizado pela Eucagen, foi desenvolvido pelos cientistas Alexander Myburg, da Universidade de Pretória, na África do Sul; Dario Grattapaglia, da Embrapa Recursos Genéticos e Biotecnologia do Brasil; e Gerald Tuskan, do Joint Genome Institute (JGI), do Departamento de Energia dos Estados Unidos (Diniz, 2014).

Esse procedimento permitiu o desenvolvimento de novas metodologias que culminaram na produção do primeiro eucalipto transgênico do mundo. O cultivo experimental ocorreu entre 2006 e 2007, no Brasil, que, em 2015, tornou-se o primeiro país a aprovar um eucalipto transgênico. Essa liberação foi baseada nas vantagens competitivas e no benefício com relação à sustentabilidade, que possibilitou ao Brasil consolidar-se como referência no desenvolvimento de tecnologias sustentáveis.

O Brasil tem grande representatividade no setor mundial de florestas plantadas: em 2018, totalizou 7,83 milhões de hectares, dos quais 5,7 milhões são de eucalipto e 1,6 milhão de pínus (IBÁ, 2019). Como é possível perceber, o eucalipto é responsável por, aproximadamente, 73% dessas florestas, e o pínus por 20%; outras espécies, como seringueira, acácia, teca e paricá, somam 7%.

As condições climáticas e o desenvolvimento de tecnologias de ponta fizeram com que o país aumentasse ainda mais a produtividade de madeira, cujos plantios estão localizados, em sua maioria, em Minas Gerais, São Paulo e Mato Grosso do Sul.

Figura 4.4 – Áreas plantadas por estado e gênero no Brasil

Fonte: IBÁ, 2019, p. 34.

Novas técnicas, como a já citada produção de eucalipto transgênico, também impulsionaram a produção desse setor. Esse transgênico brasileiro, evento H 421 do híbrido *Eucalyptus grandis versus Eucalyptus urophylla*, desenvolve duas proteínas recombinantes: a cel 1 e a NPT II.

A proteína cel 1 é uma enzima β-endoglucanase, constituída por 492 aminoácidos, cujo peso molecular é de 54 kDa, muito presente na natureza, inclusive em espécies usadas como alimento por insetos e mamíferos. A concentração intracelular dessa enzima só é significativa em tecidos jovens, nos quais ela promove o relaxamento da parede celular, possibilitando o acúmulo de celulose.

Extraída da planta *Arabidopsis thaliana*, o gene cel 1 confere crescimento mais rápido à espécie e gera cerca de 20% mais celulose do que a planta convencional. Já a proteína NPT II (neomicina fosfotransferase tipo II), cujo peso molecular é de 52 kDa, é uma enzima produto do gene NPT II de *Escherichia coli*, que confere resistência a certos antibióticos do grupo da neomicina.

Figura 4.5 – *Arabidopsis thaliana* em diferentes estágios, desde a semente até a planta

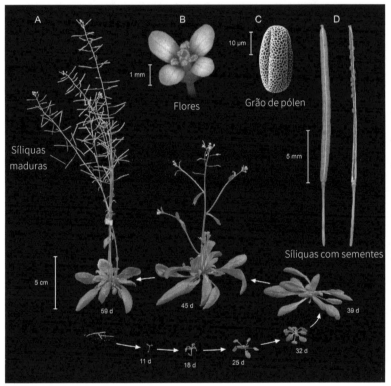

Fonte: Krämer, 2015, tradução nossa.

A geração desse evento H421 seguiu uma sequência tecnológica distinta, a fim de desencadear a característica almejada (Croplife Brasil, 2023).

O desenvolvimento do eucalipto transgênico brasileiro teve início com a descoberta no genoma da planta modelo *Arabidopsis thaliana*, do gene que codifica uma das enzimas que participam da formação química da celulose endoglucanase. A partir daí, iniciou-se a transformação: os cientistas introduziram na bactéria (que apresenta um DNA de manipulação mais simples) o gene de interesse; e o microrganismo foi transferido para dentro da célula do eucalipto. Depois disso, foram selecionadas as células que receberam corretamente o gene (cuja função é depositar mais celulose na formação das paredes celulares da espécie que, no caso do eucalipto, resulta em um maior volume de madeira). A contar desse ponto, os pesquisadores trabalharam para obter a planta completa pela célula vegetal transformada. Isso ocorreu por meio de cultivo de fragmentos do tecido vegetal modificado. Em seguida, foram realizadas constantes avaliações, nas quais os eucaliptos geneticamente modificados foram testados por mais de 10 anos em laboratórios, casas de vegetação e no campo, em condições controladas, com o intuito de verificar a segurança para o meio ambiente e comprovar as características desejadas (Croplife Brasil, 2023).

Vale ressaltar que o eucalipto não é nativo, não tem centro de diversidade secundária no país, nem mesmo parentes silvestres com os quais possa cruzar. Ele é amplamente utilizado na produção de celulose, papel, madeira, extração de óleos e na geração de açúcares. Portanto, só pôde ser reproduzido após aprovado pela Comissão Técnica Nacional de Biossegurança (CTNBio). Essa aprovação ocorreu por meio do Parecer Técnico n. 4.408, de 9 de abril de 2015, no qual o produto transgênico foi avaliado e considerado seguro ao meio ambiente e à população (Brasil, 2015). Entendeu-se que o produto mantém todas as características do eucalipto original e não vai causar impactos diferentes daqueles observados em cultivos tradicionais.

Alguns especialistas, por sua vez, contestam essa aprovação e continuam afirmando que a espécie compromete a biodiversidade, principalmente com relação aos insetos polinizadores, mais precisamente as abelhas. Isso não apenas pelo risco ainda desconhecido associado ao desenvolvimento das larvas e à biologia das abelhas, ocasionado pela enzima NPT II, mas pelo prejuízo direto na comercialização do mel em mercados exigentes, após sua eventual identificação como produto contendo pólen transgênico (Borges, 2010; Carvalho, 2014; Filippini-Alba; Wolff, 2016).

Como vemos, o material ainda não é visto com bons olhos, mesmo tendo excelentes características produtivas, quando se compara o eucalipto transgênico com o tradicional (Croplife Brasil, 2023).

Essa desconfiança é bastante saudável, pois estamos falando de um organismo geneticamente modificado, obtido pela implantação de parte do DNA de outra espécie em seu genoma, e o grande questionamento pauta-se na imprevisibilidade e na irreversibilidade do uso dessa tecnologia. Ao promover uma inovação biotecnológica, como a geração de um transgênico, há de se esperar consequências a respeito dessa implantação e da utilização do produto gerado. Nesse sentido, cabe à sociedade científica apurar as probabilidades de risco e monitorá-las, de modo que o avanço tecnológico seja comedido na segurança e na preservação de um ambiente salutífero.

No quadro a seguir, relacionamos algumas vantagens e desvantagens associadas ao plantio e ao uso de eucalipto transgênico (H421).

Quadro 4.1 – Vantagens e desvantagens do eucalipto transgênico

Vantagens	Desvantagens
☐ Modernização da produção, maior durabilidade e custo reduzido. ☐ Maior lucratividade para o produtor rural – o gene introduzido no eucalipto codifica uma das enzimas específicas que participa da formação química da celulose, a endoglucanase, depositando mais celulose na formação das paredes celulares. A inserção desse gene aumenta a taxa de crescimento e reduz o tempo entre o plantio e a colheita: o eucalipto transgênico pode ser cortado em 5,5 anos de idade; e o convencional só é cortado a partir de 7 anos. ☐ Maior volume de madeira – o tronco do eucalipto transgênico é mais largo e alto que o tradicional, o que gera um volume de aproximadamente 20% mais madeira, sendo possível produzir 45,5 m³/ha/ano dela.	☐ Dependência dos detentores da tecnologia indispensável ao cultivo de sementes. ☐ Impacto na fauna de polinizadores (nativos e exóticos). Em razão da grande concentração, o efeito de transgenia no pólen pode levar ao colapso das colmeias. O pólen de eucaliptos transgênicos possui o gene inserido artificialmente, o que pode gerar danos socioeconômicos, impedindo a rotularem de produtos como orgânicos ou agroecológicos. ☐ Exposição mais intensa do eucalipto transgênico no ambiente – esse organismo apresenta ciclo de vida muito longo (diferente de outros transgênicos, como milho e soja, que são anuais), então sua exposição no ambiente será prolongada, e isso representa um contato maior com os insetos e maior proliferação de pólen transgênico.

(continua)

(Quadro 4.1 – continuação)

Vantagens	Desvantagens
☐ Aumento da competitividade e de ganhos ambientais e socioeconômicos por meio de maior produtividade, usando menos terra e, portanto, menos insumos químicos, o que torna a terra disponível para a produção de outras culturas. ☐ Geração de empregos diretos e indiretos, aumento da riqueza, da arrecadação de impostos e da competitividade do setor florestal. ☐ Fixação de pequenos produtores no campo: aproximadamente 975 mil famílias assentadas, com renda ampliada em até 30% (dados de 2014). Vale ressaltar que esse setor emprega aproximadamente 5% da população economicamente ativa do Brasil. ☐ Fonte de matéria-prima para uma série de outros produtos florestais ou agrícolas, incluindo as xilanas presentes na madeira do eucalipto, que podem ser usadas na produção de etanol de segunda geração ou em compostos químicos usados na produção de bioplásticos.	☐ Tecnologia "Traitor", que consiste em condicionar a utilização de determinada substância química ao ativar ou desativar determinadas características específicas das plantas, o que implica dependência dos produtores às empresas detentoras dessa tecnologia. ☐ Consumo mais elevado de água – o eucalipto consome mais água durante os primeiros anos de crescimento, e a alta taxa de crescimento da variedade transgênica faz com que o consumo de água seja ainda maior, o que pode alterar o balanço hídrico da microbacia da região de plantio. ☐ Uso excessivo de agrotóxicos nas técnicas transgênicas, incluindo alguns herbicidas extremamente tóxicos. Um dos agrotóxicos mais usados é o sulfluramida, utilizado para o controle de formigas cortadeiras, fortemente cancerígeno e proibido pela convenção de Estocolmo, subscrita pelo Brasil e por mais de 152 países. ☐ Falta de monitoramento pós-comercialização.

(Quadro 4.1 – continuação)

Vantagens	Desvantagens
Vale ressaltar que a xilana é uma hemicelulose, um polímero de xilose, açúcar presente na madeira, que tem importante papel no branqueamento de polpas de celulose e nas propriedades do papel; ao modificar os teores desse açúcar na planta, é possível aumentar a produção e diferenciar as propriedades das polpas e dos papéis produzidos. □ Produz mais celulose e pode aumentar a produtividade de madeira de 30 a 40% (usada como bioenergia). □ Evita o êxodo rural fixando aproximadamente 25% de pessoas no campo. □ Custo da produção de madeira aproximadamente 23% menor que o tradicional. □ Estocagem de 34 ton/ha/ano de dióxido de carbono (CO_2), aumento da produtividade em plantios renováveis e sustentáveis e redução da extração de madeiras nativas.	□ Carência de estudos sobre os efeitos adversos associados ao uso de eucalipto transgênico – o eucalipto H421 tem uma cópia de gene NPTII inserida em seu DNA e esse gene codifica a enzima neomicina fosfotransferase, que confere resistência a diversos antibióticos, podendo ser consumida quando presente no mel. Atualmente, desconhece-se o efeito dessa enzima sobre as bactérias presentes no trato intestinal de abelhas e humanos consumidores de mel. Há pouco conhecimento sobre seus efeitos adversos e estudos sobre o risco de seu consumo a longo prazo. □ Riscos de modificações não intencionais provocadas pela inserção de outros organismos no DNA de plantas. Isso pode ocasionar alterações em características biológicas/fisiológicas, que podem ocasionar a produção de moléculas que o organismo não produz em condições naturais, como toxinas ou substâncias alergênicas. □ Agravamento dos problemas de plantas daninhas, além do deslocamento ou da extinção de espécies vegetais nativas.

(Quadro 4.1 – conclusão)

Vantagens	Desvantagens
☐ Baixa probabilidade de a planta transferir um transgene para outra planta silvestre (isso depende do processo de fecundação e parentesco convencional), uma vez que o eucalipto não é uma espécie nativa do Brasil, não tem no país centro de diversidade secundária tampouco parentes silvestres com os quais possa realizar cruzamentos. ☐ Facilita o processo de produção de papel e reduz o uso de produtos branqueadores que contaminam o meio ambiente em razão de seu reduzido teor de lignina. ☐ Resistência a pragas, reduzindo o uso de defensivos agrícolas e, consequentemente, contribuindo para a diminuição da poluição.	☐ Ser mais voltado à indústria da celulose – no caso de contaminação e geração de sementes (insetos podem disseminar o pólen transgênico), as mudas de eucalipto tradicional feitas delas podem apresentar características indesejáveis à indústria de produção de madeira. ☐ Pode ocasionar mais dependência econômica, interferência cultural, insegurança alimentar e poluição genética. ☐ Geração de grandes desertos verdes, uma vez que toda vegetação nativa é retirada para dar lugar a uma única espécie, nesse caso, o eucalipto transgênico, que apresenta plantios adensados, com árvores muito próximas. Isso acaba gerando um grande sombreado embaixo do plantio, onde não cresce nenhuma outra vegetação nativa, não sendo propício ao desenvolvimento da fauna silvestre.

Fonte: Elaborado com base em Araújo; Oliveira, 2017; Barbeiro; Pipponzi; 2005; Bauer-Panskus et al., 2020; Bobbio; Bobbio, 2003; Carneiro et al., 2015; Couzemenco, 2022; Croplife Brasil, 2023; Delatorre, 2005; Fernandes; Antunes, 2015; Guerrante, 2003; Idec, 2011; Kageyama, 2015; Kreuzer; Massey, 2002; Marcelino; Marques, 2018; Medeiros; Heusi; Mota, 2011; Mosca, 2003; Nascimento, 2018; Octaviano, 2010; Ribeiro; Marvin, 2012; Silveira, 2013; SNA, 2014; Zanini, 2012.

Dessa forma, é possível avaliar que, de um lado, temos a competitividade e a evolução e, de outro, uma possibilidade de ameaça à saúde humana, ao meio ambiente e às espécies animais e vegetais nativas, motivo pelo qual é necessário o desenvolvimento de estudos científicos e monitoramento constante, de modo a sustentar discussões e definir as melhores condições produtivas. Só assim podemos identificar as consequências do uso de eucaliptos transgênicos nos aspectos econômicos, sociais, políticos e ambientais do país.

Isso ficou evidente em novembro de 2021, com a aprovação do segundo transgênico de eucalipto. Desenvolvido pela FuturaGene e autorizado pela Comissão Técnica Nacional de Biossegurança (CTNBio), o eucalipto transgênico denominado *751K032* foi geneticamente modificado para ser tolerante ao herbicida glifosato, também conhecido como *Roundup* (fabricado pela multinacional Monsanto – Bayer), que é muito usado no Brasil. Esse herbicida apresenta em sua composição um princípio ativo comprovadamente carcinogênico, de tal forma que a aprovação do novo organismo geneticamente modificado gerou um embate. Uma carta pública de denúncia contra a liberação de uso comercial de mais um eucalipto transgênico foi encaminhada ao presidente da CTNBio e ao Ministério Público Federal (MPF) pedindo mais transparência e cautela com relação ao novo organismo geneticamente modificado (Couzemenco, 2022).

Nesse contexto, percebemos que existe a necessidade de a sociedade atuar ativamente para ressaltar os questionamentos realizados pela sociedade científica com relação ao uso de novas tecnologias, a fim de que ela não seja precipitada e irreversível, mas produtiva.

As vantagens e as desvantagens da implantação de dada cultura agrícola, em solo brasileiro, independentemente da adoção de um ou outro posicionamento, devem ser levantadas, discutidas, analisadas, aprovadas e monitoradas, com o objetivo de que, mediante uma participação responsável, possamos aperfeiçoar a legislação e o uso dos transgênicos para a produção de papel e celulose no país.

O Brasil consegue lidar com as dificuldades produtivas, gerando inclusive espécies transgênicas, porém esses problemas ainda são significativos, principalmente quanto à oscilação ambiental, que abrange solos frágeis, desgastados e inférteis.

O consumo de papel e de celulose aumenta ano após ano, por isso os desafios produtivos devem ser tratados com seriedade, com investimento e pesquisa em novas tecnologias, com o intuito de desenvolver novas variedades ainda mais produtivas e resistentes.

O rendimento de uma floresta está associado à quantidade de material lenhoso produzido como colheita florestal em determinada situação de crescimento da espécie. É variável mesmo quando se considera uma mesma espécie em função das condições do meio ambiente em que esta se desenvolve. Nesse arranjo, influem o clima (temperaturas, chuvas etc.), o solo (profundidade, nutrientes disponíveis, permeabilidade, passagem de água, penetrabilidade, conteúdo de matéria orgânica etc.) e a topografia (altura, exposição ao sol, declividade etc.).

Esse cálculo é medido em volume de madeira produzido em uma unidade de superfície e expresso em metro cúbico de madeira em hectare plantado (m^3/ha).

4.2 Pínus

O pínus é uma espécie lenhosa natural do Hemisfério Norte, principalmente da Europa, da Ásia, do norte da África, da América do Norte e da América Central. Existem várias espécies do gênero que, no Brasil, foram introduzidas por imigrantes, plantadas, inicialmente, para fins ornamentais e, posteriormente, para fins comerciais.

Assim como ocorreu com o eucalipto, na década de 1960, houve um grande incentivo ao reflorestamento com pínus, o que proporcionou um aumento no plantio que, em pouco tempo, alcançou escala comercial, principalmente nas regiões Sul e Sudeste do Brasil.

Esse encorajamento permitiu um avanço na bioeconomia, principalmente por recuperar as áreas consideravelmente degradadas. O estado brasileiro que mais aproveitou o incentivo foi o Mato Grosso do Sul. Estima-se que, em 2015, para cada hectare plantado, exista praticamente um hectare de mata nativa preservada ou em recuperação (Época Negócios, 2022).

Em 1970, no início desse processo de reflorestamento, ainda não havia uma metodologia aplicada de forma científica que acompanhasse e avaliasse a evolução genética e o desenvolvimento das espécies, tampouco se utilizavam as informações contidas na sequência do genoma. Mesmo os métodos de escolhas e cruzamentos, que permitiram o crescimento e a ampliação das tecnologias associadas à silvicultura e à produção de madeira, não eram como existem hoje. Como é possível perceber, ciência e tecnologia caminham juntas.

O pínus tem muitas características que fazem dele uma ótima opção industrial. São espécies consideradas monoicas, pois apresentam flores femininas e masculinas na mesma árvore, e desenvolvem um tronco retilíneo, cheio de ramificações, com folhas aciculares agrupadas em fascículos. Cada fascículo pode agrupar (por meio da bainha, conforme a espécie) de duas a cinco acículas envoltas por queratina e com bordas serrilhadas, o que evita perda de água desnecessária.

Essa espécie é muito utilizada para a fabricação de aglomerados, laminados e chapas de madeira, de resina, de celulose e de papel, em razão da cor clara de sua madeira, que varia de branca a amarelada, e da apresentação de longas fibras, o que a torna ideal para a fabricação de papel de alta resistência.

Outra atratividade comercial está associada à resinagem, que consiste em extrair a goma da espécie ainda viva. Trata-se de uma pasta esbranquiçada, espessa e viscosa, obtida por meio de ranhuras feitas no tronco.

Figura 4.6 – Características do pínus

A goma *in natura* não tem aplicação industrial, mas seu processamento, por meio de operações unitárias, gera matéria--prima para diferentes setores industriais. O processo de extração pode ser iniciado quando a árvore tem 8 anos, sendo possível extrair a goma por até 15 anos. A rentabilidade por árvore é de, aproximadamente, 4 kg por ano em média, variando de 3 kg a 6 kg de resina por ano, uma prática bastante rentável, pois em 1 hectare, em média, há 500 árvores. Como a produtividade é bastante variada, esse número pode chegar a 1.100 árvores. Assim, o rendimento pode chegar a 2.000 kg/hectare-ano.

Segundo dados do *website* Notícias Agrícolas (Preço..., 2023), importante fonte de informação do agronegócio, o preço médio da resina de pínus varia em função da espécie, conforme descrito na Tabela 4.1.

Tabela 4.1 – Preço médio da resina de pínus em junho de 2022

Variedade	R$/t	Variação/mês (%)
Elliotti	6.230,00	−1,17
Tropical	6.102,00	−1,63

Fonte: Elaborado com base em Preço..., 2023.

Essa goma é produzida pela planta e consiste em um mecanismo de defesa. Quando sofre sangria, a árvore libera a goma para estancar e cicatrizar a ferida. Para otimizar a extração, é necessário estimular a base com ácido sulfúrico, o que proporciona a produção contínua da goma.

Figura 4.7 – Resinas de árvores

Por meio de destilação, essa resina é convertida em breu e terebintina, que são aplicáveis em variados setores da indústria, como fabricação de tintas, borracha, cosméticos e adesivos. A versatilidade do pínus é notória, mas é importante analisar os riscos associados ao plantio dessa espécie.

Mesmo se adaptando muito bem a diferentes climas e solos, o pínus também é bastante suscetível a pragas, principalmente fungos, como mofo cinzento, armilariose, queima das acículas por *Cylindrocladium*, morte por *Sphaeropsis*, fumagina, afogamento de coleto, enovelamento de raízes e ausência de micorrizas, que comprometem o crescimento da planta e a produtividade.

Outro fator preocupante são os insetos, como formigas cortadeiras, vespas de madeira e pulgões de pínus.

Figura 4.8 – Insetos e o ataque ao pínus

Henrik Larsson; PHOTO FUN; Henrik Larsson/Shutterstock

A produtividade varia muito em função desses interferentes. Um bom exemplo é a vespa da madeira, que, por não ser natural do Brasil (é originária da Europa, da Ásia e da África), não tem predadores ou inimigos naturais e, por excesso de recursos alimentares, adaptou-se muito bem, tornando-se uma das principais pragas do pínus. A fêmea deposita seus ovos no tronco da árvore e, junto com ele, um fungo simbionte, o *Amylostereum aerolatum*, bem como um muco fitotóxico. A larva da vespa não consome a celulose, mas obtém os nutrientes necessários do micélio do fungo. Juntos, o muco e o fungo debilitam o pínus, uma vez que produzem condições favoráveis à oviposição, ao crescimento e à alimentação das larvas. Os plantios mais suscetíveis são os de árvores com mais de 12 anos.

O ataque da vespa compromete a capacidade de defesa da planta, pois as larvas criam galerias no tronco do pínus, provocando perda de qualidade da madeira e morte da planta, e o fungo obstrui os vasos de condução da seiva, provocando a podridão branca, que degrada a celulose e a lignina.

Figura 4.9 – Larva de *Sirex noctilio* dentro da câmara pupal

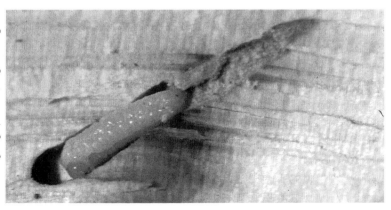

No caso das formigas, ocorre um ataque direto, com corte do substrato vegetal fresco, que é carregado até o ninho, onde são cultivados os fungos dos quais se alimentam. Estima-se que seja necessário replantar de 5% a 10% das mudas em decorrência do ataque de formigas no primeiro ano produtivo de pínus.

Outra praga que ataca as plantações de pínus são os pulgões. Assim como as vespas, eles são exóticos e originários dos Estados Unidos e do Canadá. Facilmente transportados por correntes de ventos, provocam a morte de pínus jovens, sendo responsáveis por até 15% de perdas. Para se alimentarem, os pulgões inserem o estilete na planta até o floema. A seiva do floema é rica em açúcares e pobre em aminoácidos, sendo preciso o consumo de grande quantidade de seiva para absorver a quantidade de aminoácidos necessária à sua sobrevivência.

Quando atacadas, as árvores sofrem com o comprometimento das acículas, a limitação de crescimento, a estagnação dos brotos e a superbrotação, em virtude da destruição do broto apical, além da presença de fungo e de formigas (em razão do *honey dew*, uma espécie de melado eliminado pelos pulgões, denso e açucarado) e da morte das plantas infectadas.

As árvores do gênero *Pinus* já foram apontadas como causadoras de um grande impacto ambiental, pois sua presença poderia levar ao esgotamento de nutrientes na camada superior do solo, aumentando a acidez e, consequentemente, alterando os processos de mineralização da matéria orgânica e a composição biótica do solo (Scholes; Nowicki, 2000). A identificação desse fator, no entanto, possibilitou uma intervenção produtiva que minimizou o problema: a micorrização, uma associação entre as raízes dessas plantas e os fungos que promove o crescimento em razão da presença de hifas, que proporcionam a absorção de água e de nutrientes como fósforo, zinco e cobre.

Isso ocorre, predominantemente, em espécies arbóreas de clima temperado, as quais podem associar-se com mais de 5 mil espécies de fungos (Antoniolli; Kaminski, 1991). A presença desses microrganismos aumenta a resistência das plantas à seca e aos patogênicos que atacam o sistema radicular e, de maneira geral, intervêm no crescimento e na produtividade das plantas, principalmente em solos de baixa fertilidade (Chalfoun; Zambolim, 1985).

Para que ocorra uma boa micorrização das mudas de pínus, é necessária a inoculação da espécie, que pode ser feita via adição ao substrato de acículas picadas de pínus ou providenciando-se cobertura morta com acícula picada de pínus, uma vez que existem esporos (basidiósporos) de várias espécies ectomicorrízicas que, ao germinarem, vão colonizar as raízes.

Uma estratégia bastante interessante consiste em deixar de lado a monocultura agrícola tradicional, em que uma única espécie é semeada, e potencializar o agronegócio por meio da plantação nas marginais de pínus, o que gerará uma cobertura protetora do solo e consequentemente o deixará fortalecido, caso seja esse o objetivo, além de facilitar a reconstituição da vegetação nativa em ambientes degradados.

O pínus é uma espécie bastante agregadora, mas, quando comparado às outras espécies, apresenta baixo valor comercial, principalmente pela rentabilidade, visto que demora mais para atingir as dimensões apropriadas para corte.

Na Tabela 4.2, apresentamos um comparativo entre o preço de venda do eucalipto e o do pínus para toras em pé.

Tabela 4.2 – Dimensões do pínus, conforme segmento industrial

Destino	Comprimento (m)	Diâmetro (cm)	Preço (toras em pé) Pínus (R$/m³)	Eucalipto (R$/m³)
Laminação	2,4	35-25	351,66-249,00	142,91
Desdobro	2,4	24-15	249,00-177,60	118,31
Celulose	1,0	14-8	80,70-52,21	86,91
Energia	Sem restrição	Sem restrição	54,61	54,61

Fonte: Paraná, 2023.

A produção dominante de pínus preconiza um ciclo de 21 anos, em que, inicialmente, são plantadas 1.667 árvores por hectare (para espaçamento de 3 m × 2 m), com uma perda de 40% após 8 anos em razão do desbaste e com uma nova perda de 30% após 12 anos, decorrente do segundo desbaste. Ao final dos 21 anos, restam 500 árvores por hectare em média, sem considerar a incidência de pragas.

Como é possível perceber, a rentabilidade do sistema de produção de pínus é bastante pequena; por isso, é essencial aperfeiçoar as possibilidades, como extrair resina e almejar a produção máxima, a fim de que o material seja enviado para serraria ou laminação, que paga melhor do que o processo de produção de papel e de celulose.

4.3 Araucária

Araucária é o nome popular dado a uma árvore brasileira nativa, da espécie *Araucaria angustifolia*, cuja maior incidência ocorre no Estado do Paraná, sendo, por isso, considerada a árvore símbolo do estado. Ela é também conhecida por outros nomes, como *pinheiro-do-paraná*, *curi*, *pinheiro-brasileiro*, *pinheiro-caiová*, *pinheiro-das-missões* e *pinheiro-são-josé*.

Essa espécie, encontrada somente no Hemisfério Sul, pode alcançar de 20 m a 50 m de altura. Ela é uma gimnosperma, cuja copa está voltada para o céu, com folhas aciculadas, duras, resistentes e lisas. Seu tronco é cilíndrico e reto, com espessura que pode chegar a 180 cm, envolto por uma casca grossa (com até 10 cm de espessura), cor marrom-arroxeada, áspera e rugosa.

Figura 4.10 – Casca do pinheiro-do-paraná

vilax/Shutterstock

Quando a árvore está adulta, a copa adquire um formato peculiar, pois, como o tronco cresce em linha reta, sem desvio nenhum, a árvore se ramifica apenas no topo.

Figura 4.11 – Pinheiro-do-paraná

A maioria das espécies do gênero araucária são dioicas, ou seja, apresentam flores de apenas um sexo (flores femininas e masculinas separadas). A reprodução ocorre com o auxílio do vento e de insetos polinizadores, que transportam o pólen das plantas masculinas até as femininas, que só são diferenciadas a partir de 12 a 15 anos de idade.

Figura 4.12 – Araucária macho e araucária fêmea

Fonte: Embrapa, 2023.

O macho produz estróbilos com o formato de cones alongados, que podem chegar até 15 cm de comprimento e 4 cm de diâmetro. Esses cones produzem o pólen, e as fêmeas desenvolvem as pinhas, que podem chegar a 20 cm de diâmetro e comportam até 150 sementes, também conhecidas como *pinhões*. Aproximadamente 20 meses depois de sua polinização, as pinhas já amadurecidas soltam os saborosos pinhões, que são consumidos por aves e mamíferos.

As sementes são bastante saborosas e muito apreciadas como alimento na culinária nacional. Essa espécie demora de 12 a 15 anos para produzir pinhão, mas estratégias desenvolvidas pela Empresa Brasileira de Pesquisa Agropecuária (Embrapa), por meio de sua unidade Embrapa Floresta, viabilizaram uma enxertia que estimulou a produção precoce de pinhão, obtendo-se pinhas sadias em árvores com 2 m a 5 m de altura, em um período de 5 a 7 anos (Embrapa, 2023).

A unidade Embrapa Floresta "desenvolve pesquisas com foco no setor florestal brasileiro, permitindo melhor eficiência produtiva, redução dos custos de produção, aumento da oferta de produtos florestais no mercado e, simultaneamente, conservação do meio ambiente" (Embrapa, 2023). O objetivo do projeto é disponibilizar um pomar de araucária e fazer do pinhão uma renda sustentável para os produtores rurais.

Em virtude de seu uso descontrolado, a araucária foi incluída na lista de espécies ameaçadas de extinção – espécies nativas não podem ser cortadas. As oriundas de plano de manejo registrado e aprovado nos órgãos competentes podem ser cortadas.

Figura 4.13 – Pinha e pinhão

Vale ressaltar a descrição da existência de plantas monoicas de A. angustifolia no livro *Flora Ilustrada Catarinense* (Klein, 1966), que apresentam pinhas (ginostróbilos) e mingotes (androstróbilos) localizados na mesma árvore, fato de extrema raridade.

Com relação à obtenção da celulose, a araucária apresenta características bastante adequadas para essa finalidade, como densidade, cor, teor de umidade, higroscopicidade e calor específico, que despertam o interesse comercial. A densidade básica (realmente a mais importante) relaciona as características da madeira com o rendimento do processo, a velocidade de impregnação da madeira e o refino da celulose. A propriedade da densidade relaciona o peso seco da amostra e o respectivo volume verde ou saturado.

Ela varia no sentido longitudinal (base-topo) e no sentido transversal (medula-casca), e as coníferas apresentam uma densidade menor que a das folhosas.

Tabela 4.3 – Densidade básica de algumas matérias-primas

Matéria-prima	Idade (anos)	Densidade básica (g/cm^3)
Pinheiro-do-paraná	25	0,452
Pinus elliottii	8	0,316
	9	0,338
	12	0,344
Pinus taeda	9	0,328
	11	0,345
	12	0,366
Pinus oocarpa	6	0,362
	12	0,412
Eucalyptus saligna	5	0,500
	7	0,582
Eucalyptus propinqua	5	0,526
	7	0,613

Fonte: Barrichelo; Brito, 1979, p. 3.

Outra questão bastante importante diz respeito ao fato de a densidade básica aumentar até certo ponto, quando praticamente se estabiliza, podendo, assim, ser usada como referência de qualidade, além de ser um fator de decisão para a utilização da madeira, pois fornece informações com relação ao rendimento volumétrico, à penetração do licor durante o cozimento, ao tempo de processo e à qualidade da polpa e do papel produzido (Kollmann, 1959; Mimms, 1993).

No Brasil, a produção industrial de celulose iniciou com a espécie nativa de pinheiro *Araucaria angustifolia*, em Monte Alegre, no Paraná. A perfeição cilíndrica de suas árvores, com fator de forma em torno de 0,65, alta resistência ao rasgo e de fácil refinação, em razão do baixo consumo de energia por apresentar fibras flexíveis, fez dela uma matéria-prima bastante cobiçada.

O processamento da polpa empregava o processo sulfito e soda/enxofre no início dos anos 1940 e o processo *kraft* a partir da década de 1950. A araucária oferece uma madeira de qualidade excepcional e por décadas foi extraída indiscriminadamente para a produção de papel, estimulada por uma política agrícola extrativista, até a exaustão das florestas dessa espécie e o início dos plantios de espécies de reflorestamento em 1960, que substituíram seu uso.

Foelkel (2005, p. 33) descreve as características da madeira de araucária da seguinte maneira:

> A araucária, o pinheiro brasileiro ou pinheiro-do-paraná, conhecido antigamente como pinho, já foi árvore-rainha do Sul do País. Nativa das áreas que se estendem desde as

montanhas de Minas Gerais até o sul do Rio Grande do Sul, essa espécie não se importou em abrigar-se também em terras argentinas, uruguaias e paraguaias […]. Essas árvores foram por décadas abatidas indiscriminadamente para a produção de madeira serrada, embalagens, papel e celulose, aglomerados, fósforo, casas, móveis etc. […] De rara beleza, macia, com fibras longuíssimas, fácil de processar, com tábuas e esquadrias de boa estabilidade dimensional, trata-se, enfim, de uma madeira que era – e continua sendo – absolutamente inigualável […]. Dificilmente as madeiras dos *Pinus* que plantamos hoje conseguem igualar-se à da araucária em muitas dessas propriedades. Vejam: fibras com comprimento entre 4 a 6 mm; densidade básica entre 0,38 a 0,42 g/cm^3, índice de enfeltramento das fibras (relação comprimento/largura) de 80 a 100; solubilidade em álcool benzeno de 1,5 a 2,0% (extrativos e resinas); teor de lignina entre 28 a 30%; teor de celulose Cross & Bevan de 50 a 55%; […] rendimentos para uma conífera de cerca de 48% em produção de celuloses kraft branqueáveis com número kappa de aproximadamente 25 […]. Para produção de celulose seria uma madeira ímpar, como já foi no passado, tanto para celuloses kraft, sulfito e pastas mecânicas.

As peculiaridades produtivas em termos de solo e clima, bem como o ritmo de crescimento menor em relação ao pínus e ao eucalipto, fazem das plantações de reflorestamento de araucárias economicamente menos atrativas, principalmente porque se pode trabalhar a propagação vegetativa em vez de plantar pinhões, melhorando geneticamente as espécies *Pinus* e *Eucalyptus*, para tornar o processo mais rápido e rentável.

4.4 Palhas de cereais

Do ponto de vista químico, qualquer material fibroso pode ser usado na produção de celulose, embora seja necessário levar em consideração alguns fatores, como rentabilidade, morfologia, propriedades físico-químicas, quantidade, processo produtivo, métodos de armazenamento e conservação.

A utilização desses materiais na obtenção de papel não é uma atividade recente: desde sua invenção, as fibras de resíduos têxteis e/ou agrícolas são amplamente empregadas na produção de papel.

O aprimoramento dos processos produtivos permite a utilização de diversas fontes de matéria-prima, inclusive as plantas ditas *não madeireiras*, como bambu, sisal, resíduos agrossilvipastoris e de processos industriais.

O uso desses materiais garante uma cadeia produtiva sustentável e rentável, principalmente pela quantidade considerável de compostos, que incluem lignina (10% a 30%), hemicelulose (15% a 35%) e celulose (30% a 50%). Essas quantidades variam em função do tipo de matéria-prima, idade e estágio vegetativo (Jeffries, 1990; Delmer; Amor, 1995).

O potencial agrícola brasileiro fortalece as possibilidades de conversão dos resíduos obtidos na produção de grãos, cereais, frutas e madeira, sobretudo com relação ao considerável volume gerado. Dados da Companhia Nacional de Abastecimento (Conab) para 2022 mostram diversidade e rentabilidade produtivas bastante intensas, conforme indicado na Tabela 4.4.

Tabela 4.4 – Produção agrícola em toneladas de alimentos

Produto	Quantidade
Algodão (caroço)	4,11 milhões toneladas
Aveia	1,148 milhão de toneladas
Amendoim	682 mil toneladas
Arroz	10,5 milhões de toneladas
Canola	54,9 mil toneladas
Centeio	11,4 mil toneladas
Cevada	427,5 mil toneladas
Feijão	2,83 milhões de toneladas
Girassol	54 mil toneladas
Milho	115,6 milhões de toneladas
Soja	122,4 milhões de toneladas
Trigo	7,9 milhões de toneladas

Fonte: Elaborado com base Conab, 2023.

Existe ainda uma fração de 40 milhões de toneladas de materiais vegetais não comestíveis, como caules de trigo, restos de madeira, palha, talos e folhas de milho, que são descartados como resíduo e que podem ser convertidos (Sanderson, 2011). Mesmo considerando-se que a geração de resíduos sólidos agrícolas é variável porque depende das condições climáticas, da fertilidade etc. e que tais resíduos podem ter outros destinos, como a formação de biomassa, a geração de energia ou mesmo a alimentação animal, a quantidade gerada é bastante significativa, como indicado na Tabela 4.5.

Tabela 4.5 – Estimativa de resíduo agrícola gerado por tonelada colhida

Produto	Geração de resíduo 2022
1 tonelada de arroz	3,99 toneladas de palha
1 tonelada de milho	266 toneladas de palha
1 tonelada de soja	306 toneladas de palha

Fonte: Elaborado com base em IBP, 2023.

Como é possível perceber, foi gerada uma quantidade bastante significativa de subprodutos lignocelulósicos (Conab, 2023), levando-se em conta apenas algumas das principais culturas (arroz, milho e soja).

Pesquisas revelam que a oferta de resíduos lignocelulósicos em todo o mundo pode chegar a $2,9 \times 10^3$ milhões de toneladas obtidas da produção de cereais, 3×10^3 milhões de toneladas da produção de sementes e $5,4 \times 10^3$ milhões de toneladas de outros tipos de cultura (Gomes et al., 2012); portanto, há uma quantidade considerável de material lignocelulósico de interesse industrial.

Essas informações podem ser usadas como estímulo ao desenvolvimento de pesquisas e de tecnologias, em escala de pequeno e médio porte, incentivando-se a transformação de resíduos oriundos da produção agrícola, como a palha de milho em matéria-prima para diversos setores produtivos (Gatti, 2008).

Essa prática já ocorre em países que dispõem de grandes produções agrícolas e, consequentemente, geram considerável volume de resíduos fibrosos, como casca, com a utilização de plantas fibrosas não madeiras na obtenção principalmente de celulose (Rodés, 1984).

Essa transformação e a obtenção de celulose só são possíveis em virtude da desagregação das estruturas de seus elementos construtivos, mediante processos físicos, químicos ou biotecnológicos, ou pela utilização de métodos mistos, decorrentes de uma participação conjunta e equilibrada de processos (Barrichelo; Brito, 1976).

Para analisar a viabilidade da transformação de resíduo em celulose, é necessário caracterizar a matéria-prima antes do uso e identificar o tamanho das fibras, a solubilidade em água e hidróxido de sódio, o teor de celulose, o teor de lignina, o teor de hemicelulose e outros aspectos. A utilização dessa matéria-prima residual oriunda das cascas de cereais depende de safra sazonal, ou seja, o período produtivo é limitado e, nos períodos entre as safras, não se pode contar com essa matéria-prima.

Uma solução possível é a estocagem do material, porém, em razão de sua morfologia e de sua estrutura química, muitos deles são rapidamente atacados por microrganismos decompositores (fungos e bactérias) e insetos, o que inviabiliza o procedimento se técnicas de conservação não forem empregadas (o que torna o processo caro).

Essa degradação pode ser minimizada por meio de boas técnicas de estocagem, como o uso de ambientes secos e protegidos. Outra possibilidade é diversificar as plantações para que seja possível obter matéria-prima durante todo o ano (Alcaide; Parra; Baldovin, 1990).

De modo geral, muitos resíduos agroindustriais são formados por fibras lignocelulósicas, e o aproveitamento desses resíduos reduz a incidência de passivos ambientais e melhora a produtividade. Essas fibras podem ser aplicadas *in natura* ou podem ser convertidas por meio de processos químicos, realizados por técnicas de pré-tratamento, as quais resultam no desmembramento do complexo celulose-hemicelulose-lignina mediante deslignificação e branqueamento das fibras.

Para a extração da celulose, é necessário diminuir a atividade da água da matéria-prima, a fim de controlar a decomposição por ação microbiana e química, que pode provocar o escurecimento por oxidação e atividade enzimática. Essas matérias-primas também devem ser fragmentadas para aumentar a superfície de contato e diminuir o grau de polimerização do resíduo, uniformizando o tamanho da partícula e melhorando a eficiência dos tratamentos subsequentes (Alvira et al., 2010).

O tamanho do particulado influencia na área de contato e na difusão dos reagentes químicos entre as estruturas lignocelulósicas, que são fenômenos de superfície (Mosier et al., 2005).

A **palha de milho** é um exemplo de resíduo agrícola do qual é possível extrair a celulose. Estima-se que o total produzido chegue a 8,1 milhões de toneladas de palha seca por safra, o que mostra o enorme potencial produtivo desse resíduo (Marconcini et al., 2008).

Figura 4.14 – Palha de milho

Bits And Splits/Shutterstock

O processo de polpação da palha deve ser escolhido de acordo com o rendimento almejado, podendo-se utilizar processos mecânicos, semiquímicos e químicos. Nos processos mecânicos de polpação, os rendimentos são altos, sendo possível alcançar de 95% a 98%.

Outro exemplo de resíduo que pode ser convertido em celulose, neste caso industrial, é o **malte** oriundo da produção de cerveja. A cerveja é uma bebida bastante apreciada no Brasil, e sua produção e consumo sempre fizeram parte da história das civilizações.

Dados da Associação Brasileira da Indústria da Cerveja (Brasil, 2021) indicam que são 1.383 cervejarias registradas no Ministério da Agricultura, Pecuária e Abastecimento e que todas as unidades da Federação abrigam, ao menos, uma cervejaria. O Brasil representa o terceiro maior produtor de cerveja do mundo, perdendo apenas para China e Estados Unidos, segundo pesquisa publicada em 2020 pela Barth-Haas Group. De acordo com a Associação Brasileira da Indústria da Cerveja (Mercado..., 2021), "a produção nacional é de aproximadamente 14 bilhões de litros por ano e representa 1,6% do Produto Interno Bruto (PIB), com faturamento de R$ 100 bilhões/ano e geração de 2,7 milhões de empregos".

A cerveja é uma bebida fermentada obtida pela combinação de malte de cevada, água, lúpulo e levedura. Entre as etapas de produção, na denominada *brassagem*, obtêm-se duas frações: uma líquida (mosto que vai dar origem à cerveja) e uma sólida (bagaço de malte de cevada), a qual se caracteriza como resíduo e pode ser usada em processos industriais.

Estima-se a geração de 20% a 25 % de resíduo seco a cada litro de cerveja produzido, o que representa 85% do total de resíduos sólidos do processo de produção (Rosa; Afonso, 2015).

Figura 4.15 – Malte residual

Esse resíduo é comumente convertido em ração animal, mas pode ser aproveitado de maneira diferenciada, principalmente por sua composição química, baixo custo e grande disponibilidade.

Estudos mostram a possibilidade de obtenção de celulose por meio de bagaços, não apenas do malte, mas também de outras fontes, o que comprova que esses resíduos têm elevado potencial de transformação (Souza; Onoyama; Santos, 2015).

Outros tantos resíduos podem ser usados, como já ocorre com o **bagaço da cana**, obtido como subproduto da produção de etanol, a qual foi de, aproximadamente, 165 milhões de toneladas em 2017 (EPE, 2018).

No entanto, mesmo com esse potencial, boa parte do resíduo não é reaproveitado. Cerca de 8 milhões de toneladas de bagaço (5% do total produzido) não se destinam a qualquer utilização, o que mostra que a conversão dessas palhas em celulose tem mercado promissor (Rodrigues; Neves Junior, 2018).

4.5 Bambu

O uso de plantas não madeiras como matéria-prima para a produção de polpa celulósica e papel tem sido crescente, especialmente em países em que a disponibilidade de materiais de fibra longa é pequena (Darkwa, 1998).

Na China e na Índia, os resíduos agrícolas (como palhas de cereais, cascas, talos e cânhamo), as gramíneas (como bambu, *Typha latifolia* e *Eulaliopsis binata* Retz.) e as espécies arbustivas (como *Hibiscus* sp.) são usados na produção de celulose (Ashori, 2006). Até 70% da matéria-prima empregada na produção de celulose e de papel é de fibra cuja origem é não madeireira (Liu; Wang; Hui, 2018).

O bambu é amplamente conhecido por sua importância econômica, ecológica e cultural. É uma gramínea de caule lenhoso, muito útil na construção civil, como fonte energética e na obtenção de novos materiais, como painéis, pisos e carvão.

Figura 4.16 – Bambuzal, estrutura externa do bambu, entrenós e lâminas de bambu

(continua)

(Figura 4.16 – conclusão)

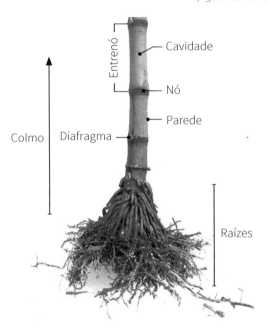

O crescimento rápido, dito *não anual*, faz dos bambus lenhosos uma excelente opção de recurso florestal não madeireiro, principalmente em razão da diminuição da oferta global de madeira (Lybeer, 2006). Nas áreas tropicais e subtropicais, essa espécie representa 20% a 25% da biomassa total, o que faz dela um dos mais importantes recursos renováveis atuais (Bansal; Zoolagud, 2002).

Formado por rizomas, colmos, galhos e folhas, o bambu apresenta características interessantes. Os colmos são constituídos por uma sequência de nós e entrenós, cheios de fibras, vasos e condutores de seiva, distribuída em uma seção transversal retilínea que difere em comprimento, espessura da parede, diâmetro, espaçamento dos nós e resistência. As paredes são formadas por poucos milímetros de fibras, feitas de lignina e de silício, alinhadas paralelamente (Vieira et al., 2016). O bambu tem, aproximadamente, 49,2% de celulose, 14,5% de lignina e 22,3 de hemicelulose (Souza, 2014).

Essa espécie oferece considerável potencial agrícola e econômico, principalmente em razão do ciclo curto de produção (2-6 anos), do fácil manejo, da reprodução assexuada, da alta produtividade (40-60 t/ha/ano) e das fibras com ótimas propriedades físico-químicas e elevada resistência mecânica (Santi, 2015).

No Brasil, existe uma grande diversidade de espécies, sendo 89% dos gêneros conhecidos e 65% das espécies de bambus distribuídas nas áreas da Mata Atlântica, do Cerrado e da Amazônia (Filgueiras; Gonçalves, 2004).

O bambu apresenta uma microestrutura mais heterogênea do que a da madeira, cheia de pequenos feixes de fibras em uma matriz menos densa, como ilustra a Figura 4.17.

Figura 4.17 – Estrutura do colmo de bambu

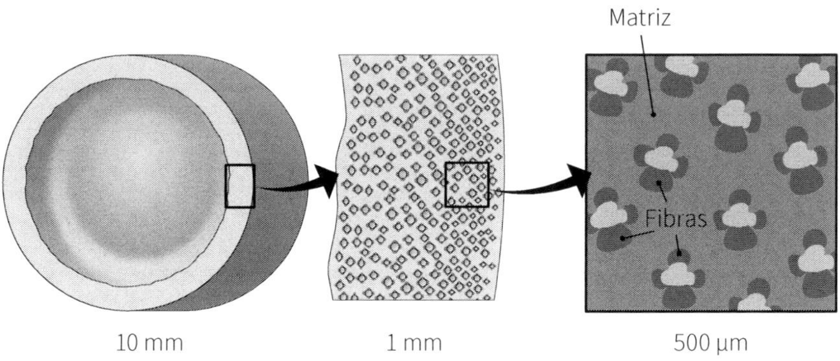

Fonte: Elaborado com base em Penellum et al., 2018, p. 242.

Na fase adulta, o bambu pode apresentar entrenós com comprimento longitudinal acima de 300 mm, o que possibilita a obtenção de fibras longas (Lima, 2016).

Os primeiros estudos com relação ao uso de fibras de bambu foram realizados em 1870, mediante as contribuições de Thomaz Routhdge, que utilizou colmos de bambu jovens (com menos de seis meses) para a segregação da celulose. Ele obteve bons resultados, porém não eram viáveis industrialmente.

Novas pesquisas foram feitas, inclusive com o levantamento das áreas ocupadas por essa gramínea, para caracterizar o potencial produtivo, e os resultados foram publicados em 1931, sendo esse o principal passo documentado dado em direção ao aproveitamento de bambu para a geração de celulose (Raitt, 1931).

Os métodos de obtenção das fibras de bambu são mais complexos, uma vez que ele apresenta fibras muito bem ligadas à matriz de lignina (Lima, 2016). Após o corte, o material deve passar por métodos de maturação, secagem e imunização, a fim de aumentar a qualidade e a durabilidade das fibras. É possível utilizar os três métodos de obtenção de fibras: mecânico, químico e semiquímico, sendo que o processo químico é o que afeta menos as fibras (Vieira et al., 2016).

O processo químico consiste em usar hidróxido de sódio e sulfato de sódio a 170 °C, para a retirada da lignina, a qual é degradada em fragmentos solúveis em água e fibras de polpa compostas por celulose e hemiceluloses (Rydholm, 1965). Em outra técnica, procede-se à separação dos feixes vasculares do bambu, obtendo-se fibras individuais que são imersas em solução de peróxido de hidrogênio combinado com ácido acético glacial (Yang et al., 2018).

O melhor método é aquele que proporciona a remoção de toda a lignina presente no material de origem, com menor ataque das fibras e alta produtividade.

Reciclagem

Como vimos neste capítulo, a matéria-prima fibrosa utilizada na indústria de papel e de celulose é oriunda de elementos celulares dos vegetais, traqueoides de coníferas, fibras libriformes e fibrotraqueoides de folhosas, que se entrelaçam formando uma rede na folha de papel, conferindo-lhe a maioria de suas características.

Existem várias maneiras de agrupar as fibras empregadas pela indústria de celulose, o que possibilita a utilização de variadas fontes. Do ponto de vista tecnológico, qualquer matéria-prima fibrosa é passível de ser usada para a obtenção de celulose, sendo que o agente limitante, na maioria das vezes, é o aspecto econômico e ambiental.

O eucalipto corresponde ao gênero *Eucalyptus*, da família botânica Myrtaceae, abrangendo cerca de 605 espécies de plantas arbóreas que têm entre 25 m e 54 m de altura. Várias espécies de eucaliptos são usadas para reflorestamento, sendo a *Eucalyptus saligna*, a *Eucalyptus alba* e a *Eucalyptus tereticornis* as mais utilizadas na obtenção de pasta celulósica destinada à fabricação do papel (Rizzini, 1971). Essas espécies cultivadas no Brasil têm madeira cuja massa específica (a 15% de umidade) varia de 600 kg/m³ a 1.060 kg/m³ (IPT, 1974) e cuja cor do cerne vai do amarelo ao pardo acinzentado ou, ainda, róseo-avermelhado.

O pínus é uma conífera do gênero *Pinus*, da família botânica Pinacae. São plantas lenhosas, arbóreas, com altura variando de 3 m a 50 m; apresentam tronco reto, mais ou menos cilíndrico, com copa no formato de cone. A madeira tem massa específica (a 15% de umidade) que varia de 400 kg/m³ a 520 kg/m³, com cor do cerne que vai do amarelo-claro ao alaranjado (IPT, 1974). As espécies mais utilizadas são *Pinus elliottii*, *Pinus taeda* e *Pinus caribaea* (Rizzini, 1971).

Já o pinheiro-do-paraná, *Araucaria angustifolia*, é uma conífera arbórea pertencente à família botânica *Araucariaceae*, que tem entre 20 m e 50 m de altura, com massa específica (a 15% de umidade) que varia de 520 kg/m³ a 610 kg/m³. A cor do cerne é amarelada com tonalidade rósea, vermelha ou levemente pardacenta.

Quase a totalidade das espécies produtoras de madeira como matéria-prima para a produção da pasta de celulose são exóticas, sendo nativa apenas a do pinheiro-do-paraná. Cada qual tem suas particularidades, mas todas são essenciais para o desenvolvimento do setor de papel e celulose.

Conservando conhecimentos

1. Assinale a alternativa correta sobre a classificação de vegetais de acordo com as características ou as relações em comum:
   a) A classificação está dividida em artificiais e naturais.
   b) A classificação está dividida em sintéticos e naturais.
   c) A classificação está dividida em artificiais e filogenéticos.
   d) A classificação está dividida em naturais e transgênicos.
   e) A classificação está dividida em transgênicos e filogenéticos.

2. Assinale a alternativa correta com relação ao uso de eucaliptos no Brasil:
   a) Apresenta alta produtividade e baixo custo.
   b) Cresce em solos áridos ou semiáridos.
   c) Causa desgaste ambiental por repelir animais polinizadores dispersores.
   d) As folhas são usadas como fungicidas, como herbicidas e como alimento para animais.
   e) Só é possível obter as fibras de celulose por hidrodestilação.

3. Assinale a alternativa correta sobre o pínus:
   a) Trata-se de uma espécie de arbusto natural dos solos brasileiros.
   b) Desenvolve um tronco retilíneo, cheio de ramificações e folhas aciculares.

c) Trata-se de uma espécie transgênica, criada somente para fornecer fibras curtas.
d) É suscetível ao ataque de formigas, vespas, pulgões e abelhas que degradam a celulose.
e) Produz um muco fitotóxico muito usado na área de cosméticos, na produção de botox.

4. Assinale a alternativa correta sobre pinheiro-do-paraná:
   a) Apresenta tronco cilíndrico, reto, que atinge no máximo 18 cm e chega ao tamanho certo de corte com 12 a 15 meses.
   b) O processo de enxertia estimula o crescimento precoce do pinhão, em árvores baixas de 2 m a 5 m de altura, em um período de 5 a 7 anos.
   c) O reflorestamento consiste em plantar 1.667 plantas, entre as quais somente 500 vão alcançar o tamanho de corte.
   d) A Embrapa Florestas só consegue desenvolver pesquisa com árvores de pinheiro-do-paraná, porque pínus e eucalipto são protegidos por lei.
   e) O ritmo de crescimento da espécie é muito alto, sendo que cada pinhão gera de 5 a 6 mudas.

5. Assinale a alternativa correta sobre o uso de não madeiras:
   a) Todo resíduo agrícola apresenta um teor de celulose em torno de 40%, o que mostra ser um excelente gerador de fibras *flut*.
   b) Os resíduos da poda de árvores são solúveis em água e não apresentam hemicelulose e lignina.

c) Os resíduos agrícolas não sofrem ação microbiana e física, portanto apresentam fibras mais grossas e longas, ideais para a indústria de celulose.
d) A palha de milho é o único resíduo do qual é possível extrair celulose, mas o Brasil produz pouco desse grão.
e) O potencial agrícola brasileiro fornece as possibilidades de conversão dos resíduos obtidos na produção de grãos, cereais, frutas e madeiras.

Análises químicas

Refinando ideias

1. Explique duas técnicas de obtenção de fibras de bambu.
2. O que foi a Lei de Incentivos Fiscais e qual foi sua importância para a produção de papel e de celulose?

Prática renovável

1. Faça uma pesquisa a respeito das perdas na plantação de pínus em três ciclos: 8 anos, 12 anos e 21 anos. Com essas informações, elabore um relatório e compartilhe-o com seu grupo de estudos.

Capítulo 5

Hemicelulose

As células de todos os organismos vivos são formadas por compostos químicos diversos que podem ser classificados em dois tipos básicos: 1) substâncias orgânicas e 2) substâncias inorgânicas. Algumas substâncias inorgânicas, como sílicas, carbonato de cálcio e água, estão presentes nas células vegetais, mas são os compostos orgânicos que têm papel biológico mais representativo. Eles podem ser agrupados em categorias como carboidratos, lipídios e proteínas.

Os polissacarídeos que compõem a madeira são chamados de *holocelulose* (carboidratos totais de celulose) e podem ser subdivididos em: celulose, um polímero de linhas de alto peso molecular, composto por unidades de glicose com alta resistência química molecular; hemicelulose; e outros polissacarídeos com menor peso molecular e menor resistência química a ácidos e álcalis.

Os açúcares nas hemiceluloses são, principalmente, xilose, galactose, arabinose, manose e glicose. Estes são usados como fonte primária de energia pelas células, servindo de reserva nutritiva e fonte de carbono.

O conhecimento a respeito dessas informações é de grande aplicabilidade na fabricação de pastas celulósicas, por isso serão o tema deste capítulo.

5.1 Diferença entre hemicelulose e pectina

Os carboidratos são biomoléculas essenciais para o fornecimento de energia aos seres vivos. Sua estrutura química varia bastante, de compostos simples até compostos com grande número de moléculas, arranjados de maneira complexa.

A fórmula estrutural geral dos carboidratos é dada por:

$(CH_2O)_n$, em que $n \geq 3$

Os carboidratos mais simples são denominados *monossacarídeos* e são formados por três a sete átomos de carbono. Os monossacarídeos com mais de sete carbonos raramente ocorrem na natureza.

Os monossacarídeos têm a estrutura de um aldeído ou de uma cetona e apresentam, no mínimo, dois grupos hidróxi.

Figura 5.1 – Monossacarídeos com grupos aldeído e cetona

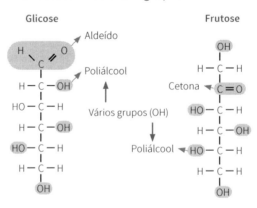

Esses carboidratos com carbonila de aldeído são denominados *aldoses* (CHO), e os que têm função cetona são chamados de *cetoses* (C = O).

Outro aspecto interessante diz respeito à isomeria estrutural e à estereoisomeria ótica. A primeira consiste em compostos com a mesma fórmula química, mas diferente organização de seus átomos, o que permite que sejam isômeros uns dos outros, como é o caso das moléculas de glicose, de frutose e de galactose.

Figura 5.2 – Moléculas isômeras de glicose, galactose e frutose

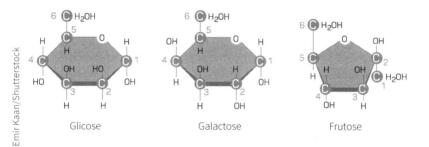

No segundo caso, os estereoisômeros (também conhecidos como *isomeria espacial*) apresentam seus átomos ligados na mesma ordem, mas com uma organização atômica tridimensional divergente em um de seus carbonos assimétricos. A glicose e a galactose são exemplos de estereoisômeros; nelas, os átomos estão ligados na mesma ordem, mas elas têm uma organização atômica tridimensional diferente em um de seus carbonos assimétricos.

Podemos observar essa diferença na ilustração da Figura 5.3, na qual existe uma mudança na orientação do grupo hidroxila que é suficiente para diferenciar a galactose da glicose.

Figura 5.3 – Glicose eigalactose

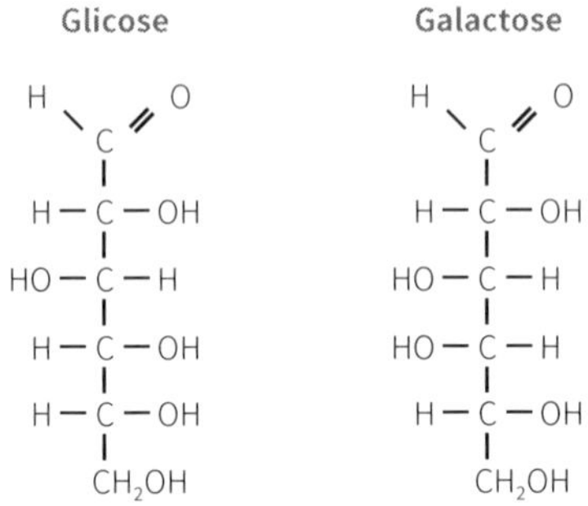

```
       Glicose                    Galactose
      H     O                    H     O
       \  //                      \  //
        C                          C
        |                          |
    H — C — OH                 H — C — OH
        |                          |
   HO — C — H                 HO — C — H
        |                          |
    H — C — OH                HO — C — H
        |                          |
    H — C — OH                 H — C — OH
        |                          |
       CH₂OH                      CH₂OH
```

Esses compostos são denominados *monossacarídeos* por serem moléculas simples, formadas por estruturas com um pequeno número de carbonos. Normalmente, são de gosto adocicado e solúveis em água. No Quadro 5.1, apontamos os casos mais comuns.

Quadro 5.1 – Classificação dos monossacarídeos

Nº de carbonos	Fórmula	Nome	Exemplo
3	$C_3H_6O_3$	Triose	Gliceraldeído
4	$C_4H_8O_4$	Tetrose	Eritrose
5	$C_5H_{10}O_5$	Pentose	Desoxirribose
6	$C_6H_{12}O_6$	Hexose	Glicose
7	$C_7H_{14}O_7$	Heptose	Sedoeptulose

As moléculas de monossacarídeos são estruturas lineares que, em solução aquosa, apresentam-se na forma de anel. Isso é recorrente em carboidratos que têm cinco ou mais átomos de carbono.

Figura 5.4 – Ciclização da glicose e formação de anômeros

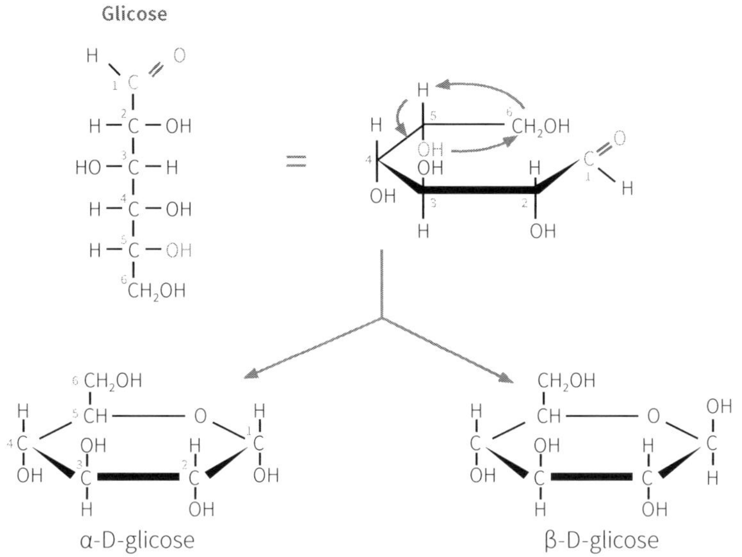

α-D-glicose   β-D-glicose

Os anéis são formados por reação de grupos alcoólicos com grupos carbonila, presentes em aldeídos e em cetonas, sendo possível formar hemiacetais e hemicetais, respectivamente, que são moléculas mais estáveis.

As moléculas dos dissacarídeos são formadas por reações de condensação que ocorrem entre dois ou mais monossacarídeos, iguais ou diferentes, com liberação de moléculas de água.

Monossacarídeo → Dissacarídeo + H_2O

$2C_6H_{12}O_6 \rightarrow C_{12}H_{22}O_{11} + H_2O$

Glicose → Maltose

No caso da lactose, ocorre a união de várias moléculas de galactose e de glicose.

Monossacarídeo + Monossacarídeo → Dissacarídeo + H_2O

$C_6H_{12}O_6 + C_6H_{12}O_6 \rightarrow C_{12}H_{22}O_{11} + H_2O$

Galactose + Glicose → Lactose

A lactose é um dissacarídeo muito consumido por ser uma ótima fonte de energia, principalmente para crianças. Após o consumo, ela é hidrolisada (quebrada) pela enzima β-D galactosidase ou lactase (encontrada no jejuno). Essa quebra fornece monossacarídeos como galactose e glicose. A galactose é metabolizada no fígado e convertida em glicose, sendo absorvida no intestino delgado e transportada pelo corpo para fornecer energia.

Figura 5.5 – Lactose formada por molécula de galactose e glicose

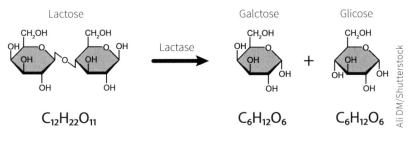

A lactose, assim como a maltose, é considerada um dissacarídeo (di = dois), resultante da combinação entre dois monossacarídeos.

Outro exemplo é a sacarose, oriunda da reação entre a glicose e a frutose. Na Figura 5.6 constam exemplos dessas moléculas.

Figura 5.6 – Dissacarídeos

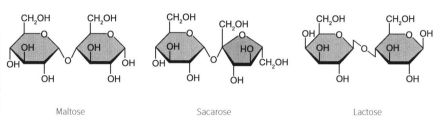

Maltose   Sacarose   Lactose

As moléculas de dissacarídeos são pequenas e solúveis em água, o que pode ocasionar uma alteração no equilíbrio das células. A união de duas a dez moléculas de monossacarídeos forma um oligossacarídeo. Essas moléculas se unem por ligações covalentes, também denominadas *glicosídicas*, como representado na Figura 5.7.

Figura 5.7 – Ligações glicosídicas

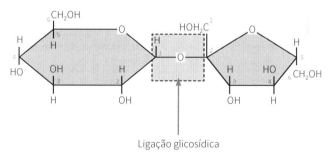

Ligação glicosídica

Quando mais de dez monossacarídeos estão ligados entre si, como ocorre na molécula de amido, forma-se o que denominamos *polissacarídeo*. Normalmente, os polissacarídeos não são solúveis em água, não têm sabor nem poder redutor, mas são essenciais na estrutura celular e no armazenamento de energia.

Vale ressaltar que, nesse caso, os monossacarídeos também estão unidos por ligações glicosídicas, e a substância formada apresenta alto peso molecular, alta viscosidade, consistência e resistência.

Podemos citar como exemplos de polissacarídeo a dextrana (sintetizada por bactérias e usada na substituição do plasma sanguíneo) e a celulose (presente nas paredes celulares de plantas e de algas).

Os polissacarídeos formados por um único tipo de monossacarídeo são chamados de *homopolissacarídeos*, e os formados por dois ou mais monossacarídeos são chamados de *heteropolissacarídeos*. Dessa maneira, o amido, o glicogênio e a celulose são homopolissacarídeos, e o ácido hialurônico, a condroitina sulfato, a dermatan sulfato e a heparina são heteropolissacarídeos.

Na Figura 5.8 estão representados um homopolissacarídeo e um heteropolissacarídeo, e ambas as formas existem como cadeia linear e ramificada.

Figura 5.8 – Homopolissacarídeo e heteropolissacarídeo

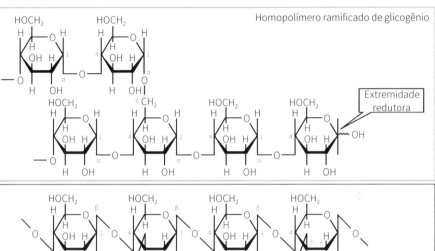

Fonte: Koolman; Roehm, 2005, p. 41, tradução nossa.

É possível classificar os carboidratos de acordo com seu grau de polimerização e a variedade de monossacarídeos, como ilustrado na Figura 5.9.

Figura 5.9 – Graus de polimerização dos carboidratos

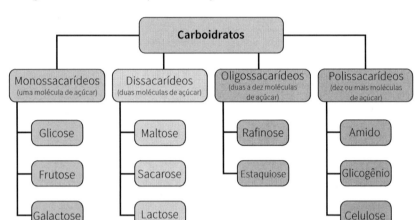

Os carboidratos vegetais podem ser classificados em polissacarídeos de reserva, também denominados *amiláceos*, e polissacarídeos estruturais, chamados de *não amiláceos*, como a celulose, a hemicelulose, as substâncias pécticas e as gomas (Voet; Voet, 2006).

Os polissacarídeos de reserva são como excedentes de carboidratos que, quando necessário, fornecerão monossacarídeos. Em razão da natureza polimérica, são osmoticamente menos ativos, o que permite o armazenamento em grandes quantidades no interior da célula, fator bastante comum nos vegetais, na forma de amido.

Os polissacarídeos estruturais são essenciais para a formação de estruturas orgânicas que dão estabilidade às células vegetais, sendo alguns fortemente hidratados, o que evita perda de líquido.

O amido apresenta-se na forma de grânulos densos, quase cristalinos e insolúveis em água. Eles constituem a reserva de energia dos vegetais, sendo armazenados no citoplasma da célula (French, 1984). Essa molécula é composta por duas macromoléculas: a amilose e a amilopectina, com ligações α-glicosídicas.

Os vegetais são constituídos por células que apresentam características específicas, responsáveis pela formação de tecidos vegetais, como parênquima, colênquima, esclerênquima, xilema, floema, epiderme, periderme e tecido secretor (Raven; Evert; Eichhorn, 2001).

A parede celular se desenvolve em camadas, e as primeiras são de microfibrilas (disposição intercalar), que, ao se formarem, constituem a parede primária. Camadas adicionais são depositadas internamente a essa parede primária, formando a parede secundária, depois de terminado o crescimento celular.

Essa camada secundária é também composta por camadas (S1, S2 e S3), em razão da diferença de formação das fibrilas de celulose.

Figura 5.10 – Parede celular

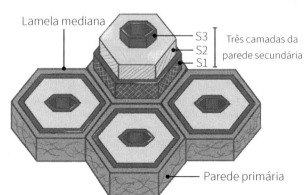

Fonte: Elaborado com base em Raven; Evert; Eichhorn, 2014, p. 32.

A linha que une as paredes primárias de duas células é chamada *lamela média* e tem natureza péctica. Ao final da mitose, a parede celular está formada, juntamente com a placa celular, que dará origem à lamela média e à parte da membrana plasmática das duas células-filhas. Uma parede primária será formada, rica em celulose, hemicelulose e microfibrilas. Uma parede secundária será constituída por lignina e celulose (Raven; Evert; Eichhorn, 2001).

A parede celular está presente em todos os estágios de desenvolvimento celular, e sua estrutura desempenha papel fundamental na velocidade e no direcionamento do crescimento da célula, além de influenciar a morfologia da planta. Ela tem função estrutural, com moléculas sinalizadoras que participam da comunicação célula-célula e parede-núcleo e que secretam moléculas de defesa, formando uma barreira contra patógenos. Desse modo, podemos afirmar que a parede celular é responsável por propriedades mecânicas e composta por três domínios: o microfribilar, o péctico e o proteico.

Na Figura 5.11, há um esquema da arquitetura da parede celular, na qual as microfibrilas de celulose estão interligadas pelas moléculas de hemiceluloses. Estas formam uma complexa rede em que moléculas de hemiceluloses estão ligadas à superfície das microfibrilas por pontes de hidrogênio. O entrelaço de celulose-hemicelulose é permeado por pectinas, que são polissacarídeos muito hidrofílicos. A lamela mediana, uma camada rica em pectina, une as paredes primárias das células adjacentes (Raven; Evert; Eichhorn, 2014). Essa parede celular também contém lignina, que vai "cimentar" a estrutura celular.

Figura 5.11 – Composição da parede celular

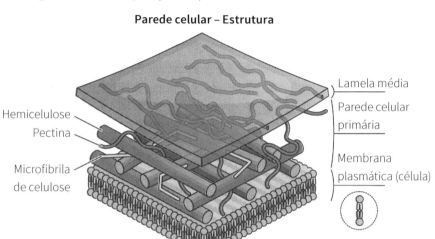

Esse sistema está imerso em pectina, um polissacarídeo solúvel e de caráter ácido, rico em ácidos urônicos (Crosgrove, 1997; Buckeridge; Santos; Tiné, 2000). Nesse sistema existem proteínas estruturais e enzimas responsáveis pelo metabolismo dos polissacarídeos de parede.

A fração péctica é a mistura de polissacarídeos heterogêneos e ramificados, muito hidratados e ricos em ácido D-galacturônico, cuja função é conferir porosidade às paredes, manter o pH e o equilíbrio iônico, regular a adesão intercelular da lamela média e alertar sobre a presença de organismos simbióticos, patógenos e insetos.

A estrutura da parede celular, as características físico-químicas, a higroscopicidade, as variações de troca catiônica, a viscosidade e a absorção de compostos orgânicos interferem nas propriedades fisiológicas das fibras (Knudsen, 2001). Isso porque as fibras derivam predominantemente da parede celular vegetal, que é composta basicamente de celulose, polissacarídeos não celulósicos (hemicelulose e pectinas), proteínas e lignina.

Quadro 5.2 – Componentes estruturais da parede celular vegetal

Componentes	Constituição química	Função
Microfibrilas de celulose	β 1,4 D-glucano.	Conferem rigidez e estrutura à parede celular.
Matriz de polissacarídeo: pectinas	Homogalacturonano, ramnogalacturonano, arabinano e galactano.	Formam uma matriz geleificada extremamente hidratada que envolve as redes de celulose e de hemicelulose.
Matriz de polissacarídeo: hemiceluloses	Xiloglucano, xilano, arabinoxilano e β 1,3-1,4 glucano.	Polissacarídeos flexíveis que se ligam à celulose.
Lignina	Fenilpropano.	Faz ligação covalente com a celulose e outros polissacarídeos. Confere suporte mecânico, proteção e impermeabilidade à parede celular.
Proteínas	Glicoproteínas ricas em hidroxiprolina, proteínas ricas em prolina e proteínas ricas em glicina.	Adicionam rigidez à parede celular.

Fonte: Elaborado com base em Taiz; Zeiger, 2004.

A quebra da celulose pode ocorrer por hidrólise parcial, o que gera um dissacarídeo redutor chamado de *celobiose*; porém, como os vertebrados não têm celulases, não conseguem hidrolisar as ligações da celulose presentes na madeira e em fibras vegetais.

Figura 5.12 – Celobiose: unidades de celulose e ligações

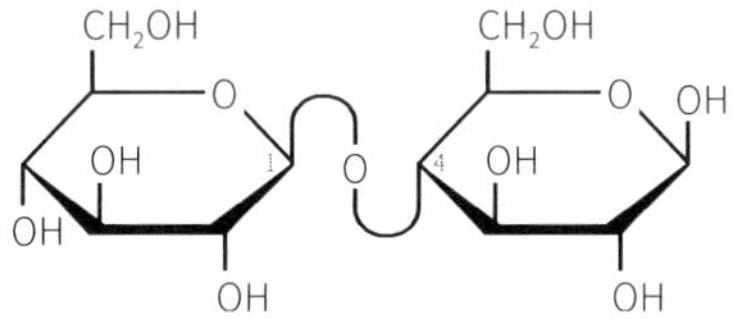

Fonte: Poletto, 2017, p. 44.

É difícil quebrar as moléculas de celulose, mas é possível, tanto que ocorre, inclusive, entre vários gêneros de eubactérias e de fungos (Mattanovich et al., 2009). Um bom exemplo é o que acontece no trato digestivo de cupins, onde a celulose e a lignina são degradadas, gerando moléculas de glicose e ácidos graxos, que, então, são metabolizados (Breznak, 2002).

Essas fibras apresentam características específicas e podem ser diferenciadas de acordo com a solubilidade em água: as ligninas, a celulose e diversas hemiceluloses são insolúveis, e as pectinas, as gomas e as mucilagens são solúveis (Krogdahl; Hemre; Mommsen, 2005).

Esses compostos da parede celular são classificados como solúveis ou insolúveis em função da capacidade de formar, ou não, solução homogênea com a água, sendo que as hemiceluloses compostas por β-glucanos e arabinoxilanos são consideradas fibras solúveis (Conte et al., 2002).

A hemicelulose é um polissacarídeo ramificado que acompanha a celulose na composição da parede celular das células vegetais. As hemiceluloses, também conhecidas como *polioses*, são compostos amorfos gerados por polissacarídeos heterogêneos e formados por uma combinação aleatória de monossacarídeos, incluindo pentoses β-D-xilose, β–L-arabinose, hexoses (β-D-glicose, β–D-manose, β–D-galactose) e ácidos urônicos (Morais; Nascimento; Melo, 2005).

As substâncias pécticas são heteropolissacarídeos complexos, inicialmente encontrados na forma de protopectinas essenciais ao crescimento vegetal. Para melhorar a compreensão, convém considerar o processo de amadurecimento das frutas, o qual envolve processos bioquímicos que alteram os aspectos visuais (como cor e textura) e sensoriais dos frutos.

O amadurecimento das frutas está associado à transformação de protopectina em substâncias pécticas solúveis, o que interfere em sua composição sensorial. Essas pectinas são polímeros encontrados entre a lamela média e a parede primária da célula vegetal e que agem como um ligante das membranas. As pectinas podem ser diferenciadas das moléculas amiláceas pela localização axial da ligação no carbono-4, que não sofre ação enzimática das amilases, mas é suscetível à ação microbiana.

As pectinas estão mais presentes em leguminosas do que em gramíneas, podendo ser encontradas em concentrações significativas em alguns subprodutos ou resíduos agroindustriais, oriundos, por exemplo, de resíduos do processamento de polpas cítricas e de beterraba (Arruda et al., 2003).

Com o crescimento vegetal, a protopectina dará origem a outras substâncias, como ácido pectínico, ácido péctico ou pectina, que são polímeros de ácido galacturônico. As pectinas são ácidos graxos pectínicos solúveis em água, que, em meio ácido, formam géis com sacarose (Bobbio; Bobbio, 2003), localizadas em tecido pouco rígido, como no albedo das frutas cítricas e na polpa da maçã. É possível que as pectinas apresentem vestígios de monossacarídeos, como galactose, arabinose e ramnose.

A pectina é uma complexa macromolécula natural, e seus constituintes fundamentais são a homogalacturonana (HGA) e a ramnogalacturonana (RGI e RGII), que consiste em uma fração péctica ácida (Wakabayashi, 2000).

A homogalacturonana é considerada o polissacarídeo péctico mais abundante presente na parede celular, correspondendo a uma porcentagem de 60% a 65% de toda a pectina presente; o restante, ou seja, de 40% a 35%, é representado por ramnogalacturonana (Voragen et al., 2009).

Figura 5.13 – Modelo proposto para a cadeia péctica

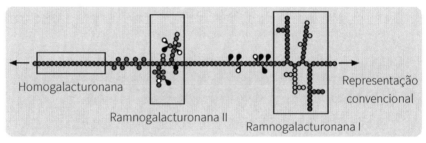

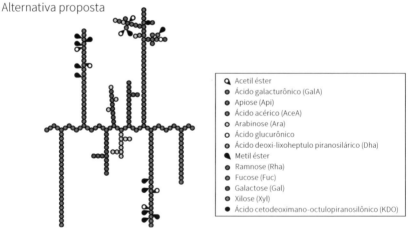

Fonte: Canteri et al., 2012, p. 152.

Essas substâncias pécticas são decompostas por enzimas sintetizadas por vegetais e por microrganismos, o que pode ocorrer por desmetilação, iniciada por pectina-esterase, acompanhada de hidrólise ácida das ligações α(1 → 4).

Essa versatilidade permite que a pectina seja utilizada em várias áreas, como na físico-química e na enzimologia.

5.2 Tipos de hemicelulose

As hemiceluloses, ou polioses, são polissacarídeos heterogêneos, amorfos, com grau de polimerização que varia entre 80 e 200, o que representa uma massa molar entre 25.000 e 35.000 gmol^{-1}, sintetizados no aparelho de Golgi e exportados por meio da membrana celular. As hemiceluloses são moléculas menores do que a celulose, mas a acompanham na constituição da parede das células vegetais.

A celulose é derivada exclusivamente da glicose, ao passo que a hemicelulose é formada por monômeros de cinco (xilose e arabinose) a seis (manose, galactose e ramnose) carbonos. As substâncias que dão origem às hemiceluloses podem ser agrupadas em: pentoses, hexoses, ácidos hexurônicos e deoxi-hexoses.

Figura 5.14 – Monômeros das hemiceluloses

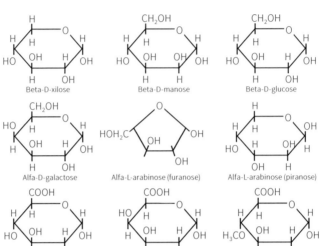

Fonte: Morais; Nascimento; Melo, 2005, p. 463.

As hemiceluloses são facilmente hidrolisadas por ácidos, bases e enzimas. Nas hemiceluloses, as cadeias principais do polímero β-1,3 podem apresentar ramificações bastante complexas, mas os monossacarídeos das cadeias principais predominam em relação aos das ramificações.

Essas moléculas fazem parte da estrutura da parede celular nos vegetais, interagindo com a celulose por meio de ligações de hidrogênio ou de ligações covalentes com outros polímeros, atuando na defesa, na reserva de carbono, na sustentação e no transporte de nutrientes e de água nas espécies vegetais (Carpita; McCann, 2000).

De acordo com a diferença estrutural, os tipos de ligações e de grupos laterais, a abundância e a distribuição nas plantas, é possível classificar a hemicelulose nos seguintes grupos: xiloglucanos, β-glucano, arabinoxilano, glucomanano e xilano (Heinze; Koschella, 2005).

5.2.1 Xiloglucanos

Presente em todos os vegetais terrestres, esse polissacarídeo é composto por uma cadeia principal de glicoses (ligação β-1,4) e ramificações de xiloses (α-1,6). Essas ramificações, por sua vez, podem apresentar as galactoses (β-1,2), que também podem ter outras ramificações com fucoses (β-1,2).

As ramificações com xilose são comuns, e os pontos em que não ocorrem ramificações são os únicos pontos de ataque de endo-β-glucanases.

O xiloglucano é a hemicelulose mais presente em monocotiledôneas não comelinoides e eudicotiledôneas (Hayashi; Kaida, 2011). Essa hemicelulose tem papel fundamental no processo de expansão da parede celular.

Figura 5.15 – Xiloglucano, suas ramificações e pontos de ataque de endo-β-glucanases

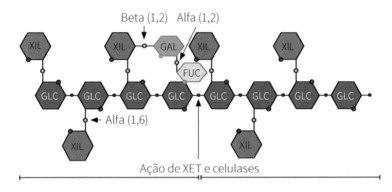

XIL – xilose; GAL – galactose; GLC – glucose; FUC – fucose.

Fonte: Silva, 2017, p. 38.

A hemicelulose é a responsável pela expansão da parece celular em razão da atuação da enzima xiloglucano-endo--transglicosilase-hidrolase (XTH), mediante um aumento no comprimento da cadeia de polissacarídeo. Isso possibilitaria o distanciamento entre as microfibrilas de celulose, facilitando a entrada de água e a expansão celular (Cosgrove, 2000), que vai desencadear a expansão por deposição de novas microfibrilas de celulose (Buckeridge et al., 2008).

5.2.2 β-glucano

O β-glucano é um polissacarídeo de glicose, unido por ligações β-1,4 com interrupções de ligações β-1,3. Esse glucano de ligação mista, sem ramificações, também é conhecido como *β-glucano* e está representado na Figura 5.16.

Figura 5.16 – Glucano de ligação mista (GLM)

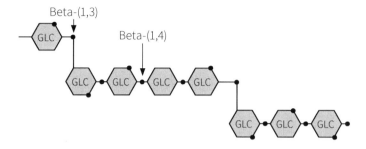

Fonte: Elaborado com base em Silva, 2017, p. 39.

Ele está presente em gramíneas e representa de 10% a 15% das paredes celulares da cana-de-açúcar (Carpita, 1996).

5.2.3 Arabinoxilano

O arabinoxilano é uma hemicelulose encontrada tanto em paredes celulares primárias de plantas quanto em paredes secundárias, incluindo madeiras e grãos de cereais, e consiste em copolímeros de dois açúcares pentose: arabinose e xilose (McCartney; Marcus; Knox, 2005).

Os glucorono-arabinoxilanos (GAX) são polímeros ácidos, com cadeia constituída de xiloses unidas por ligações β-(1 → 4), ramificada com arabinose e ácido galacturônico.

Figura 5.17 – Glucorono-arabinoxilano

AGL – ácido glucorônico; ARA – arabinose; XIL – xilose.

Fonte: Elaborado com base em Silva, 2017, p. 39.

As hemiceluloses apresentam papel fundamental na estrutura das células vegetais, sendo usadas como reservatórios de ácido ferúlico e outros ácidos fenólicos que estão ligados covalentemente a eles (Wakabayashi et al., 2005).

Os ácidos fenólicos fazem parte de um sistema de defesa das espécies, principalmente contra a ação patogênica de fungos. Ademais, esses compostos apresentam atividade antioxidante (Harborne, 1973).

5.2.4 Glucomanano

Presente em grande quantidade na madeira das coníferas, essa hemicelulose faz parte da constituição da parede celular de bactérias, plantas e leveduras, variando em ramificações ou ligações glicosídicas na estrutura linear (Elbein, 1969; Tokoh et al., 2002; Chorvatovičová et al., 1999). Em outras palavras, é um polímero de cadeia linear que apresenta algumas ramificações.

Esses compostos são constituídos por açúcares cuja composição consiste em β-(1 → 4) ligada a D-manose e D-glicose em uma proporção de 1,6 : 1, com grau de ramificação de cerca de 8% por meio de ligações β-(1 → 6)-glucosil (Katsuraya et al., 2003).

O glucomanano tem unidades de galactose ligadas a α-(1 → 6) em ramificações conhecidas como *galactoglucomanano*, muito utilizadas como insumo alimentar, emulsionante e espessante. Pode ser usado, também, como suplemento dietético para animais de criação, influenciando na taxa de conversão alimentar de aves, porcos e bezerros (Rosen, 2007; Hooge, 2004; Miguel; Rodriguez-Zas; Pettigrew, 2004).

5.2.5 Xilano

O xilano, uma hemicelulose presente em plantas como as dicotiledôneas e as gramíneas, é um polissacarídeo formado por resíduos de xilose β-1,4-ligada (um açúcar pentose), com ramificações laterais de ácidos α-arabinofuranose e/ou α-glicurônicos, que, em alguns casos, contribuem para a reticulação de microfibrilas de celulose e de lignina por meio do ácido ferúlico (Balakshin et al., 2011). Essa hemicelulose garante a integridade da parede celular da planta e aumenta a recalcitrância da parede celular à digestão enzimática, ajudando as plantas a se defenderem contra herbívoros e patógenos (Oliveira, 2015; Faik, 2013).

Ela também exerce papel significativo no crescimento e no desenvolvimento de espécies vegetais. Em madeiras duras, seu teor pode variar de 10% a 35%, presente na forma de O-acetil-4-O-metilglucuronoxilano. Em madeiras macias, seu teor pode variar de 10% a 15%, na forma de arabino-4-O-metilglucuronoxilano.

O xilano presente nas madeiras macias difere dos presentes nas madeiras duras pela falta de grupos acetil e pela presença de arabinose, unidas por ligações α-(1,3)-glicosídicas a seu esqueleto (Sixta, 2006).

O principal constituinte do xilano pode ser convertido em xilitol (derivado da xilose), que é utilizado como adoçante natural de alimentos. Também pode ser considerado uma fonte significativa de energia renovável, embora seja um açúcar (pentose) de difícil fermentação, porque microrganismos como leveduras não podem fermentar pentose naturalmente (Rennie; Scheller, 2014).

5.3 Descrição das principais hemiceluloses

As hemiceluloses são carboidratos comuns em vegetais e consistem em polímeros que contêm hexoses, pentoses, ácidos urônicos e grupos acetila, unidos entre si por ligações glicosídicas, formando uma estrutura principal.

Quadro 5.3 – Pentoses e hexoses

Pentoses	
Carboidrato	Fonte
D-ribose	Ácidos nucleicos
D-ribulose	Formado em processos metabólicos
D-arabinose	Goma arábica, gomas de ameixa e cereja
D-xilose	Gomas de madeira, proteoglicanos, glicosaminoglicanos
D-lixose	Músculo do coração
L-xilulose	Intermediário na via do ácido urônico
Hexoses	
Carboidrato	Fonte
D-glicose	Suco de frutas, hidrólises de amido, açúcar de cana, maltose e lactose
D-frutose	Suco de frutas, hidrólise de mel, de cana-de-açúcar e de inulina (da alcachofra-de-jerusalém)
D-galactose	Hidrólise da lactose
D-manose	Hidrólise de mananas e gomas vegetais

Fonte: Mayes; Bender, 1993, p. 105, tradução nossa.

Polissacarídeos estruturais, de baixo peso molecular, que representam mais de 30% da massa seca das plantas, as hemiceluloses são classificadas de acordo com o carboidrato dominante na cadeia principal e na ramificação lateral. Em outras palavras, os xiloglucanos (XyG), os glucuronoarabinoxilanos (GAX) e os mananos (MN) apresentam na cadeia principal glicose, xilose e manose, respectivamente, que podem apresentar na ramificação outros monossacarídeos distintos.

Figura 5.18 – Estrutura típica da hemicelulose com distintas ramificações

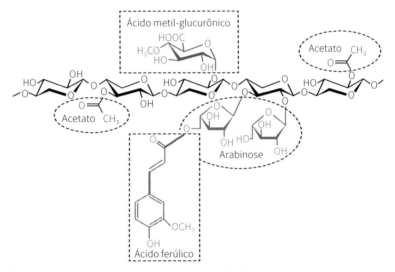

Fonte: Elaborado com base em Dodd; Cann, 2009.

Os xiloglucanos, as hemiceluloses mais abundantes, são encontrados, principalmente, em eudicotiledôneas; os glucuronoarabinoxilanos são encontrados nas gramíneas; e os mananos, presentes em pequenas quantidades, têm ampla ocorrência (Buckeridge; Santos; Souza, 2010).

Embora a hemicelulose esteja associada à celulose e à lignina, não existe ligação química entre a celulose e as hemiceluloses, mas uma adesão mútua ocasionada por ligações de hidrogênio e por forças de Van der Waals. A relação entre a celulose e a lignina estimula a resistência ao vegetal, enquanto a função da hemicelulose é servir como intermediária entre a celulose e a lignina, facilitando a fixação das microfibrilas.

As hemiceluloses são, em grande parte, estruturas ramificadas e amorfas, constituindo-se, portanto, em compostos poliméricos combinados formados por hexoses (glicose, manose e galactose), pentoses (xilose e arabinose) e ácidos urônicos (galactourônico, glucourônico e metilglucourônico) (Fengel; Wegener, 1984; Klock et al., 2005).

Quadro 5.4 – Características e ocorrência das hemiceluloses em coníferas e folhosas

Hemicelulose	Açúcar de composição	Ocorrência em: folhosas	Ocorrência em: coníferas
Glucouranoxilanas	β-D-Xilose + Ácido β-D-glucourônico	20-35%	1-2%
Arabinoglucouranoxilana	β-D-arabinose + β-L-glicose + β-D-galactourônico	traço	10-14%

(continua)

(Quadro 5.4 – conclusão)

Hemicelulose	Açúcar de composição	Ocorrência em: folhosas	Ocorrência em: coníferas
Glucomanana	β-L-glicose + β-L-manose	1-2 %	12-20%
Galactoglucomanana	β-L-glicose + β-L-manose	~2 %	12-20 %
Arabinogalactana	β-L-arabinose + α-L-galactose	1-2 %	~2 %

Fonte: Elaborado com base em D'Almeida, 1988a, p. 70.

5.4 Principais diferenças entre celulose e hemicelulose

As células vegetais têm particularidades que as células animais não apresentam: presença de parede celular, de plasmodesmas, de vacúolos e de plastos e ocorrência de substâncias ergásticas.

Figura 5.19 – Comparativo entre células vegetais e animais

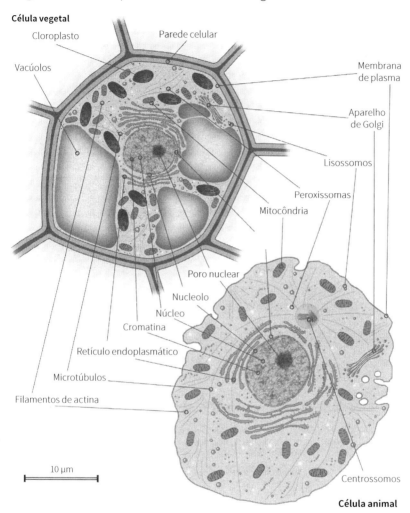

A parede celular é um componente típico da célula vegetal, produzida e depositada fora da membrana plasmática, a qual define o alongamento do citoplasma provocado por variação da pressão osmótica dos vacúolos, que delimita a forma e o tamanho da célula.

Figura 5.20 – Parede celular

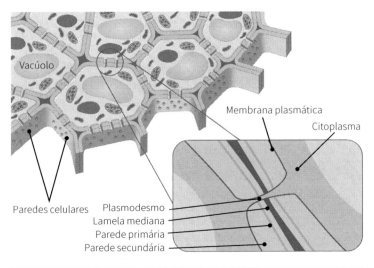

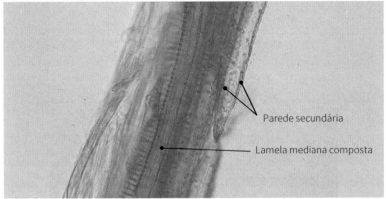

A parede celular é formada por moléculas de celulose, as quais estão associadas a outras substâncias, como hemicelulose, pectinas, glicoproteínas, lignina, compostos graxos (cutina, suberina e ceras), tanino, resinas, substâncias minerais (sílica, carbonato de cálcio etc.) e água, em quantidades variáveis em função da espécie e dos tecidos.

Várias moléculas de celulose juntas formam microfibrilas, que, reunidas, compõem as macrofibrilas.

A comunicação entre as células ocorre por meio dos plasmodesmos, que nada mais são do que uma continuação protoplasmática presente em espaços da parede que são campos de pontoação primária. Quando a célula para de crescer, a parede primária está completa e ocorre a formação da parede secundária.

Figura 5.21 – Camadas da parede celular

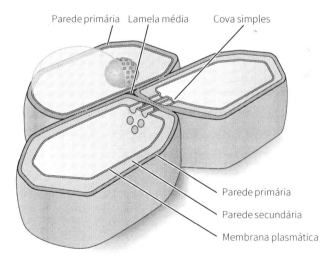

A celulose é gerada por uma enzima de multissubunidades, chamada *celulose sintetase*, cujas subunidades são organizadas em um anel de seis membros, ou rosetas, dispostos na membrana plasmática. A formação dessa parede celular começa no centro durante a citocinese, ao final da divisão celular, quando os cromossomos estão se separando, sendo notória a presença de um fuso de aspecto fibroso – o fragmoplasto entre eles.

Figura 5.22 – Início da formação da parede celular

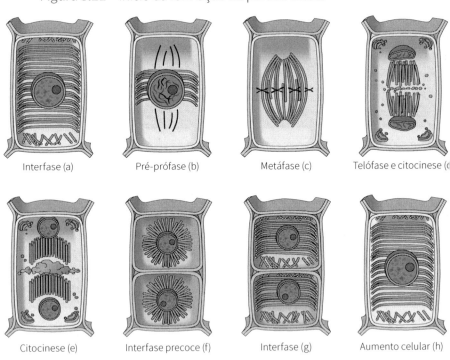

Interfase (a)　　Pré-prófase (b)　　Metáfase (c)　　Telófase e citocinese (d)

Citocinese (e)　　Interfase precoce (f)　　Interfase (g)　　Aumento celular (h)

Fonte: Elaborado com base em Raven; Evert; Eichhorn, 2014, p. 40.

Durante a formação da parede celular das células-filhas, algumas vesículas secretoras derivadas do complexo de Golgi migram ao longo dos microtúbulos até a região central, tendo início, a partir delas, a formação da linha mediana da placa celular, que cresce para a periferia, até fundir-se com a parede da célula-mãe.

Em seguida, o citoplasma das células-filhas começa a gerar sobre a placa celular uma parede contendo celulose, hemicelulose e substâncias pécticas, ao mesmo tempo que ocorre a deposição de material celular sobre a antiga parede da célula-mãe. Essa parede celular tem a função de proteger o protoplasma da nova célula contra agressões mecânicas e contra a ruptura da célula, quando acontece um desequilíbrio osmótico.

Dentro da célula, a celulose é produzida na membrana plasmática; hemicelulose, pectinas e demais componentes da matriz são sintetizados no complexo de Golgi e transportados à superfície da célula em vesículas secretoras. Como é possível perceber, a celulose e a hemicelulose são polissacarídeos naturais presentes nas paredes das células vegetais. A celulose é um polímero formado pela cadeia de um único monômero e, por isso, apresenta cadeias moleculares alinhadas, chegando a ter regiões que mostram comportamento cristalino.

Em razão de sua linearidade, as moléculas de celulose podem se associar, formando grandes fibras de policristalinos denominadas *microfibrilas*, unidas por meio de ligações de hidrogênio intra e intermoleculares (Alberts, 1983; Van Soest, 1982).

As unidades de glicose monomérica se ligam muito mais fortemente, o que confere uma alta resistência à celulose, tanto física quanto química e biológica.

As cadeias das hemiceluloses, que são muito variadas em composição química, são mais complexas e apresentam ramificações. Suas unidades monoméricas são bastante variadas e podem apresentar grupamentos radicais em suas ramificações, como grupos acetil e uronil, que, em processos de hidrólise, geram ácido acético e urônico, o que justifica o fato de as madeiras estocadas em locais úmidos verterem água ácida e com cheiro muito parecido com o cheiro do vinagre.

Essas microfibrilas estão rodeadas por cadeias de celulose e por moléculas de hemicelulose. No Quadro 5.5, elencamos algumas diferenças entre a celulose e a hemicelulose.

Quadro 5.5 – Diferenças entre celulose e hemicelulose

Hemicelulose	Celulose
Formada por vários tipos de monômeros.	Formada por um único monômero.
Baixo grau de polimerização, aproximadamente 200.	Elevado grau de polimerização, entre 8.000 e 10.000.
Não forma fibra.	Forma fibra.
Tem apenas regiões amorfas.	Tem regiões amorfas e cristalinas.
Sofre rápido ataque por sistemas ácidos.	É atacada lentamente por sistemas ácidos.
É solúvel em sistemas álcalis.	É insolúvel em sistemas álcalis.

5.5 Importância das hemiceluloses

Durante o processamento de materiais lignocelulósicos, a hemicelulose é responsável por fixar importantes propriedades em virtude da ausência de cristalinidade, baixa massa celular e configuração irregular, que possibilitam a fácil absorção de água.

A presença de hemicelulose é indesejável na fabricação de derivados de celulose, pois interfere na velocidade das reações e na solubilidade dos derivados e dificulta a filtração dos derivados de celulose, em razão de comumente formar gel.

Por isso, é comum extrair as hemiceluloses antes do processamento da celulose, por meio de lixiviação alcalina ou auto-hidrólise. As xilanas são removidas com facilidade por álcali fraco, 1% m/v; já as glucomananas requerem soluções alcalinas mais fortes para sua remoção, maiores que 5% m/v (Sjostrom, 1993).

Essa extração tem como vantagens o menor consumo de álcali, o aumento na taxa de deslignificação, a geração de licor negro com maior poder calorífico e a possibilidade de aumentar a produtividade industrial por meio da obtenção de novos compostos de interesse industrial, uma vez que criam oportunidades para explorar diversas propriedades valiosas da hemicelulose (Ebringerova; Heinze, 2000).

O interesse industrial pelas hemiceluloses vem crescendo nas últimas décadas, principalmente nas indústrias têxtil, de papel e celulose e de alimentos. Também é possível utilizar as hemiceluloses galactoglucomananas na produção de filmes flexíveis que controlam a passagem de oxigênio e as hemiceluloses xilanas na obtenção de gel e membranas de uso médico e farmacêutico (Klock et al., 2005). As xilanas são o tipo mais abundante de hemicelulose e podem ser transformadas em xilose e arabinose.

Por meio desse processo, é possível transformar resíduos em biomassa e em energia renovável (Dodd; Cann, 2009). A complexidade estrutural da hemicelulose requer, no entanto, o uso de enzimas. Entre as principais estão as endo-1,4-β-xilanases, as β-D-xilosidases, as α-arabinofuranosidases, as α-glucuronidases, as acetil-xilana-esterase e as feruloil-esterases (Dodd; Cann, 2009). Essas enzimas agem sobre as cadeias laterais, expondo a cadeia principal à clivagem por xilanases.

As β-xilosidases clivam xilobiose em dois monômeros de xilose, podendo liberar xilose a partir do final da cadeia principal de xilana ou de um oligossacarídeo. A cadeia principal de xilana é hidrolisada por endoxilanases pertencentes às famílias GH 10 e GH 11, ao passo que as cadeias laterais de arabinose são removidas por arabinofuranosidases das famílias GH 43, GH 51, GH 54 e GH 62 (Gilbert, 2010).

A Figura 5.23 ilustra o polímero da xilana e as enzimas que atuam para sua degradação.

Figura 5.23 – Coordenação das enzimas xilanolíticas na desconstrução da hemicelulose

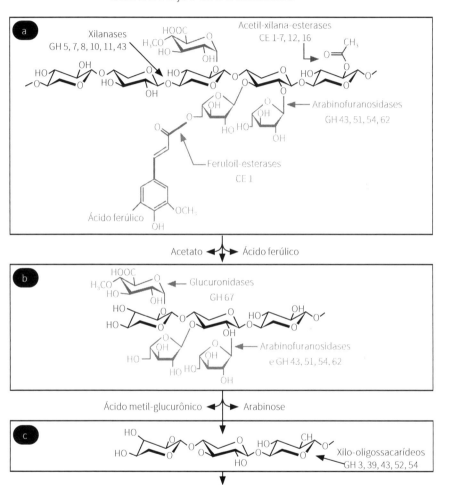

Fonte: Farinas, 2011, p. 12.

Além disso, a presença de xilanases no complexo enzimático é de grande importância para desestruturar o entrelaçamento entre hemicelulose e celulose, presente na parede celular vegetal, o que facilita a produção de papel e de celulose. A utilização de processos de fermentação, hidrogenação e esterificação possibilita a obtenção de uma série de produtos, conforme esquematizado na Figura 5.24.

Figura 5.24 – Produtos obtidos por transformação de hemicelulose

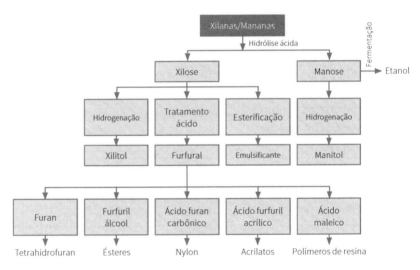

A presença de regiões amorfas permite que as hemiceluloses sejam atacadas mais facilmente por produtos químicos, mas as perdas de alguns substituintes da cadeia principal forçam uma cristalização induzida pela formação de ligações de hidrogênio, por meio de hidroxilas de cadeias adjacentes, o que acaba comprometendo a ação química.

Reciclagem

Neste capítulo, demonstramos que a hemicelulose é uma mistura de polímeros polissacarídeos, os quais estão intimamente associados à celulose dentro do tecido das plantas. Enquanto a celulose, como substância química, contém exclusivamente ligações de glicose como unidade fundamental, as hemiceluloses são polímeros em cuja composição há vários carboidratos condensados em quantidades variadas, como: D-xilose, D-manose, D-glicose, L-arabinose, D-galactose, ácido D-glucourônico e ácido-galactourônico. Essas hemiceluloses são polímeros nos quais existem, ao menos, dois tipos de unidades de açúcar. Portanto, quando isoladas da madeira, apresentam-se como unidades complexas de polissacarídeos, como glucouranoxilanas, arabinoglucouranoxilanas, glucomananas, arabinogalactanas e galactoglucomananas.

Portanto, o termo *hemicelulose* não designa um composto químico, mas uma classe de compostos poliméricos presentes em plantas fibrosas. Cada substância que compõe a hemicelulose apresenta uma propriedade peculiar.

O teor e a proporção dos diferentes componentes encontrados nas hemiceluloses da madeira variam grandemente, dependendo da espécie vegetal, e de árvore para árvore, da mesma maneira que as quantidades de celulose e de lignina variam.

A hemicelulose é responsável por diversas propriedades das pastas celulósicas. Em razão da ausência de cristalinidade, seu baixo peso molecular e sua irregular e ramificada configuração contribuem para o intumescimento, a mobilidade interna e o aumento da flexibilidade das fibras, a redução de tempo e energia gasta no refino das pastas e o aumento da área específica.

Na fabricação de papel, a presença de certas quantidades de hemicelulose é importante, porém estas se tornam indesejáveis na fabricação de derivados de papel. Muitos derivados de hemicelulose diferem em solubilidade dos derivados correspondentes de celulose, em virtude da geração de géis, da turvação e da dificuldade na filtração. Isso fica bastante evidente quando exemplificamos: a presença de acetato de manana na solução de acetato de celulose gera uma viscosidade anômala à solução.

A alta solubilidade da hemicelulose dificulta sua utilização, mas a fração de pentosanas é comumente usada na obtenção de furanos, e as presentes em lixívias, provenientes de processos de obtenção de celulose, podem ser usadas como nutrientes em culturas de fungos em processos fermentativos que geram etanol de segunda geração.

Portanto, a escolha por uma fibra vegetal ou por outra está fundamentada em baixo custo, abundância e nas qualidades de ser renovável, ser fibrosa, ser disponível em grandes quantidades o ano todo e, quando sazonal, permitir armazenamento fácil e fornecer ao produto final as características estruturais desejadas, especialmente com relação à resistência e a compostos secundários (lignina e hemicelulose).

Conservando conhecimentos

1. A parede celular é gerada por um polissacarídeo obtido por monômeros de glicose. Assinale a alternativa que indica corretamente qual é esse polissacarídeo:
   a) Pectina.
   b) Celulose.
   c) Lignina.
   d) Hemicelulose.
   e) Glicogênio.

2. As paredes celulares primárias estão ligadas à parede da célula vegetal graças a uma camada, formada por substâncias pécticas, conhecida como:
   a) lamela média.
   b) camada primária.
   c) camada secundária.
   d) membrana plasmática.
   e) traço foliar.

3. As células vegetais podem apresentar células específicas em suas camadas, sendo que, nas paredes secundárias, é possível observar uma substância que não está presente nas paredes primárias. Assinale a alternativa que indica qual é essa substância:
   a) Sílica amorfa.
   b) Celulose.
   c) Pectina.
   d) Lignina.
   e) Hemicelulose.

4. Consideramos fibras solúveis aquelas capazes de formar gel, e as demais são consideradas insolúveis. Assinale a alternativa que indica uma fibra insolúvel:
   a) Celulose.
   b) Pectina.
   c) Gomas.
   d) Mucilagem.
   e) Lignina.

5. Assinale a alternativa que indica uma substância que não representa um carboidrato:
   a) Celulose.
   b) Mucilagem.
   c) Hemicelulose.
   d) Lignina.
   e) Goma.

Análises químicas

Refinando ideias

1. A diversidade e a complexidade da estrutura da hemicelulose requerem uma diversidade de enzimas para sua degradação. Cite três dessas enzimas.

2. Como as enzimas atuam sobre a estrutura da hemicelulose?

Prática renovável

1. Elabore um plano de aula para explicar a coordenação das enzimas xilanolíticas na desconstrução da hemicelulose com o objetivo de produzir etanol (biocombustíveis).

Capítulo 6

Reações da celulose

A celulose é um importante constituinte estrutural das plantas. Trata-se de um biopolímero muito presente na natureza, com produção estimada em 10^{14} toneladas por ano. É um polissacarídeo bastante versátil, amplamente utilizado e, assim como outros polímeros, apresenta uma mistura de moléculas de tamanhos diferentes.

Esse polímero pode ser dividido em dois grupos: o da celulose vegetal e o da celulose bacteriana. A celulose bacteriana, também conhecida como *celulose pura*, é obtida por rotas de biossíntese por meio de microrganismos dos gêneros *Gluconacetobacter*, *Rhizobium*, *Sarcina*, *Agrobacterium* e *Alcaligenes*. Esses processos biotecnológicos rendem produtos livres de impurezas que facilitam o processamento (por diminuir a necessidade de várias operações unitárias), tornando o produto final mais acessível e, muitas vezes, mais barato.

Neste capítulo, trataremos da síntese da celulose, da caracterização de sua estrutura química reacional, das reações de adição, das reações de substituição, da reação de derivatização e do processo e obtenção de fibras de celulose.

6.1 Síntese da celulose

A célula é a unidade fundamental dos seres vivos, e todas elas são formadas por água, íons orgânicos e moléculas orgânicas. As células são classificadas basicamente em dois grandes grupos: 1) procariontes e 2) eucariontes.

As células procariontes são bastante simples, visto que não têm núcleo verdadeiro e estão presentes em bactérias e em cianobactérias. As células eucariontes são maiores do que as procariontes e apresentam composição mais complexa, cheia de organelas que cumprem funções exclusivas e que garantem o bom desempenho da atividade celular.

Tanto as células vegetais quanto as células animais são do tipo **eucarionte**. As células vegetais são constituídas por uma parede celular, produzida e depositada fora da membrana plasmática, a qual é formada principalmente por lipídios e proteínas e cujas funções são, entre outras, controlar o transporte de substâncias de dentro para fora da célula e coordenar a síntese e o agrupamento de microfibrilas que formam a parede celular.

As organelas são responsáveis pelo controle das atividades que ocorrem nas células, determinando, inclusive, quando, quantas e quais moléculas proteicas devem ser produzidas.

Figura 6.1 – Esquema de uma célula vegetal

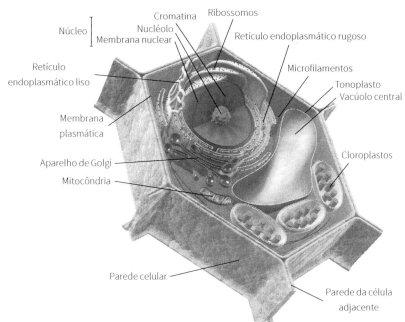

Dentro da célula, a informação genética está distribuída em cromossomos, que são formados por uma molécula linear de DNA (ácido desoxirribonucleico) associada a proteínas. O citoplasma é percorrido por um sistema de membranas, o retículo endoplasmático, que está relacionado aos ribossomos e à síntese de proteína. O citoplasma está contido entre a membrana plasmática e a membrana nuclear e consiste em uma mistura viscosa e semitransparente, em que ocorrem as reações químicas vitais da célula, como a glicólise anaeróbia (nas mitocôndrias) e a síntese de material proteico (nos ribossomos).

No citoplasma, encontram-se outras estruturas além das mitocôndrias e dos ribossomos, como plastídios, membranas do retículo endoplasmático, complexo de Golgi, microfilamentos, filamentos intermediários e microtúbulos, cada qual com uma função específica. A produção enzimática e as funções metabólicas ocorrem dentro do citoplasma.

Um citoesqueleto, formado por microtúbulos, filamentos de actina e filamentos intermediários, mantém a forma da célula, garantindo ainda o transporte interno de organelas e os movimentos celulares. Os microtúbulos são estruturas cilíndricas com diâmetro de, aproximadamente, 24 nm e comprimento variado. Cada microtúbulo é composto por subunidades da proteína tubulina, que formam polímeros tubulares ocos, responsáveis pelo crescimento da parede celular.

Na Figura 6.2, há uma representação dos dímeros de tubulina se alinhando e formando protofilamentos, que são polarizados. Cada microtúbulo é formado por 13 protofilamentos (Alberts et al., 2008).

Figura 6.2 – Estrutura dos microtúbulos

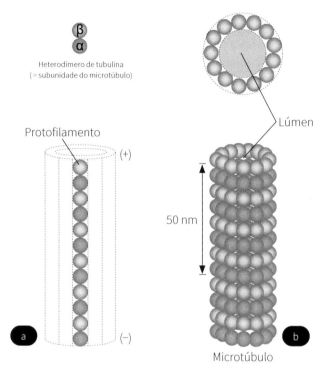

Esses microtúbulos têm as funções de manter as células, formar o fuso mitótico e controlar a movimentação das organelas celulares e dos cromossomos durante o processo de mitose. Já os filamentos de actina são sintetizados por complexos da enzima celulose-sintase e depositados paralelamente aos microtúbulos corticais que ficam sob a membrana plasmática. Esses filamentos apresentam de 10 a 25 μm de diâmetro e se entrelaçam para formar finos filamentos que podem enrolar-se uns sobre os outros, como os fios de um cabo com aproximadamente 0,5 μm de diâmetro e 4 μm de comprimento. Esses filamentos, cujas funções são a manutenção, a movimentação, a contração e a divisão celular, são bem-organizados e sustentam as microvilosidades (projeções do citoplasma que aumentam a área disponível para absorção e nutrição da célula).

Na Figura 6.3, apresentamos o esquema de um filamento de actina mostrando a dinâmica de polimerização das subunidades.

Figura 6.3 – Estrutura dos filamentos de Actina

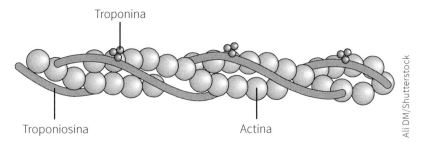

Os filamentos intermediários são constituídos por diferentes proteínas fibrosas trançadas, as quais não estão presentes em todas as células eucarióticas. Eles estão associados à manutenção da forma da célula e à formação da lâmina nuclear e dão suporte a diversas organelas no citoplasma da célula.

Figura 6.4 – Filamentos intermediários

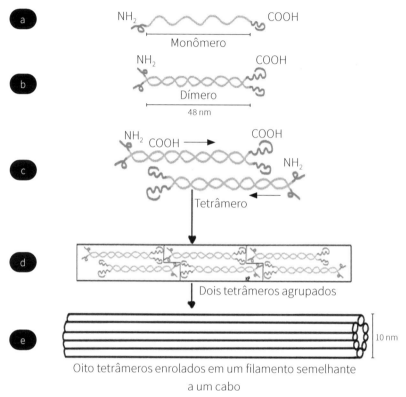

Fonte: Elaborado com base em Alberts et al., 2008, p. 69.

Dessa maneira, se fosse possível remover todas as organelas de uma célula, restaria uma rede de fibras proteicas no citoplasma, o citoesqueleto, cujas importantes funções são manter o formato da célula, fixar algumas organelas em posições específicas e permitir que o citoplasma e as vesículas se movam dentro da célula.

Figura 6.5 – Citoesqueleto

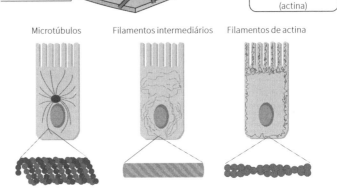

Apesar de terem uma organização bastante semelhante, as células animais diferem das células vegetais por alguns aspectos. Nas células vegetais, externamente à membrana plasmática, há uma parede celular, que é uma estrutura de celulose resistente e flexível. Sua função é proporcionar sustentação, resistência e proteção, assim como contribuir com a absorção, o transporte e a secreção de substâncias. Essa parede é composta de microfibrilas de polissacarídeos, denominadas *celulose*.

Paralelas entre si, as moléculas lineares de celulose se unem em feixes e formam microfibrilas com diâmetros de 10 μm a 15 μm, que se enrolam e formam fibras de celulose com aproximadamente 0,5 μm de diâmetro e 4 μm de comprimento. As cadeias estendidas lado a lado compõem uma rede estabilizadora, com ligações de hidrogênio intra e intercadeias, gerando fibras supramoleculares retas, estáveis e bastante resistentes. Essa representação das cadeias interfere na quantidade de água presente nesses materiais, por exemplo.

Figura 6.6 – Biologia de celulose vegetal com estrutura de paredes celulares vegetais e esquema de fibra

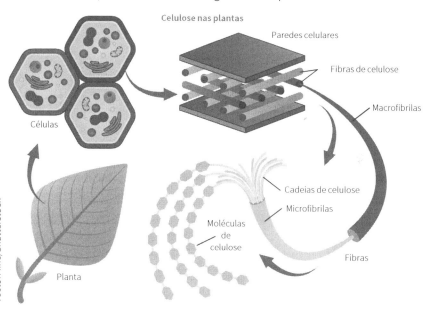

Outras substâncias, como as hemiceluloses, também estão presentes e são conectadas por ligações de hidrogênio às microfibrilas de celulose, o que limita a extensibilidade da parede celular, uma vez que interfere nas microfibrilas adjacentes, formando uma trava. Vale ressaltar que as hemiceluloses são diferentes em cada célula e entre os diferentes grupos de plantas.

Nessas células, também se encontram as pectinas, outro polissacarídeo, e a água retida é conduzida para a parede celular, conferindo características plásticas ou de flexibilidade à parede. As pectinas estão presentes nas primeiras camadas formadas na parede celular (parede primária) e na substância intercelular (lamela mediana), a qual une as paredes de células contíguas. Além delas, há também o amido, que é produzido e armazenado e serve como reservatório de alimentos, e a lignina, que confere rigidez, impermeabilidade e resistência ao tecido vegetal.

Figura 6.7 – Estruturas químicas: (A) celulose, (B) amido, (C) hemicelulose e (D) lignina

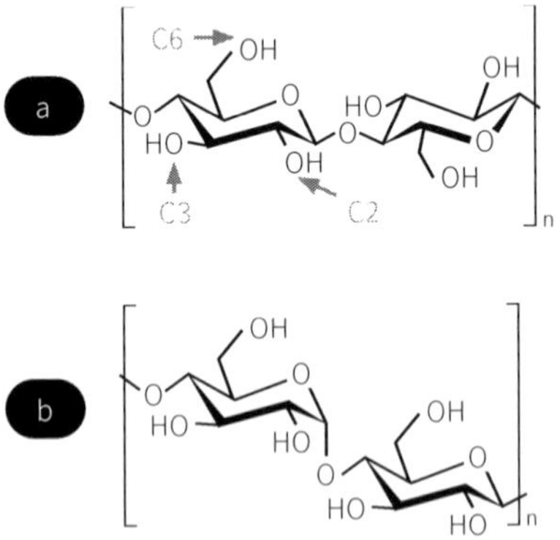

(continua)

(Figura 6.7 – conclusão)

Fonte: Cheung, 2014, p. 2.

As células vegetais apresentam uma fina e resistente parede celular, formada por uma mistura de polissacarídeos e de outras substâncias secretadas pela célula e que estão dispostas e conectadas de uma forma bem-organizada por meio de ligações químicas, covalentes e não covalentes (Taiz et al., 2017).

Figura 6.8 – Composição e estrutura da parede celular

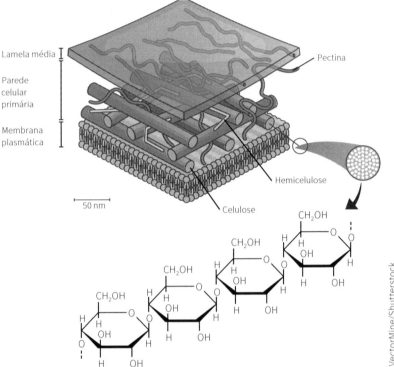

Fonte: Rodrigues; Amano; Almeida, 2015, p. 16.

Os arranjos de macrofibrilas de celulose são rodeados por hemicelulose e pectinas. As paredes primárias e as secundárias são constituídas por macrofibrilas, que, por sua vez, são formadas por microfibrilas.

A parede celular é obtida pela união de microfibrilas, que se reúnem em feixes maiores, denominados *fibrilas*. Como já explicamos, a celulose é um homopolissacarídeo não ramificado, composto por mais de 10 mil unidades fundamentais de um mesmo monômero, moléculas de glicose, unidas por ligações glicosídicas do tipo β(1 → 4), obtidas por reação de condensação e com eliminação de água entre a hidroxila equatorial ligada ao C4 e o átomo C1.

Figura 6.9 – Moléculas de glicose unidas por ligações glicosídicas do tipo β(1 → 4)

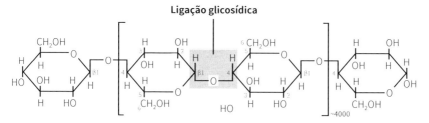

Fonte: Farinas, 2011, p. 8.

A celulose, como ilustrado na Figura 6.10, apresenta regiões altamente ordenadas em sua estrutura, cristalinas, produzindo agregados de microfibrilas, que estão estabilizadas por ligações de hidrogênio, bem como regiões desorganizadas, amorfas, cuja orientação é totalmente aleatória.

Figura 6.10 – Estrutura da celulose

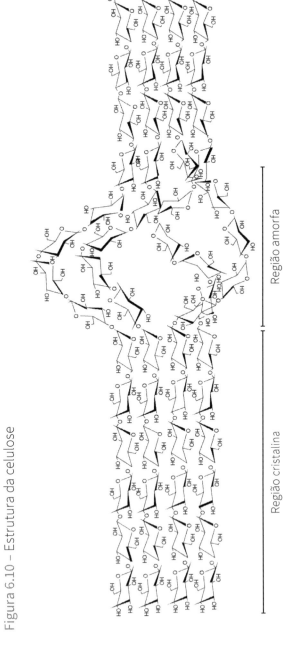

Fonte: Farinas, 2011, p. 8.

As regiões cristalinas são áreas de difícil acesso, o que dificulta a solubilização e as reações. As regiões amorfas são fracamente ligadas por ligações de hidrogênio e, por isso, são mais facilmente solubilizadas por solventes, o que facilita as interações.

As moléculas polares tendem a ser atraídas por outras moléculas polares, sendo que isso é possível porque os átomos de hidrogênio carregados positivamente são atraídos por outro átomo carregado negativamente, formando, nesse caso, o que denominamos *ligações de hidrogênio*. Essas ligações são individualmente mais fracas do que as ligações iônicas e covalentes; porém, quando ocorrem muitas ligações de hidrogênio em uma substância, como é o caso da celulose em regiões cristalinas, o efeito total é bastante significativo.

Mesmo nas regiões amorfas, a celulose é insolúvel na maioria dos solventes, incluindo álcalis fortes, em temperatura ambiente, ou seja, para extrair a celulose da madeira, é necessário submeter o material fragmentado (serragem ou cavacos) a elevadas temperaturas, aplicando alta pressão combinada com reagentes químicos, o que permite a abertura e a entrada de material.

A razão para se separar a celulose é que esse composto está intimamente associado a outras substâncias, como a lignina e a hemicelulose, que, se não retiradas, interferem nas propriedades do produto acabado (Pettersen, 1984).

6.2 Caracterização da estrutura química reacional da celulose

Por meio de análise elementar, é possível determinar que as plantas apresentam o carbono como componente majoritário, com 44,4%; em seguida, o hidrogênio, com 6,2%, e, na sequência, o oxigênio, com 49,3%.

Esses compostos derivam de reações de condensação entre moléculas de D-glicose (um açúcar simples: monossacarídeo hexose $C_6H_{12}O_6$). A letra D está associada ao monossacarídeo, mais precisamente à posição do grupo hidroxila (OH). Quando se encontra à direita do átomo de carbono assimétrico mais distante do grupo aldeído, é denominado *dextrogiro*; quando o grupo OH se encontra à esquerda do carbono assimétrico, o termo de referência é *levogiro* e deve ser referenciado com a letra L.

Com relação à sua forma, a celulose apresenta unidades anidras de glicopiranose (UAG), que contêm uma hidroxila primária ligada ao carbono C6 e duas secundárias ligadas aos carbonos C2 e C3, que adotam a conformação de cadeia, com grupos hidroxilas localizados na posição equatorial nessas moléculas.

Figura 6.11 – Estrutura molecular da celulose

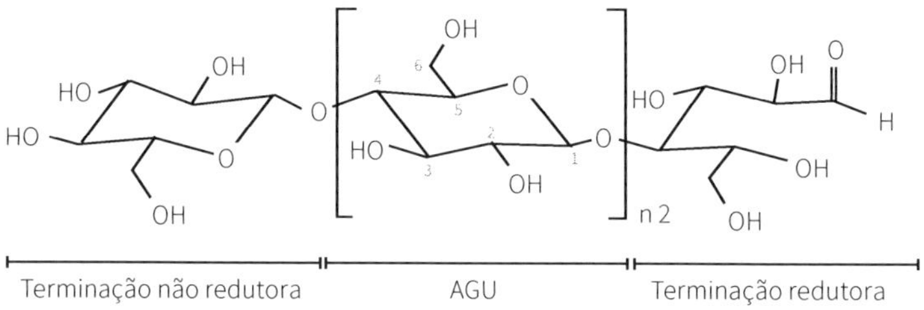

Terminação não redutora │ AGU │ Terminação redutora

Fonte: Elaborado com base em Klemm et al., 1998.

O grau de polimerização (DP) é definido com base no número de unidades β-D-glicopiranose que formam a cadeia. A presença dos grupos hidroxilas permite a formação de fortes ligações de hidrogênio, que conferem rigidez às cadeias de celulose e propiciam alto grau de organização cristalina, que influencia nas propriedades físicas e químicas da celulose.

As ligações intramoleculares são responsáveis pela rigidez da cadeia celulósica, e as intermoleculares levam à formação da fibra vegetal. A celulose pode ser considerada um material semicristalino, com várias formas polimórficas que, dependendo do processo de polpação, poderão compor estruturas cristalinas diferentes (Krassig et al., 2004), visto que cada polimorfo tem diferentes dimensões de cela cristalográfica.

Figura 6.12 – Cela unitária da celulose I: modelo de Meyer-Misch

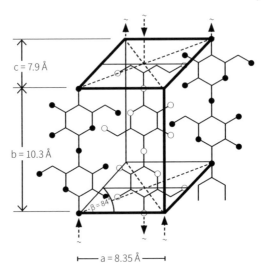

Fonte: D'Almeida, 1981, p. 51.

Esse grau de cristalinidade refere-se à quantidade de celulose na região ordenada, a qual só pode ser medida por difração de raio X, infravermelho e densidade. A célula cristalográfica para a celulose nativa, ou celulose I, representa um arranjo geométrico que se repete nos eixos principais da estrutura cristalina para formar o volume total do cristal.

No Quadro 6.1 constam os valores típicos para as dimensões unitárias de formas polimórficas da celulose.

Quadro 6.1 – Dimensões unitárias para formas polimórficas da celulose

Celulose	Forma da cela unitária	Dimensões Angstrom A	B	C	Graus
I	Monoclínico	8,2	10,3	7,9	83
II	Monoclínico	8,0	10,3	9,1	62
III	Monoclínico (hexagonal)	8,6	10,3	8,6	60
IV	Ortorômbico	8,1	10,3	7,9	90

Fonte: Elaborado com base em D'Almeida, 1981.

A estrutura cristalina limita o uso direto desse polímero. As reações da celulose com compostos inorgânicos dependem da composição molecular e da estrutura física. As reações de hidrólise ocasionam uma ruptura nas ligações hemiacetálicas entre as unidades de anidroglicose. Dessa maneira, a celulose reage por meio dos grupos alcoólicos e dos grupos hemiacetálicos (grupos terminais redutores). Como cada macromolécula é composta por unidades de anidroglicose contendo um álcool primário e dois álcoois secundários (grupamento OH), os grupos alcoólicos sofrem reações de adição, substituição e oxidação, e os grupos redutores reagem por redução e oxidação.

A resposta da celulose ocorre por acessibilidade dos grupos OH, o que permite que o reagente atravesse as microfibrilas, reagindo com o grupo hidroxílico do carbono primário 6, que é o mais reativo de todos. Se o reagente penetra unicamente na região amorfa da estrutura, a reação aumenta, embora o produto gerado não vá apresentar uma boa qualidade porque não foi possível atingir as regiões cristalinas.

As reações com a celulose correspondem a: reações das ligações glicosídicas (degradação da celulose), de adição e de substituição.

6.2.1 Reações das ligações glicosídicas

As ligações glicosídicas são consideradas ligações de rompimento dos monômeros de glicose. Esse rompimento ocorre em moléculas com menor grau de polimerização e interfere nas propriedades da cadeia molecular da celulose (viscosidade, peso molecular, resistência etc.).

Essas reações de degradação em ligações glicosídicas da celulose são úteis no processamento e na obtenção de açúcares por meio da madeira. Entretanto, na área de papel e celulose, essas reações são indesejáveis porque comprometem as características físicas do material obtido.

Há diversos tipos de reações de rompimento da ligação glicosídica, as quais podem ocorrer pela ação mecânica, pela degradação hidrolítica ou por composto oxidante.

Durante a ação ácida ou alcalina, pode ocorrer a quebra da ligação acetal da cadeia de celulose por degradação hidrolítica, o que provoca uma variação no poder de redução da mistura, em virtude da variação do número de grupos redutores.

Figura 6.13 – Ligação glicosídica

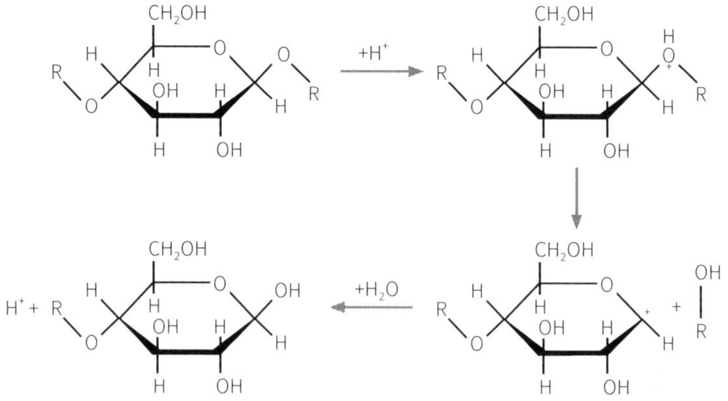

Fonte: D'Almeida, 1981, p 60.

É importante compreender que a reação nada mais é do que uma hidrólise ácida, que consiste na quebra das moléculas de celulose por ação de agente ácido. Nesse caso, o catalisador ácido atua convertendo a celulose em hexoses. Essa reação deve ser controlada (temperatura, pressão, concentração ou uso de catalisador), uma vez que pode gerar reações paralelas indesejáveis.

Essa fragmentação depende da origem da celulose, da concentração do agente hidrolítico e da temperatura, podendo ocorrer em um sistema homogêneo (solúvel) ou heterogêneo (não solúvel). Portanto, o tratamento é feito em concentrações adequadas de água, uma vez que o ácido em meio aquoso se dissocia, formando o íon hidroxônio, que é transportado para o interior da biomassa, promovendo a quebra das ligações glicosídicas, sendo necessário, assim, um controle aquoso para garantir a eficiência do processo (Gurgel, 2010; Hamelinck; Hooijdonk; Faaij, 2005).

A hidrólise ácida pode ocorrer por meio de dois tipos de catalisadores: 1) ácido diluído, com concentrações do ácido menores que 5% (m/v); e 2) ácido concentrado, com concentrações do ácido maiores que 5% (m/v) (Gurgel, 2010). Como exemplo, podemos citar o ácido fosfórico concentrado, que pode ser usado como solvente de celulose, ocasionando uma fragmentação homogênea. Já o ácido sulfúrico ou o clorídrico concentrado geram uma fragmentação heterogênea, em razão da insolubilidade da celulose nesses agentes ácidos.

A hidrólise homogênea gera D-glicose como produto final, processo em que ocorre o tratamento da celulose com o ácido fosfórico concentrado (80% a 86%). Isso proporciona um ataque e uma solubilização da celulose das regiões amorfas, mais acessíveis à penetração do reagente. A velocidade dessa hidrólise diminui quando o ácido chega às regiões cristalinas, sendo que as frações mais facilmente hidrolisáveis representam 10% a 12% do peso da amostra de celulose.

A hidrólise heterogênea é a mais utilizada na obtenção de acetato de celulose, visto que possibilita que a celulose mantenha sua estrutura fibrosa. O rompimento da cadeia por compostos oxidantes ocorre nos grupamentos hidroxilas e aldeídicos, de modo descontrolado, com produção de grupos carbonilas e carboxilas em várias posições das glicoses da cadeia de celulose, seguido por uma degradação em meio ácido ou alcalino (hidrolítica).

Essa oxicelulose ocorre pelo uso de íons, como o hipoiodito (IO^-), o clorito (ClO_2^-) e o periodato (IO_4^-), conforme representado nas Figuras 6.14 e 6.15.

Figurar 6.14 – Reação de oxidação da celulose com hipoiodito e hipoclorito

$$\begin{array}{c} CHO \\ | \\ HCOH \\ | \\ HCOH \\ | \\ HCO-cel \\ | \\ HCOH \\ | \\ CH_2OH \end{array} \xrightarrow{ClO_2^- \text{ ou } IO^-} \begin{array}{c} COOH \\ | \\ HCOH \\ | \\ HCOH \\ | \\ HCO-cel \\ | \\ HCOH \\ | \\ CH_2OH \end{array}$$

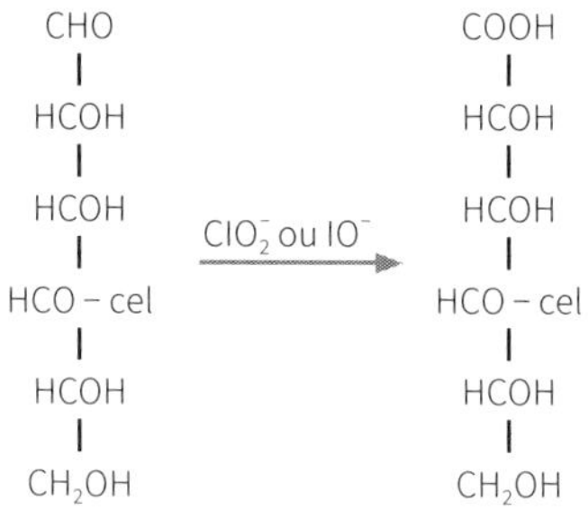

Fonte: D'Almeida, 1981, p. 63.

Figura 6.15 – Reação de oxidação da celulose com periodato

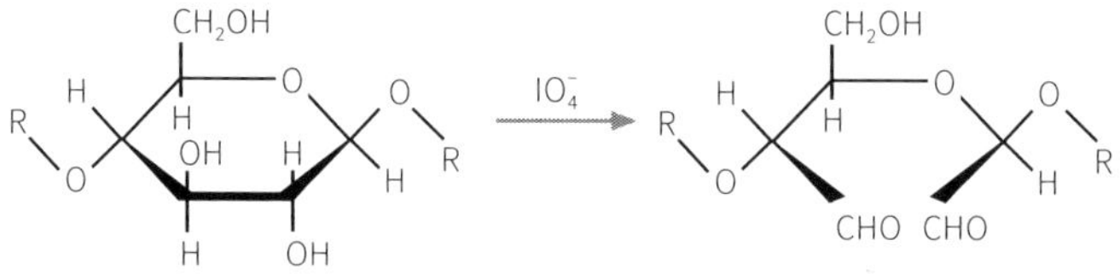

Fonte: Elaborado com base em Fengel; Wegener, 1984.

Como podemos ver nas duas figuras, os sistemas com hipoiodito e hipoclorito atuam nos grupos aldeídicos, formando um composto dos grupos carboxílicos. Já os sistemas com periodato oxidam grupos hidroxilas dos carbonos 2 e 3 em grupos aldeídicos.

Outro método de degradação possível está associado à biotecnologia e ao uso de microrganismos para potencializar a degradação, que, nesse caso, ocorre por meio das enzimas celulósicas (Kuhad; Singh; Eriksson, 1997). Essa degradação enzimática é muito semelhante à hidrolítica, mas há um inconveniente: o ataque é localizado pelo fato de as macromoléculas enzimáticas não se difundirem bem na celulose.

Para utilizar a celulose como fonte de carbono e de energia, é possível capacitar a bactéria *Clostridium acetobutylicum* (Mingardon et al., 2005).

Outra possibilidade é usar os fungos filamentosos que contêm as enzimas endoglucanases e as celobiohidrolases, que hidrolisam a celulose cristalina em celobiose, bem como as β-endoglucanases, que degradam a celobiose em glicose (Teeri, 1997).

6.2.2 Reações de adição

Os componentes químicos que proporcionam a reação de adição com a celulose são denominados *agentes de inchamento*. Essa reação se inicia pela quebra das ligações de hidrogênio entre as cadeias adjacentes de celulose, nas quais uma estrutura intumescida é gerada pela penetração e propagação do reagente químico pelas fibras da celulose, o que permite a produção de celulose relativamente homogênea.

Para a formação de compostos por reações de adição, é necessária uma concentração mínima do agente intumescedor. Essa reação é responsável, por exemplo, por melhorar o brilho e a resistência à tração das fibras de algodão (para a indústria têxtil) por meio do processo denominado *mercerização* (que pode ser realizado a frio, em torno de 20 °C, ou a quente, por volta de

30-70 °C), sendo possível também a obtenção de outros produtos da celulose, como os xantatos de celulose, usados na produção de viscose, *rayon* e papel celofane.

Para facilitar a compreensão do ponto de vista químico, a Figura 6.16 ilustra o mecanismo que ocorre quando a celulose é tratada com ácidos e bases.

Figura 6.16 – Reação de adição

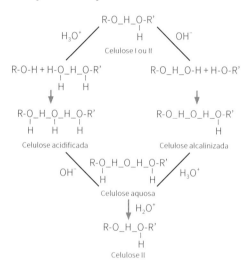

Os compostos de adição são divididos em celulose alcalina, celulose ácida, celulose amoniacal e aminada e celulose salina. A celulose alcalina é formada por hidrólise com hidróxido de sódio, e a temperatura e a concentração do NaOH interferem no produto gerado. Caso ocorra à temperatura ambiente e na concentração de NaOH a 12-18 %, observa-se a seguinte situação:

$(C_6H_7O_2(OH)_3)_n + 3nNaOH \rightarrow (C_6H_7O_2(ONa)_3)_n + 3nH_2O$

$(C_6H_7O_2(OH)_3)_n + 2nNaOH \rightarrow (C_6H_7O_2(OH)(ONa)_2)_n + 2nH_2O$

$(C_6H_7O_2(OH)_3)_n + nNaOH \rightarrow (C_6H_7O_2(OH)_2(ONa))_n + nH_2O$

Isso porque a obtenção das celuloses alcalinas ocorre por meio de compostos de adição que provocam o rompimento das ligações de hidrogênio entre as cadeias e a dissolução da celulose. Os agentes químicos usados nessas reações podem ser à base de amônio e de cobre. O reagente de Schweizer (hidróxido de tetramincobre (II) – $Cu(NH_3)_4(OH)_2$) é muito utilizado.

Para que a reação ocorra, é necessário que esses compostos sejam significativamente reativos, com grupos OH^- acessíveis, mesmo em um meio pouco propício a favorecer o inchamento. Para facilitar a presença desses grupos, é importante tratar a celulose primeiramente com um bom agente intumescedor, substituindo depois, sucessivamente, as moléculas do agente intumescedor pelas de um composto orgânico, o qual serve para manter o retículo cristalino da celulose expandido.

Os compostos resultantes dessa substituição são conhecidos como *substâncias de inclusão*, porque o agente orgânico é incapaz de intumescer o retículo da celulose por si mesmo. Esses compostos de inclusão, indicados no Quadro 6.2, são bastante reativos e utilizados na obtenção de derivados de celulose.

Quadro 6.2 – Solventes da celulose

Nome	Fórmula
Hidróxido de tetrametilamôneo	$(CH_3)_4NOH$
Hidróxido de dimetil-dietilamôneo	$(CH_3)_2N(C_2N_5)_2OH$
Hidróxido de trimetil-butilamôneo	$(CH_3)_3N(C_4N_9)OH$
Hidróxido de dimetil-dibenzilamôneo	$(CH_3)_2N(C_7N_7)_2OH$

Por serem altamente reativos, esses agentes são utilizados na preparação de derivados de celulose e oferecem a vantagem de o agente incluso não competir com o reagente pelos grupos hidroxilas.

A celulose ácida é representada pelo composto $C_6H_{10}O_5HNO_3$, que é obtido quando a celulose é tratada com ácido nítrico com 61% de concentração. Já as celuloses amoniacais e aminada são obtidas pelo tratamento com hidróxido de amônio, que forma a amônia líquida e as alquilaminas.

As celuloses salinas são obtidas pelo tratamento com soluções concentradas de certos sais, como cloreto de zinco e tiocianato de lítio, que causam intumescência cristalina e dissolução da celulose.

6.2.3 Reações de substituição

As reações de substituição também podem ocorrer nos grupos hidroxilas da celulose, quando as ligações de hidrogênio entre as cadeias de celulose são rompidas e, por consequência, obtém-se o intumescimento intracristalino, o que proporciona mudanças nas propriedades físico-químicas.

Elemento fundamental!

O intumescimento consiste nas interações entre o solvente e as hidroxilas da celulose, algo que tem início com a degradação parcial da estrutura da fibra por inchamento seguido por ruptura das ligações intermoleculares de hidrogênio.

A inserção da molécula de solvente depende da afinidade do solvente com os grupos hidroxilas do polímero (Krassig et al., 2004). Consequentemente, estes podem ser esterificados, de acordo com métodos específicos, com uma demanda produtiva acentuada para a obtenção de ésteres e éteres de celulose, como o acetato de celulose. Essa esterificação é conduzida, normalmente, via anidridos, cloretos de acila e ácidos. Nesse caso, é comum o uso de ácidos inorgânicos e orgânicos, produzindo-se, respectivamente, ésteres inorgânicos e ésteres orgânicos.

Figura 6.17 – Esterificação da celulose via anidrido

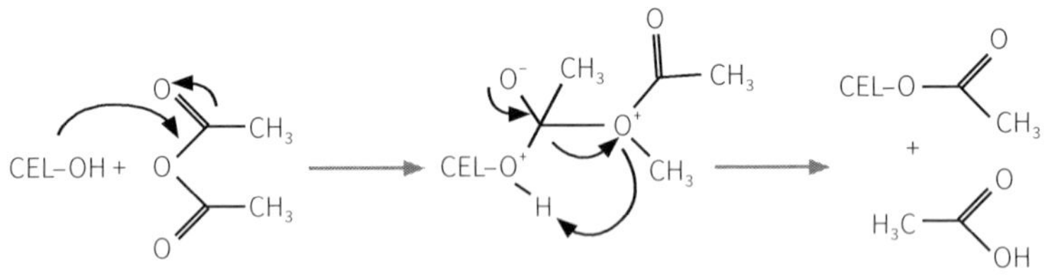

Os ácidos inorgânicos que reagem com celulose e formam ésteres são o sulfúrico, o ortofosfórico e o nítrico. Quando concentrados e em contato com a celulose (compostos cristalinos), esses ácidos comprometem sua estrutura.

Os ésteres inorgânicos mais importantes são os nitratos, obtidos por nitração da celulose. A mistura para nitração total deve ter a seguinte composição: 22% de HNO_3, 66% de H_2SO_4 e 12% de H_2O. Quando se deseja uma nitração parcial, a composição deve ser esta: 21% de HNO_3, 61% de H_2SO_4 e 18% de H_2O. A reação de nitração está representada na Figura 6.18.

Firgura 6.18 – Reação de nitração

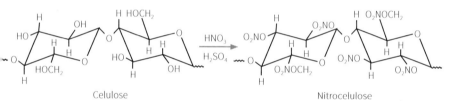

Fonte: Guanaes; Bittencourt, 2008, p. 72.

O uso final dos nitratos de celulose é estabelecido por suas propriedades físicas e mecânicas, que, em última análise, dependem do grau de polimerização e do grau de substituição do produto.

Quadro 6.3 – Acetatos

Solventes	Aplicações
Água, propanol, clorofórmio	Indústria têxtil
Acetona	Polímeros *Rayon* Chapa de raio X
Cloreto de metileno	Tecido

6.3 Reação de derivatização da celulose

A característica polimérica da celulose e a presença de hidroxilas ligadas ao carbono 6 possibilitam reações químicas com álcoois primários. Caso as hidroxilas estejam ligadas aos carbonos 2 e 3, a reação ocorre com álcoois secundários.

Essas reações permitem a introdução de novas funções químicas na molécula de celulose, interferindo em suas características físico-químicas. Isso permite obter diferentes compostos, conforme as reações de derivação ilustradas na Figura 6.19: esterificação, eterificação, oxidação, grafitização por copolimerização e ligações cruzadas.

Figrura 6.19 – Reações de derivação

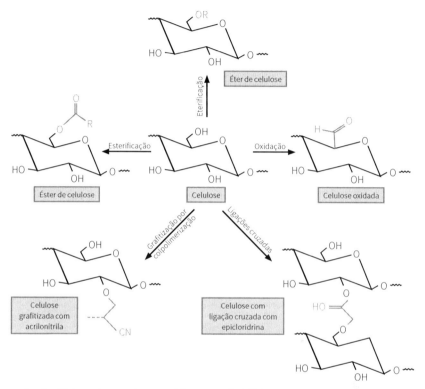

Fonte: Elaborado com base em Klemm et al., 1998.

A esterificação e a eterificação são as reações mais empregadas industrialmente e, nelas, as hidroxilas da celulose podem ser parcial ou totalmente substituídas por grupos orgânicos (ésteres e éteres, respectivamente), por meio de ligações covalentes à cadeia de celulose. A presença de ésteres e éteres na estrutura da celulose interfere nas características de solubilidade em solventes comuns, como água, acetona e álcool.

Na reação de oxidação, ocorre a transformação dos grupos hidroxilas em grupos carbonilas ou grupos carboxilas.

A conversão por ligação cruzada (*crosslinking*) é a principal rota de modificação da celulose (Klemm et al., 1998). Nesse caso, ocorre a formação de ligações covalentes entre duas cadeias poliméricas de celulose, que são mais fortes do que as de hidrogênio, originalmente presentes nas cadeias de celulose não modificadas.

Essas ligações cruzadas podem ser ocasionadas por agentes polifuncionais de esterificação e de eterificação, bem como por agentes de oxidação. As fibras originadas são mais resistentes à umidade e apresentam maior estabilidade dimensional, muito importante para a indústria celulósica têxtil. As fibras se tornam higroscópicas, o que facilita a secagem, diminui o amarrotamento e agrega resistência a altas temperaturas. Por isso, por exemplo, os jalecos dos profissionais (EPI) são de algodão – eles queimam em superfície, o que é uma garantia.

Na grafitização por copolimerização, ocorre a formação de um segundo polímero ligado covalentemente à estrutura da celulose. Essa polimerização tem início com um centro ativo na estrutura da celulose, que gera uma estrutura ramificada.

Como é possível perceber, processos tecnológicos inovadores podem proporcionar a conversão de celulose com alta produtividade e baixo consumo de energia térmica e eletromecânica, diminuindo o emprego de produtos químicos perigosos e evitando danos ao meio ambiente (emissões e geração de efluentes, sólidos, líquidos e gasosos).

A celulose pode ser modificada, e o produto gerado pode ser bastante diferente do original, podendo ser utilizado nas indústrias têxtil, farmacêutica, de construção civil, automobilística, alimentícia e de combustível.

No que diz respeito ao setor papeleiro, as modificações da celulose são utilizadas para agregar melhorias às características do material, aumentar a produtividade e diminuir impactos ambientais.

6.3.1 Principais reações de derivatização da celulose

Como mencionamos, o consumo de celulose vai além da produção de papel, uma vez que ela pode ser transformada quimicamente para dar origem a uma série de produtos. Sua utilidade está muito vinculada à versatilidade produtiva e às propriedades físicas e químicas alcançadas, como celuloses ácidas, alcalinas, amoniacais, aminadas, produção de compostos de inclusão etc.

Atualmente, a celulose pode ser convertida em ésteres, éteres, álcoois e outros complexos por meio de reações com as hidroxilas. Na Figura 6.20, esquematizamos o processo de produção de etanol de segunda geração a partir de materiais celulósicos.

Figura 6.20 – Produção de etanol a partir de materiais celulósicos

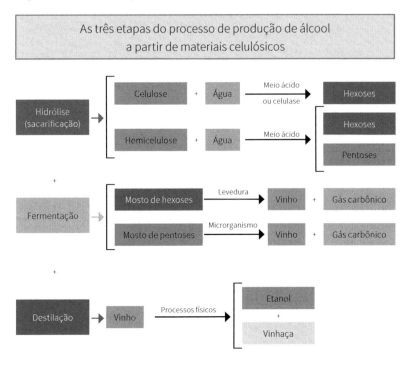

Essas reações possibilitam a obtenção de hidrogéis, microcápsulas, filmes e reforços de compósitos, mas, principalmente, nitrato de celulose, acetato de celulose e xantato de celulose, que apresentam bastante valor agregado.

O nitrato de celulose, por exemplo, é um composto químico muito importante, com ampla aplicação, sobretudo por sua inflamabilidade e sua solubilidade em solventes, o que conduz à formação de géis, com aplicabilidade que varia em função do grau de nitração alcançada (Fengel; Wegener, 2003).

A nitrocelulose é um polímero derivado da celulose que substituiu a pólvora, os óleos, as resinas naturais e a seda. No caso da pólvora, a substituição se deu pelo fato de explodir sem gerar resíduos; no caso de óleos e resinas naturais, pela produção de tintas mais modernas, principalmente depois da síntese de celuloide, o primeiro termoplástico artificial; e, no caso da seda, pela geração de novas fibras (Kamide, 2005).

Figura 6.21 – Fórmula estrutural da nitrocelulose

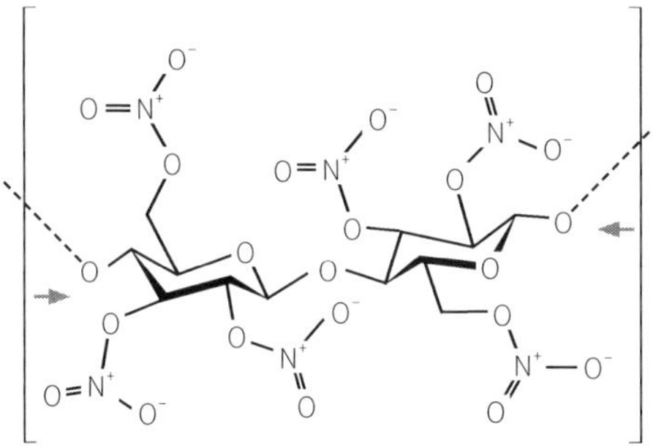

Os monômeros que dão origem à molécula de celulose contêm uma hidroxila primária, mais reativa, e duas secundárias. Essas funções possibilitam reações com o ácido nítrico e a formação da nitrocelulose. Isso ocorre por imersão da celulose em solução sulfonítrica (ácido nítrico misturado com ácido sulfúrico). Na reação, o hidrogênio do grupo hidroxila é substituído pelo $-NO_2$ do ácido nítrico por meio de uma reação de esterificação parcial (Cheung, 2014).

Reação de nitração

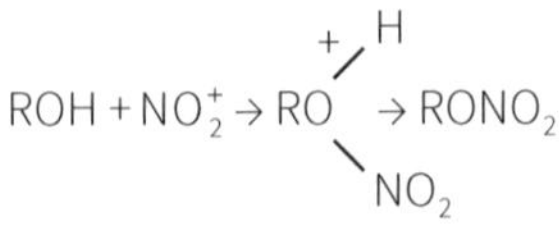

$$ROH + NO_2^+ \rightarrow RO \overset{+}{\underset{NO_2}{\diagup}} \!\!\! ^H \rightarrow RONO_2$$

Os grupos OH de cada unidade da glicose podem ser substituídos, resultando no trinitrato de celulose, sendo possíveis também a dinitração e a mononitração. O grau de nitração determina a solubilidade e a inflamabilidade do produto gerado (Cheung, 2014).

Figura 6.22 – Estrutura da celulose: (A) mononitrato, (B) dinitrato e (C) trinitrato

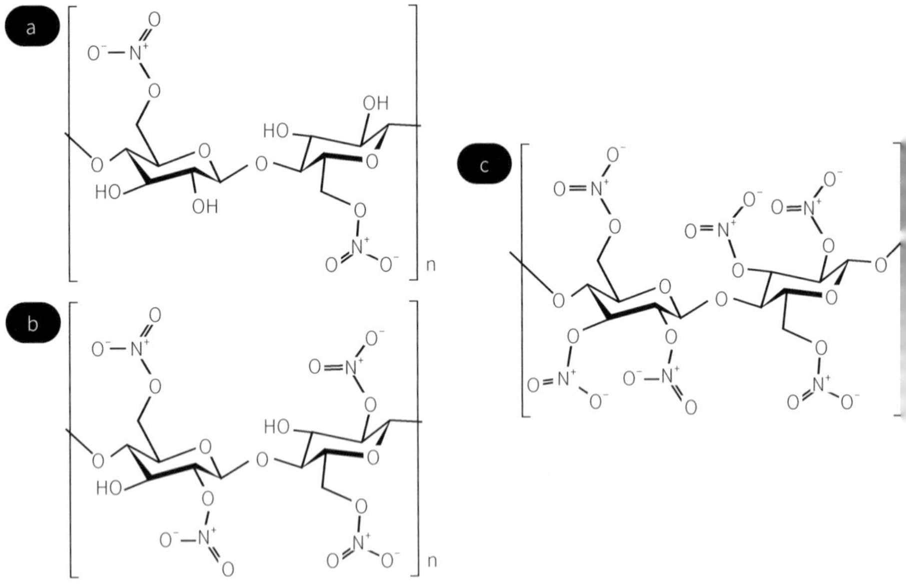

Fonte: Cheung, 2014, p. 4.

O acetato de celulose é um éster obtido pela reação da celulose com uma mistura de anidrido acético e ácido acético em presença de ácido sulfúrico ou perclórico como catalisador (D'Almeida et al., 2005). O produto da reação é hidrolisado para a recuperação do catalisador, dos grupos sulfatos e dos grupos acetatos.

Figura 6.23 – Estrutura do acetato de celulose

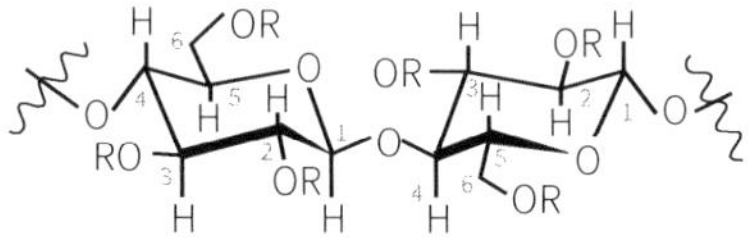

Fonte: Cerqueira et al., 2010, p. 86.

Esse acetato é gerado por esterificação dos grupos hidroxilas das unidades de anidroglucose (AGU) por meio dos grupos acetilas. Cada unidade de AGU apresenta três grupos hidroxilas livres ligados aos carbonos C2, C3 e C6, possibilitando diferentes graus de substituição (GS).

Outra possibilidade é obter acetato de celulose por reação de acetilação da celulose, pelo sistema homogêneo ou heterogêneo. No sistema heterogêneo, é utilizado um agente não inchante, que mantém a estrutura fibrosa. Já no sistema homogêneo, ocorre a solubilização da celulose em meio reacional, o que influenciará nas características morfológicas da celulose.

O acetato é muito usado nas indústrias têxtil, médica e de polímeros. A Figura 6.24 ilustra um esquema de obtenção do acetato de celulose.

Figura 6.24 – Esquema da obtenção de acetato de celulose

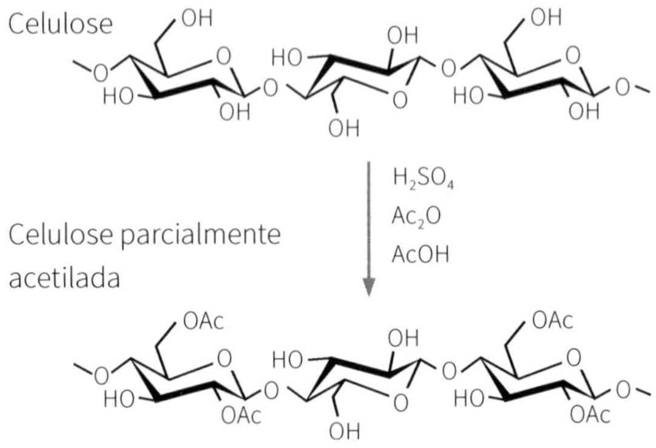

Fonte: D'Almeida et al., 2005, p. 60.

Um derivado solúvel, o xantato de celulose de sódio, é composto pela reação de celulose alcalina com dissulfeto de carbono.

A xantação é comumente realizada colocando-se a celulose alcalina em um reator. Assim, é gerado um vácuo e, em seguida, é introduzido dissulfeto de carbono (CS_2). À medida que a reação prossegue, o CS_2 é consumido e o vácuo é recuperado (usado para acompanhar a reação).

A reação básica é uma substituição nucleofílica bimolecular, resumida nas seguintes equações:

$$R_{CELL} - OH + OH^- \rightarrow R_{CELL}O^- + H_2O$$

$$R_{CELL} - O^- + CS_2 \rightarrow R_{CELL}OCS_2^-$$

Existem 3n + 2 grupos álcoois em cada molécula de celulose (n = DP), localizados nos carbonos C2, C3 e C6 da AGU, e um em cada extremidade da cadeia. Como *n* é grande, os grupos finais podem ser desprezados.

A alta alcalinidade e as grandes quantidades de dissulfeto de carbono (CS_2) produzem um produto com enxofre e de filamentos finos, também conhecido como *viscose*.

Figura 6.25 – Fórmula estrutural da viscose

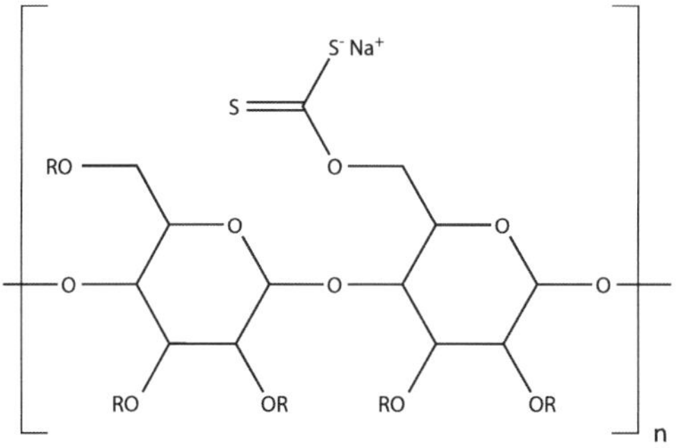

chromatos/Shutterstock

No entanto, essas altas concentrações provocam a formação de subprodutos indesejáveis. Por isso, é necessário um controle de processo, como o tempo e a temperatura da reação, que devem ser usados para controlar a extensão da xantação.

Embora muito utilizado durante anos, o processo tem como inconveniente a emissão de compostos de enxofre, o que pode levar à contaminação de resíduos aquosos por dissulfeto de carbono. A possibilidade de utilizar materiais sustentáveis viabilizou a modernização do processo de obtenção de viscose e o tornou menos poluente. Um exemplo é o processo liocel, no qual a celulose é dissolvida em N-óxido-N-metilmorfolina (NMMO) para gerar fibras liocel.

6.4 Processo de obtenção de fibras

As fibras usadas nas indústrias têxteis provêm de duas fontes: 1) as naturais, obtidas de animais, vegetais ou minerais; e 2) as artificiais, obtidas pela síntese química, compreendendo as chamadas *fibras sintéticas*.

As principais fibras naturais de origem animal são a lã e a seda. As principais fibras naturais vegetais são o algodão, a malva, o linho, a juta, o sisal, o rami e o cânhamo, sendo que de 70% a 90% de sua composição consiste em celulose (Aquarone; Borzani; Lima, 1975). Cada uma dessas matérias-primas confere a cada fibra têxtil uma qualidade diferenciada e uma composição química única.

De todas as fibras vegetais, o algodão é a mais representativa. Com fibras que variam de 24 mm a 38 mm, constitui-se em um revestimento piloso do fruto de um arbusto com cerca de 1,2 m de altura, cultivado há mais de 5 mil anos, o algodoeiro é uma planta da qual tudo é utilizado e cujos derivados são extremamente úteis em diversos mercados, como o alimentício, o pecuário, o têxtil e o explosivo. No Quadro 6.4, indicamos a química do algodão.

Quadro 6.4 – Composição da fibra de algodão

Constituinte	Composição da fibra em base seca	
	Típico (%)	Faixa (%)
Celulose	95	88-96
Proteína (N x 6,25)[a]	1,3	1,1-1,9
Substâncias pécticas	0,9	0,7-1,2
Cinzas	1,2	0,7-1,6
Ceras	0,6	0,4-1,0
Açúcares totais	0,3	0,1-1,0
Ácidos orgânicos	0,8	0,5-1,0
Pigmentos	–	–
Outros	1,4	–

[a] Método-padrão de determinação de estimativa do porcentual de proteína a partir do conteúdo de nitrogênio (Fonte: Wakelyn et al., 2006)

Fonte: Echer; Rosolem; Raphael, 2018, p. 210.

A estrutura molecular do algodão é de fibrilas e tem alto grau de polimerização, com cadeias cristalinas em torno de 70% e amorfas de 30%. O grupo hidroxila (–OH) da cadeia é responsável por muitas propriedades, inclusive a alta absorção.

As primeiras fibras não naturais foram obtidas a partir da celulose, encontradas na pasta da madeira ou do línter de algodão, sendo também conhecidas como *fibras celulósicas*. Essas fibras foram desenvolvidas com o propósito de copiar e melhorar as características e as propriedades das naturais e são obtidas por extrusão, em que a massa passa por furos finos da fieira, sendo imediatamente solidificada.

Segundo Alcântara e Daltin (1996, p. 321),

> A ideia de se produzir fibras não naturais surge em meados do século XVII. O inglês Robert Hooke propôs produzir seda artificial e 70 anos depois Reaumur sugeriu que se poderiam fazer fios a partir de uma solução coloidal feita em laboratório. Porém, a primeira "seda artificial" só foi produzida na França, em 1889.
>
> Em 1839 A. Payen inventou o processo de separação de celulose de madeira. Em 1845-46, F. Schönbein inventou o algodão pólvora (celulose + ácido sulfúrico + ácido nítrico) e dissolveu-o em éter alcoólico produzindo o Colodião. Em 1883 Wilson Swan dissolveu a nitrocelulose em ácido acético concentrado e fez passar essa solução por uma fieira, solidificando seguidamente o fio produzido. Esses filamentos eram usados em lâmpadas elétricas incandescentes.
>
> Em 1889 Hilaire de Chardonnet produziu a primeira "seda artificial" constituída por nitrocelulose, apresentada nesse ano na Exposição de Paris. Logo a seguir, na Alemanha, Max Fremery e Johannes Urban produziram a celulose cuproamoniacal. […]
>
> Após estas descobertas surgiram outras fibras sintéticas que revolucionaram a indústria têxtil pela produção de novos artigos e pela criação de novas possibilidades de consumo, portanto novos mercados.

O liocel, uma fibra obtida a partir de celulose vegetal, foi uma dessas possibilidades (Alcântara; Daltin, 1996).

Um subproduto obtido da planta do algodão tem importância industrial especial nesse processo: o línter. Trata-se de fibras bem curtas que permanecem grudadas no caroço do algodão após a extração das fibras longas, sendo tratadas com NMMO por meio de injetores de fiação. A celulose coagulada toma forma de fio, é lavada, seca e, posteriormente, corada.

A solução de óxido de amina proveniente da lavagem é purificada por evaporação e reciclada para ser usada durante o próprio processo. Nessas condições, estima-se que sejam necessários 640 litros de água por quilograma de liocel produzido.

Esse tipo de regeneração é um método também utilizado na produção de outras fibras, como o *rayon*, e consiste no preparo de uma solução de celulose com solvente apropriado, seguido de coagulação e de recristalização.

O processo com ácido fosfórico é bastante simples, embora o ácido fosfórico anidro deva ser utilizado como solvente para fazer as soluções de celulose. O processo de carbamato ainda está em aperfeiçoamento e desempenhará um papel importante no futuro para a fabricação de fibras de celulose regeneradas.

O processo de cobre-amônio, conhecido há muito tempo, tem sua aplicabilidade limitada à fabricação de celulósicos pouco regenerados, como *cuprosilk* (filamento contínuo) e *cuprophane* (Fink et al., 2001).

Entre os novos processos sem viscose, o processo NMMO parece ser o substituto mais promissor para os processos convencionais e ocorre por meio do uso de um solvente NMMO polar e aquoso que solubiliza a celulose. As fibras produzidas usando-se essa abordagem são chamadas de *fibras NMMO*, cujo processo é o liocel (Fink et al., 2001). O NMMO é polar com o grupo N-O, com o momento de dipolo, que pode compor ligações de hidrogênio com os grupos hidroxilas da celulose; consequentemente, as soluções aquosas de NMMO dissolvem a celulose.

O NMMO pode ser produzido por meio de morfolina (1-oxa-4-azaciclohexano), um líquido incolor com ponto de ebulição de 129-130 °C a 760 torr. O composto é uma base orgânica fraca (pKb = 9,25) e pode ser sintetizado por meio de amônia e óxido de etileno.

Figura 6.26 – Síntese da morfolina

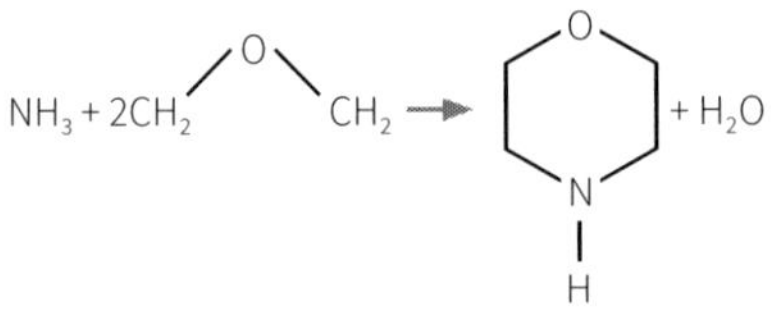

$$NH_3 + 2CH_2\text{-O-}CH_2 \rightarrow \text{morfolina} + H_2O$$

A morfolina tem sido usada extensivamente para a fabricação de produtos farmacêuticos e, nos últimos anos, também tem sido empregada para obter NMMO.

Figura 6.27 – Estrutura polar do N-óxido de N-metilmorfolina (NMMO)

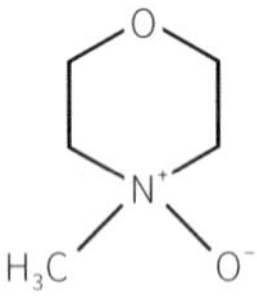

Os óxidos de amina terciária foram usados pela primeira vez em 1938, por Graenacher e Sallmann, para dissolver celulose. No entanto, Johnson, da Eastman Kodak, é creditado com o uso de NMMO para dissolução de celulose (Graenacher; Sallmann, 1939). Depois desses primeiros experimentos, foi constatado que uma solução altamente concentrada de celulose em NMMO (até 23%) poderia ser usada na conversão de uma celulose facilmente coagulada com excesso de água. As pesquisas continuaram até que se iniciou a produção comercial de fibras de celulose regeneradas, com a marca Tencel®, em maio de 1992.

Enquanto isso, a marca austríaca Lenzing™ também desenvolveu fibras de celulose, denominadas Lenzing™ Lyocell, usando a técnica NMMO. Nesse caso, um polímero totalmente celulósico era obtido da polpa de madeira, que, depois de ser dissolvido em óxido de amina, gerava uma solução viscosa que era filtrada e extrusada para obtenção de filamentos. Nessa etapa, o solvente era removido por lavagem e reciclado, gerando uma quantidade muito pequena de efluente a ser tratado.

Ao optar pelo processo liocel, uma produção de fibras de celulose regeneradas, a indústria está se utilizando de um processo moderno, altamente eficiente e não poluente.

A produção de fibras de celulose regeneradas inicia-se com a preparação de uma solução homogênea (dope) de polpa de celulose em solução NMMO-água. Em seguida, a massa é enviada para a extrusão de dope, de fiação altamente viscosa, a temperaturas elevadas, por meio de um entreferro, em um banho de coagulação (processo de fiação úmida de jato seco). Assim, ocorrem a coagulação das fibras de celulose, a lavagem, a secagem, o pós-tratamento das fibras de celulose e, por fim, a recuperação de NMMO dos banhos de coagulação.

O processo NMMO ocorre em circuito fechado, e o ciclo de produção é relativamente curto, sem exceder oito horas. O processo, entretanto, requer o manuseio de gases tóxicos gerados no processo, nomeadamente H_2S e CS_2. As fibras são fiadas em velocidades de fiação mais altas do que as fibras de *rayon*. Essas fibras de alta qualidade têm excelentes propriedades mecânicas, embora, em razão do alto grau de cristalinidade, as fibras de liocel úmidas tenham maior suscetibilidade à fibrilação (quebra).

A oxidação da N-metilmorfolina (NMM) é feita usando-se um excesso de 35% de H_2O_2 a 67-72 °C por 4-5 horas, com $NaHCO_3$ e $Na_4P_2O_7$ 10 H_2O, que podem ser usados como catalisadores de oxidação.

O NMMO pode ser cristalizado com acetona, gerando um composto cristalino incolor que pode ser dissolvido em água e em outros solventes. As propriedades básicas de uma solução aquosa de NMMO a 50% são apontadas no Quadro 6.5.

Quadro 6.5 – Propriedades do NMMO

Características	Valores
Ponto de fusão	– 20 °C
Ponto de ebulição	118,5 °C
Viscosidade	7,4 cP
Densidade:	
☐ 90 °C	1,084 g/cm^3
☐ 50 °C	1,113 g/cm^3
☐ 25 °C	1,130 g/cm^3

Fonte: Elaborado com base em Lewin, 2006.

O NMMO também é usado como solvente para outros polímeros, como poli(óxido de etileno), poli(acetato de vinila), fibroína de seda, lã, poliamidas alifáticas, poliacrilonitrila, amido, diacetato de celulose e muitos outros derivados da celulose.

Alerta sustentável!

A principal vantagem do solvente NMMO é a ausência de toxicidade. Estudos realizados em 1998 por pesquisadores da Lenzing™ provaram que o NMMO é biodegradável (Meister; Wechsler, 1998).

Os experimentos mostraram que o lodo ativado pode ser adaptado ao NMMO com um tempo de retenção de 15-20 dias e que ele pode degradar o solvente, metabolizá-lo a concentrações abaixo dos níveis de detecção e manter essa capacidade mesmo durante períodos limitados, sem que o solvente esteja presente no efluente.

Essa degradação acontece em três etapas: na primeira, o NMMO é convertido em NMM; na segunda, ocorre a desmetilação em morfoline; e, na terceira, uma vez que o morfoline é formado, a adaptação prossegue muito rapidamente até que nenhum dos intermediários possa ser detectado.

O NMMO exibe solubilidade ilimitada em água e forma facilmente vários complexos com ela. Ele puro tem uma temperatura de fusão de 184,2 °C, um calor de fusão de 160,5 J/g e um calor de decomposição muito alto, de 1.340 J/g (Navard; Haudin, 1981).

A decomposição do NMMO está associada à clivagem da ligação N-O; portanto, em virtude da possibilidade de explosão, a temperatura de processamento para NMMO deve ser inferior a 150 °C.

Em testes em escala de laboratório e em escala piloto, explosões graves foram experimentadas com misturas e soluções de celulose NMMO, indicando, assim, que o NMMO é um forte oxidante (Wachsmann; Diamantoglou, 1997).

Os hidratos de NMMO mais conhecidos são NMMO · $1H_2O$ e NMMO · $2,5H_2O$, que fundem a 75,6 °C e 40,5 °C, respectivamente. Assim, os dados implicam que os pontos de fusão são reduzidos com o aumento do teor de água hidratada. Todos os hidratos de NMMO têm solubilidade ilimitada em água.

O NMMO é o único solvente orgânico utilizado comercialmente para a produção de fibras regeneradas de celulose. Mesmo sendo tão vantajoso e sustentável, as tecnologias que envolvem seu uso precisam ser controladas, uma vez que a aplicação dessa substância apresenta algumas vantagens e desvantagens, conforme indicado no Quadro 6.6.

Quadro 6.6 – Vantagens e desvantagens do uso de NMMO

Vantagens	Desvantagens
1. O ciclo do processo é curto. A dissolução e a centrifugação, geralmente, ocorrem em cinco horas. Hoje, a dissolução contínua completa da celulose é implementada no processo liocel. 2. É ecologicamente correto porque não são formados gases tóxicos ou subprodutos. Sua recuperação pode chegar a 99,5%. 3. Seus produtos podem ser utilizados para obter soluções de celulose altamente concentradas (25% a 35%). 4. Suas fibras podem ser fiadas a uma velocidade relativamente alta, na faixa de 150-300 m/min. 5. Sua tecnologia permite que as fibras de celulose regeneradas sejam modificadas pela fiação de fibras das soluções contendo celulose e alguns outros polímeros, incluindo acetato de celulose, derivados de celulose, álcool polivinílico e alguns outros polímeros naturais. 6. Sua tecnologia pode ser utilizada para fazer membranas e filmes de celulose.	1. É um oxidante e solvente altamente corrosivo, que exige um equipamento de aço inoxidável. 2. Em temperaturas superiores a 150 °C, pode sofrer decomposição altamente exotérmica, que pode ser catalisada por íons de cobre ou ferro e alguns outros catalisadores que induzem a clivagem de N-O (Wachsmann; Diamantoglou, 1997). Todas as precauções necessárias devem ser tomadas para evitar qualquer explosão indesejada.

Fonte: Elaborado com base em Fink et al., 2001.

Pesquisas indicam que celulose de grau papel, celulose química não branqueada, resíduos de fibra de algodão e *rayon*, ou mesmo resíduos de papel, podem ser usados como matérias-primas para a produção de fibra de liocel, embora problemas com fiabilidade possam ser encontrados em alguns casos (Rosenau et al., 2001).

Na preparação para *spinning* dope, utiliza-se um NMMO aquoso a 50-60% com a adição de 0,01-0,10% de antioxidante para prevenir a degradação da celulose. Para um processo industrial típico de liocel, a pasta é produzida por meio de polpa de celulose e de uma solução aquosa de NMMO, com valores típicos de 50-60% de NMMO, 20-30% de água e 10-15% de polpa (Wachsmann; Diamantoglou, 1997).

Reciclagem

Neste capítulo, vimos que, para compreender a natureza química da madeira, é necessário considerar sua anatomia e lembrar que essa matéria-prima inicial oferece muitas possibilidades.

No caso das fibras vegetais, é preciso notar que o tecido lenhoso consiste, essencialmente, em um grande número de células (fibras) que estão agrupadas por ação de substâncias intercelulares, juntamente com outras células (raios, parênquima, vasos, canais resiníferos etc.). As quantidades desses tecidos variam conforme as diferentes espécies de madeira e dentro do próprio lenho, sendo necessário investigar a composição química estrutural para aplicar o melhor tratamento químico disponível.

As principais fibras naturais vegetais são o algodão, a malva, a juta, o sisal, o rami e o cânhamo. As fibras de sisal e cânhamo são retiradas das folhas dessas espécies; as de linho, juta, malva e rami são obtidas dos elementos de sustentação dos talos e estão imersas em material orgânico, que as envolve e une, devendo ser retirado. Para essa "limpeza", são utilizados compostos químicos, como álcalis e ácido, para reagirem com as fibras vegetais e dissolvê-los. Nesse caso, as fibras presentes em talos e folhas (que normalmente são descartadas) podem ser transformadas por processos químicos, gerando a obtenção de fibras sintéticas.

O aparecimento dessas fibras artificiais não sufocou a produção de fibras naturais, as quais ainda têm representatividade econômica bastante apreciável.

Para compreender o tratamento químico das fibras e a geração de novas oportunidades, é importante entender que uma molécula de celulose pode ter regiões com configuração ordenada, rígida e inflexível em sua estrutura e outras regiões flexíveis. Essas variações são responsáveis por alterações de comportamento, como inchamento e absorção de água. O uso de um método químico apropriado permite que a fibra seja tratada, otimizando, portanto, os processos de refino.

Isso ocorre porque a celulose, quando separada dos outros constituintes da madeira, apresenta uma grande reatividade, facilitada pelas estruturas química e física, sendo, portanto, suscetível a diferentes tipos de reações, as quais viabilizam a conversão da matéria-prima em novos produtos, como fibras liocel e *rayon*.

Conservando conhecimentos

1. Assinale a alternativa que indica corretamente as substâncias fornecidas pelos denominados *grupos hidroxilas* da celulose, os quais reagem com diversos agentes de adição:
   a) Celuloses alcalinas, ácidas e amoniacais.
   b) Pectinas, hemiceluloses e lignina.
   c) Nitrato de celulose e celulose aminada.
   d) Carboximetil celulose e nitrato de amônio.
   e) Celulose alcalina e ácido sulfúrico.

2. Assinale a alternativa correta sobre os materiais fornecidos pelos grupos hidroxilas:
   a) Xiloglicol e metaglicol.
   b) Nitrocelulose e celulose salina.
   c) Nitrato de celulose e xantatos.
   d) Arabinoses e pectinas.
   e) Lignina e polissacarídeos.

3. Assinale alternativa correta com relação às reações de degradação:
   a) Por *degradação* entende-se a cisão da ligação hidroxila da molécula de celulose, com a produção de água.
   b) A degradação produz moléculas com grau de polimerização superior a 100.000 g/mol.
   c) São geradas moléculas de menor polimerização, o que afeta a viscosidade e a resistência mecânica.
   d) Gera um grupo de polissacarídeos com unidade de nitrato de celulose.
   e) Gera maltose e frutose.

4. Assinale a alternativa que indica corretamente o processo a que está associado o termo NMMO:
   a) Obtenção de nitroglicerina.
   b) Condensação.
   c) Polimerização.
   d) Liocel.
   e) Obtenção de carboximetilcelulase.

5. Assinale alternativa correta com relação aos processos biotecnológicos:
   a) Trata-se da utilização de microrganismos capazes de produzir enzimas fenol-oxidases.
   b) Consiste na geração de microrganismos capazes de produzir enzimas lipase.
   c) O processo é baseado na utilização de vírus capazes de produzir enzimas benzol-oxidases.
   d) O processo é baseado na utilização de outras plantas capazes de produzir enzimas fenol-oxidases, que são incorporadas no DNA dos pínus.
   e) O processo é baseado na utilização de conídios capazes de produzir enzimas amino-oxidases.

Análises químicas

Refinando ideias

1. Explique o processo de maceração de fibras em água.
2. O que são reações de ligações glicosídicas?

Prática renovável

1. Elabore um plano de aula para explicar como são obtidas as diferentes celuloses e quais são as diferenças entre elas.

Finalização do processo

No decorrer desta obra, buscamos demonstrar as diversas possibilidades de obtenção e de utilização da celulose e as perspectivas que as indústrias dessa área apresentam. Os conceitos associados às transformações, desde as primeiras descobertas, abrangem processos de transformação mecânica, química e biotecnológica, que continuam em constante melhoria.

Objetivamos enfatizar que, no Brasil, o setor produtivo de papel e celulose contribuiu de modo bastante intenso para o desenvolvimento do país, visto que dominamos uma avançada tecnologia de plantio e contamos com uma imensa e maciça reserva florestal, com elevado potencial de exploração econômica, iniciada nos anos 1990. Nessa época, o Brasil sofreu uma ruptura do padrão industrial anterior com a abertura comercial, o que induziu as empresas a responder ao mercado internacional com estratégias de atualização tecnológica, melhoria de qualidade e aumento de eficiência produtiva, cumprindo as especificações de produtos e processos, em especial de controle ambiental.

Ao longo desta obra, tratamos de todas as etapas produtivas: plantação da madeira, obtenção de energia, geração de celulose e de papel, reciclagem de papel, distribuição e transporte desse material. Conforme indicamos, cada uma dessas etapas tem importância fundamental e oferece possibilidades que podem colaborar para a geração de outros compostos, sem interferir na produtividade primária (celulose).

Ressaltamos também as questões ambientais que, em determinados momentos da história, impulsionaram a modernização e a reestruturação administrativa do setor.

Está claro que a indústria brasileira de papel e celulose se tornou bastante competitiva no âmbito internacional em face de condições favoráveis de qualidade e de quantidade de recursos naturais disponíveis, estimulada por políticas públicas iniciadas em 1965, por meio da Lei n. 4.771, de 15 de setembro, período no qual houve incentivo à atividade de reflorestamento no Brasil.

Salientamos, ainda, que o contingente econômico da cadeia produtiva de papel e de celulose é oneroso, em especial o relacionado ao transporte de madeira. Por isso, os projetos de industrialização de produtos de base florestal precisam ser instalados em áreas próximas a maciços florestais plantados, normalmente localizados em regiões distantes dos grandes centros urbanos.

Outra situação que destacamos diz respeito aos subprodutos do processamento industrial, os quais podem ser utilizados e convertidos em novas fontes de produtos, potencializando a produção industrial e diminuindo a dependência de outras matérias-primas, como o petróleo. Essas implementações prometem a geração de grandes complexos industriais de produção e de conversão da celulose em outros produtos, como fibras têxteis, álcoois de segunda geração, açúcar e tantos outros.

Por essas e outras razões, esta obra é de grande valia para complementar as informações pertinentes a esse setor e valorizar a geração de biorrefinarias que possibilitem o aprimoramento e o desenvolvimento de novos produtos e processos.

Lista de siglas

ABTCP – Associação Brasileira Técnica de Celulose e Papel
Amda – Associação Mineira dos Defensores do Meio Ambiente
Conab – Companhia Nacional de Abastecimento
CTNBio – Comissão Técnica Nacional de Biossegurança
Embrapa – Empresa Brasileira de Pesquisa Agropecuária
Emgraf – Empresa Gráfica Feirense Ltda.
EPE – Empresa de Pesquisa Energética
ETE – Estação de tratamento de efluentes
FAO – Food and Agriculture Organization of the United Nations
IA – Inteligência artificial
IBÁ – Indústria Brasileira de Árvores
IBP – Instituto Brasileiro de Pellets, Biomassa e Briquete
ICFPA – International Council of Forest and Paper Associations
IEA – International Energy Agency
IEL – Instituto Euvaldo Lodi
IPT – Instituto de Pesquisas Tecnológicas
IoT – Internet of things (internet das coisas)
ISO – International Organization for Standardization
MPF – Ministério Público Federal
NBR – Norma Brasileira

Referências

ABNT – Associação Brasileira de Normas Técnicas. **NBR 16752**: Desenho técnico – requisitos para apresentação em folhas de desenho. Rio de Janeiro, 2020.

ABTCP – Associação Brasileira Técnica de Celulose e Papel. **A história da indústria de celulose e papel no Brasil**. São Paulo: Tempo e Memória, 2004.

ABTCP – Associação Brasileira Técnica de Celulose e Papel. Processo de produção. **Revista Nosso Papel**, p. 12-16, maio/jun. 2011. Disponível em: <http://www.revistanossopapel.org.br/noticia-anexos/1314020043_5b6d394cdf8db82b9424c30f8a733518_1504873517.pdf>. Acesso em: 21 abr. 2023.

ACOSTA, J. de. História natural e moral das Índias, 1590. In: FREITAS, G. de. **900 textos e documentos de História**. Lisboa: Plátano, 1975. p. 118. v. 2.

ADLER, E. Lignin Chemistry: Past, Present, and Future. **Wood Science and Technology**, v. 11, p. 169-218, Sept. 1977. Disponível em: <https://link.springer.com/article/10.1007/BF00365615>. Acesso em: 12 abr. 2023.

ALBERTS, B. et al. **Molecular Biology of the Cell**. New York: Garland Publishing, 1983.

ALBERTS, B. et al. **Molecular Biology of the Cell**. 5. ed. New York: Garland Publishing, 2008.

ALCAIDE, L. J.; PARRA, I. S.; BALDOVIN, F. L. Characterization of Spanish Agricultural Residues with a View in Obtaining Cellulose Pulp. **Tappi Journal**, v. 73, n. 8, p. 173-179, 1990.

ALCÂNTARA, M. R.; DALTIN, D. Química do processamento têxtil. **Química Nova**, v. 19, n. 3, p. 320-330, maio/jun. 1996. Disponível em: <https://quimicanova.sbq.org.br/default.asp?ed=150>. Acesso em: 12 abr. 2023.

ALFENAS, A. C. et al. **Clonagem e doenças do eucalipto**. 2. ed. Viçosa: Ed. da UFV, 2009.

ALVIRA, P. et al. Pretreatment Technologies for an Efficient Bioethanol Production Process Based on Enzymatic Hydrolysis: a Review. **Bioresource Technology**, v. 101, n. 13, p. 4851-4861, July 2010. Disponível em: <http://repositorio.ufla.br/jspui/handle/1/9689>. Acesso em: 21 abr. 2023.

AMDA – Associação Mineira dos Defensores do Meio Ambiente. **Ciclo de vida do papel**. Disponível em: <https://www.amda.org.br/index.php/comunicacao/ciclo-de-vida/2764-ciclo-de-vida-do-papel>. Acesso em: 15 abr. 2023.

ANDRADE, E. N. de; VECCHI, O. **Os eucalyptos**: sua cultura e exploração. São Paulo: Typographia Brazil de Rothschild & Comp., 1918.

ANNUNCIADO, T. R.; SYDENSTRICKER, T. H. D.; AMICO, S. C. Experimental Investigation of Various Vegetable Fibers as Sorbent Materials for Oil Spills. **Marine Pollution Bulletin**, v. 50, p. 1340-1346, 2005.

ANTONIOLLI, Z. I.; KAMINSKI, J. Micorrizas. **Ciência Rural**, v. 21, n. 3, p. 441-455, dez. 1991. Disponível em: <https://doi.org/10.1590/S0103-84781991000300013>. Acesso em: 21 abr. 2023.

ANTUNES, A. Entrevista: agrônomo fala sobre os riscos associados à liberação do plantio do eucalipto transgênico. **Fundação Oswaldo Cruz** (FIOCRUZ), 2015. Disponível em: < http://portal.fiocruz.br/pt-br/content/em-entrevistaagronomo-fala-sobre-os-riscos-associados-liberacao-dos-transgenicos-ediscute >. Acesso em: 22 jan. 2024.

AQUARONE, E.; BORZANI, W.; LIMA, U. A. **Biotecnologia**: Tópicos de microbiologia industrial. São Paulo: Edgard Blücher, 1975. v. 2.

ARAÚJO, A. C. C. de. **Composição química monomérica da lignina da madeira *Eucalyptus* spp. para produção de carvão vegetal**. 85 f. Dissertação (Mestrado em Ciências e Tecnologia da Madeira) – Universidade Federal de Lavras, Lavras, 2015. Disponível em: <http://repositorio.ufla.br/jspui/handle/1/9689>. Acesso em: 21 abr. 2023.

ARAÚJO, I. M. M. de; OLIVEIRA, Â. G. R. da C. Agronegócio e agrotóxicos: impactos à saúde dos trabalhadores agrícolas no Nordeste brasileiro. **Trabalho, Educação e Saúde**, Rio de Janeiro, v. 15, n. 1, p. 117-129, jan./ abr. 2017. Disponível em: <https://www.scielo.br/j/tes/a/Ny5PpLyDMmSJbhNc8CBfKVf/?format=pdf&lang=pt>. Acesso em: 30 jan. 2024.

ARAÚJO, M. de; CASTRO, E. M. de M. e. **Manual de engenharia têxtil**. Lisboa: Fundação Calouste Gulbenkian, 1988. v. II.

ARRUDA, A. M. V. de et al. Importância da fibra na nutrição de coelhos. **Semina**, v. 24, n. 1, p. 181-190, 2003. Disponível em: <https://ojs.uel.br/revistas/uel/index.php/semagrarias/article/view/2153/1847>. Acesso em: 21 abr. 2023.

ASHORI, A. Nonwood Fibers: a Potential Source of Raw Material in Papermaking. **Polymer-Plastics Technology and Engineering**, v. 45, n. 10, p. 1133-1136, 2006. Disponível em: <https://www.researchgate.net/publication/249075409_Nonwood_Fibers-A_Potential_Source_of_Raw_Material_in_Papermaking>. Acesso em: 20 fev. 2023.

ASSIS A. H. C. **Análise ambiental e gestão de resíduos**. Curitiba: InterSaberes, 2020.

ATCHISON, J. E. New Developments in Non-Wood Plant Fiber Pulping: a Global Perspective. In: INTERNATIONAL SYMPOSIUM ON WOOD AND PULPING CHEMISTRY. Raleigh. Atlanta: Tappi Press, 1989.

ATCHISON, J. E.; McGOVERN, J. N. History of Paper and the Importance of Non-Wood Plant Fibers. In: KOCUREK, M. J. (Ed.). **Pulp and Paper Manufacture**: Secondary Fibers and Non-Wood Pulping. Montreal: Tappi Press, 1987. p. 1-13.

AZIZ, Z. A. A. et al. Essential Oils: Extraction Techniques, Pharmaceutical and Therapeutic Potential – a Review. **Current Drug Metabolism**, v. 19, n. 13, p. 110-1110, 2018. Disponível em: <http://doi.org/10.2174/1389200219666180723144850>. Acesso em: 18 fev. 2023.

AZZINI A.; SALGADO A. L. de B.; TEIXEIRA, J. P. F. Curva de maturação da *Crotalaria juncea L.* em função da densidade básica do caule. **Bragantia**, v. 40, n. 1, p. 1-10, 1981. Disponível em: <https://www.scielo.br/j/brag/a/vG8VsNFBwVyFYpRhZfvdYyk/?format=pdf&lang=pt>. Acesso em: 2 ago. 2023.

BAER, L. **Produção gráfica**. 3. ed. São Paulo: Senac, 2001.

BAJPAI, P. **Pulp and Paper Industry**: Chemical Recovery. Kanpur: Elsevier, 2017.

BAKOS, A. E. **Images of Kingship in Early Modern France**: Luis XI in Political Thought, 1560-1789. New York: Routledge, 1997.

BALAKSHIN, M. et al. Quantification of Lignin-Carbohydrate Linkages with High-Resolution NMR Spectroscop. **Planta**, v. 233, n. 6, p. 1097-1110, June 2011. Disponível em: <https://link.springer.com/article/10.1007/s00425-011-1359-2>. Acesso em: 5 abr. 2023.

BANSAL A. K.; ZOOLAGUD, S. S. Bamboo Composites: Material of the Future. **Journal of Bamboo and Rattan**, v. 1, n. 2, p. 119-130, 2002.

BARBEIRO, V., PIPPONZI, R. **Transgênicos**: a verdade por trás do mito. São Paulo: Greenpeace, 2005. Disponível em: <http://www.bibliotecadigital.abong.org.br/handle/11465/1293>. Acesso em: 30 jan. 2024

BARRICHELO, L. E. G. **Estudo das características físicas, anatômicas e químicas da madeira de *Pinus caribaea* Mor. Var. *hondurensis* Barr. E Golf. para a produção de celulose kraft**. 167 f. Tese (Livre-Docência) – Universidade de São Paulo, Piracicaba, 1979. Disponível em: <https://www.celso-foelkel.com.br/artigos/outros/Estudo%20das%20caracteristicas.pdf>. Acesso em: 21 abr. 2023.

BARRICHELO, L. E. G.; BRITO, J. O. A utilização de madeira na produção de celulose. **Ipef – Instituto de Pesquisas e Estudos Florestais**, Circular Técnica n. 68, p. 1-12, set. 1979. Disponível em: <https://www.ipef.br/publicacoes/ctecnica/nr068.pdf>. Acesso em: 2 ago. 2023.

BARRICHELO, L. E. G.; BRITO, J. O. **A madeira das espécies de eucalipto como matéria-prima para a indústria de celulose e papel**. Brasília: Pnud/FAO/IBDF/Prodepef, 1976. (Série Divulgação, n. 13).

BARRICHELO, L. E. G.; BRITO, J. O. **Química da madeira**. Piracicaba: Calq, 1985.

BATISTA, T. S. **A indústria de papel e celulose no Brasil**: produtividade, competitividade, meio ambiente e mercado consumidor. 40 f. Trabalho de Conclusão de Curso (Graduação em Engenharia Química) – Universidade Federal de Uberlândia, Uberlândia, 2019. Disponível em: <https://repositorio.ufu.br/bitstream/123456789/26863/1/IndustriaPapelCelulose.pdf>. Acesso em: 17 fev. 2023.

BAUER-PANSKUS, A. et al. Risk assessment of genetically engineered plants that can persist and propagate in the environment. **Environmental Sciences Europe**, v. 32, 2020. Disponível em: <https://enveurope.springeropen.com/articles/10.1186/s12302-020-00301-0>. Acesso em: 30 jan. 2024.

BEGIN, R.; SAMET, J. M.; SHAIKH, R. A. Asbestos. In: HARDER, P.; SCHENKER, M. B.; BALMES, S. R. (Ed.). **Occupational and Environmental Respiratory Disease**. Saint Louis: Mosby-Yearbook, 1996. p. 293-321.

BÉGUIN, P.; AUBERT, J. The Biological Degradation of Cellulose. **FEMS Microbiology Reviews**, v. 13, p. 25-28, 1994.

BELGACEM, A. M. N.; GANDINI, A. **Polymers and Composites from Renewable Resources**. Amsterdam: Elsevier, 2008.

BELLIA, V. **Introdução à economia do meio ambiente**. Brasília: Ibama, 1996.

BELLOTE, A. F. J. et al. Resíduos da indústria de celulose em plantios florestais. **Boletim de Pesquisa Florestal**, n. 37, p. 99-106. jul./dez. 1998. Disponível em: <https://www.alice.cnptia.embrapa.br/alice/bitstream/doc/282198/1/abellote.pdf>. Acesso em: 20 abr. 2023.

BIANCHI, P. L. A. M. Situacion del Sirex Noctilio F. y Otros Insectos Plaga Forestalesen Uruguay. In: CONFERÊNCIA REGIONAL DA VESPA-DA-MADEIRA, SIREX NOCTILIO, NA AMÉRICA DO SUL, 1992, Florianópolis. **Anais**... Colombo: Embrapa, 1993. p. 65-71.

BITTENCOURT, E. **Parâmetro de otimização no processo de fabricação de celulose e papel**. 74 f. Dissertação (Mestrado em Engenharia Florestal) – Universidade Federal do Paraná, Curitiba, 2004. Disponível em: <http://www.floresta.ufpr.br/pos-graduacao/defesas/pdf_ms/2004/d392_0580-M.pdf>. Acesso em: 16 fev. 2023.

BOBBIO, P. A.; BOBBIO, F. O. **Introdução à química de alimentos**. 3. ed. rev. e atual. São Paulo: Varela, 2003.

BORGES, J. A. R. Brasil no mercado mundial. **Agroanalysis**, v. 30, n. 5, p. 13-15, maio 2010. Disponível em: <https://bibliotecadigital.fgv.br/ojs/index.php/agroanalysis/article/view/26395/25255>. Acesso em: 12 abr. 2023.

BRADESCO. Departamento de Pesquisas e Estudos Econômicos do Bradesco. **Economia em Dia**, jan. 2019. Disponível em: <https://www.economiaemdia.com.br/EconomiaEmDia/pdf/infset_papel_e_celulose.pdf>. Acesso em: 21 abr. 2023.

BRAICK, P. R.; MOTA, M. B. **História**: das cavernas ao terceiro milênio. 2. ed. São Paulo: Moderna, 2010.

BRASIL. Lei n. 4.771, de 15 de setembro de 1965. **Diário Oficial da União**, Poder Legislativo, Brasília, DF, 28 set. 1965. Disponível em: <https://www.planalto.gov.br/ccivil_03/Leis/L4771.htm>. Acesso em: 18 fev. 2023.

BRASIL. Lei n. 5.106, de 2 de setembro de 1966. **Diário Oficial da União**, Poder Legislativo, Brasília, DF, 5 set. 1966. Disponível em: <https://www2.camara.leg.br/legin/fed/lei/1960-1969/lei-5106-2-setembro-1966-368482-normaatualizada-pl.html>. Acesso em: 19 fev. 2023.

BRASIL. Lei n. 12.305, de 2 de agosto de 2010. **Diário Oficial da União**, Poder Legislativo, Brasília, DF, 3 ago. 2010. Disponível em: <https://www.planalto.gov.br/ccivil_03/_ato2007-2010/2010/lei/l12305.htm>. Acesso em: 28 fev. 2023.

BRASIL. Ministério da Agricultura, Pecuária e Abastecimento. Secretaria de Defesa Agropecuária. **Anuário da Cerveja 2020**. Brasília, 2021. Disponível em: <http://www.cervbrasil.org.br/novo_site/wp-content/uploads/2021/04/anuariocerveja2.pdf>. Acesso em: 20 fev. 2023.

BRASIL. Ministério da Ciência, Tecnologia, Inovações e Comunicações. Parecer Técnico n. 4.408, de 9 de abril de 2015. **Diário Oficial da União**, Brasília, DF, 13 abr. 2015. Disponível em: <http://ctnbio.mctic.gov.br/documents/566529/686100/Parecer+T%C3%A9cnico+4408-2018/6bac104d-a4de-43d4-8928-30f33e7ed499?version=1.0>. Acesso em: 21 abr. 2023.

BREBU, M. Environmental Degradation of Plastic Composites with Natural Fillers – a Review. **Polymers**, v. 12, n. 1, Jan. 2020. Disponível em: <https://doi.org/10.3390/polym12010166>. Acesso em: 2 ago. 2023.

BREZNAK, J. A. Phylogenetic Diversity and Physiology of Termite Gut Spirochetes. **Integrative and Comparative Biology Oxford**, v. 42, n. 2, p. 313-318, Apr. 2002.

BRINQUIS, M. del C. H. La fabricación del papel en España y Hispano América en siglo XVII. In: JORNADAS CIENTÍFICAS SOBRE DOCUMENTACIÓN DE CASTILLA E INDIAS EM EL SIGLO XVII, 5., 2006, Madrid. **Anais**… Madrid: Cema, 2006. p. 207-224.

BROWING, B. L. (Ed.). **The Chemistry of Cellulose and Wood**. New York: Interscience, 1963.

BUCKERIDGE, M. S. et al. Parede Celular. In: KERBAUY, G. B. (Ed.). **Fisiologia Vegetal**. Rio de Janeiro: Guanabara Koogan, 2008. p. 157-173.

BUCKERIDGE, M. S.; SANTOS, H. P.; TINÉ, M. A. S. Mobilisation of Storage cell Wall Polysaccharides in Seeds. **Plant Physiology and Biochemistry**, v. 38, n. 1-2, p. 141-156, Jan. 2000. Disponível em: <https://www.sciencedirect.com/science/article/abs/pii/S0981942800001625?via%3Dihub>. Acesso em: 12 abr. 2023.

BUCKERIDGE, M. S.; SANTOS, W. D. dos; SOUZA, A. P. de. As rotas para o etanol celulósico no Brasil. In: CORTEZ, L. A. B. (Coord.). **Bioetanol de cana-de-açúcar**: P&D para produtividade e sustentabilidade. São Paulo: Blucher, 2010. p. 365-380.

BURGUETTE, L. **Convite à história**. 6. ed. São Paulo: Logos, 1990. v. I.

CALDEIRA, F. M. A evolução histórica, filosófica e teórica da pena. **Revista da Emerj**, v. 12, n. 45, p. 255-272, 2009. Disponível em: <https://www.emerj.tjrj.jus.br/revistaemerj_online/edicoes/revista45/Revista45_255.pdf>. Acesso em: 12 abr. 2023.

CAMARGOS, C. H. M. de. **Compósitos de nanocristais e nanofibrilas de celulose**: preparação, caracterização e potenciais aplicações em processos de restauração de documentos e obras de arte sobre papel. 131 f. Dissertação (Mestrado em Físico-Química) – Universidade Federal de Minas Gerais, Belo Horizonte, 2016. Disponível em: <https://repositorio.ufmg.br/bitstream/1843/SFSA-A8KNGM/1/disserta__o_camilla_final_impress_o.pdf>. Acesso: 12 abr. 2023.

CAMPOS, E. da S.; FOELKEL, C. **A evolução tecnológica do setor de celulose e papel no Brasil**. São Paulo: ABTCP, 2016. Disponível em: <https://www.celso-foelkel.com.br/artigos/2017_Livro_EvolucaoTecnologica_Celulose_Papel_Brasil.pdf>. Acesso em: 21 abr. 2023.

CANTERI, M. H. G. et al. Pectina: da matéria-prima ao produto final. **Polímeros**, v. 22, n. 2, p. 149-157, 2012. Disponível em: <https://www.scielo.br/j/po/a/xFQbJ6HR3QrCpL6dT9PbVrz/?format=pdf&lang=pt>. Acesso em: 21 fev. 2023.

CARDONA, C. A.; QUINTERO, J. A.; PAZ, I. C. Production of Bioethanol from Sugarcane Bagasse: Status and Perspectives. **Bioresource Technology**, v. 101, n. 13, p. 4754-4760, July 2010. Disponível em: <https://www.sciencedirect.com/science/article/abs/pii/S0960852409015089?via%3Dihub>. Acesso em: 21 abr. 2023.

CARDOSO, J. L. **Pré-História de Portugal**. Lisboa: Universidade Aberta, 2007.

CARDOSO, M. **Análise da unidade de recuperação do licor negro de eucalipto no processo kraft**: avaliando alternativas de processamento. 134 f. Tese (Doutorado em Engenharia Química) – Universidade Estadual de Campinas, Campinas, 1998.

CARNEIRO, F. F. et al (Org.). **Dossiê Abrasco**: um alerta sobre os impactos dos agrotóxicos na saúde. Rio de Janeiro: EPSJV, 2015. Disponível em: <https://abrasco.org.br/download/dossie-abrasco-um-alerta-sobre-os-impactos-dos-agrotoxicos-na-saude/ v>. Acesso em: 30 jan. 2024.

CARPITA, N. C. Structure and Biogenesis of the Cell Walls of Grasses. **Annu Review of Plant Physiology and Plant Molecular Biology**, v. 47, p. 445-476, June 1996.

CARPITA, N.; McCANN, M. The Cell Wall. In: BUCHANAN, B. B.; GRUISSEM, W.; JONES, R. L. (Ed.). **Biochemistry and Molecular Biology of Plants**. Rockville: American Society of Plant Physiologists, 2000. p. 52-108.

CARVALHO, C. de. Eucalipto transgênico ameaça mel orgânico. **O Globo**, 28 out. 2014. Disponível em: <https://oglobo.globo.com/sociedade/sustentabilidade/eucalipto-transgenico-ameaca-melorganico-14379745>. Acesso em: 19 fev. 2023.

CASTRO, H. F. de. **Papel e celulose**. Disciplina Processos Químicos Industriais II, 2009. Universidade de São Paulo, Escola de Engenharia de Lorena. Apostila. Disponível em: <https://sistemas.eel.usp.br/docentes/arquivos/5840556/434/apostila4papelecelulose.pdf>. Acesso em: 18 fev. 2023.

CERQUEIRA, D. A. et al. Caracterização de acetato de celulose obtido a partir do bagaço de cana-de-açúcar por ^{1}H-RMN. **Polímeros**, v. 20, n. 2, p. 85-91, 2010. Disponível em: <https://www.scielo.br/j/po/a/sbtT34vkzYRvGzTdTKMyfCc/?format=pdf&lang=pt>. Acesso em: 23 fev. 2023.

CHALFOUN, S. M.; ZAMBOLIM, L. Ferrugem do cafeeiro. **Informe Agropecuário**, Belo Horizonte, v. 11, n. 126, p. 42-46, jun. 1985.

CHANDRA, R. P. et al. Substrate Pretreatment: the Key to Effective Enzymatic Hydrolysis of Lignocellulosics? In: OLSSON, L. (Ed.) **Biofuels**. Berlin: Springer-Verlag, 2007. p. 67-93. (Advances in Biochemical Engineering/Biotechnology, v. 108). Disponível em: <https://link.springer.com/chapter/10.1007/10_2007_064>. Acesso em: 21 abr. 2023.

CHARPIN, D. **Lire et écrire à Babylone**. Paris: Puf, 2008.

CHÂTELET, F.; DUHAMEL, O.; PSIER-KOCHNER, E. **História das ideias políticas**. Rio de Janeiro: J. Zahar, 2000.

CHEUNG, C. **Studies of the Nitration of Cellulose**: Application in New Membrane Materials. 103 f. Dissertation (Master of Science) – The University of British Columbia, Vancouver, 2014. Disponível em: <http://dx.doi.org/10.14288/1.0072160>. Acesso em: 22 fev. 2023.

CHORVATOVIČOVÁ, D. et al. Protective Effect of the Yeast Glucomannan against Cyclophosphamide-Induced Mutagenicity. **Mutation Research – Genetic Toxicology and Environmental Mutagenesis**, v. 444, n. 1, p. 117-122, 21 July 1999.

CHRISTIANSEN, T. et al. The Nature of Ancient Egyptian Copper-Containing Carbon Inks Is Revealed by Synchrotron Radiation Based X-ray Microscopy. **Scientific Reports**, n. 7, 2017.

CONAB – Companhia Nacional de Abastecimento. **Dados básicos de economia agrícola**. Disponível em: <www.conab.gov.br/inf-agro/safras/grãos/boletim-da-safra-de-graos>. Acesso em: 12 abr. 2023.

CONTE, A. J. et al. Efeito da fitase e xilanase sobre a energia metabolizável do farelo de arroz integral em frangos de corte. **Ciência e Agrotecnologia**, v. 26, n. 6, p. 1289-1296, 2002.

CORAZZA, R. I. **Inovação tecnológica e demandas ambientais**: notas sobre o caso da indústria brasileira de papel e celulose. 151 f. Dissertação (Mestrado em Política Científica e Tecnológica) – Universidade Estadual de Campinas, Campinas, 1996. Disponível em: <https://repositorio.unicamp.br/acervo/detalhe/106590>. Acesso em: 24 fev. 2023.

COSGROVE, D. J. Expansive Growth of Plant Cell Walls. **Plant Physiology and Biochemistry**, v. 38, n. 1/2, p. 109-124, Jan./Feb. 2000.

COSGROVE, D. J. Relaxation in High-Stress Environment: the Molecular Basis of Extensible Cell Walls and Cell Enlargement. **The Plant Cell**, v. 9, n. 7, p. 1031-1041, July 1997. Disponível em: <https://academic.oup.com/plcell/article/9/7/1031/5986409>. Acesso em: 12 abr. 2023.

COSTA, I. L. S. A transição da Idade Média para a Idade Moderna: uma análise crítica. **Revista Tempo de Conquista**, v. 19, p. 1-14, 2016.

COUZEMENCO, F. Eucalipto transgênico da Suzano é alvo de mobilização internacional. **Século Diário**, 10 jun. 2022. Disponível em: <https://www.seculodiario.com.br/meio-ambiente/eucalipto-transgenico-da-suzano-e-alvo-de-mobilizacao-internacional#:~:text=Eucalipto%20transg%C3%AAnico%20da%20Suzano%20%C3%A9%20alvo%20de%20mobiliza%C3%A7%C3%A3o%20internacional,-Mais%20de%2060&text=Est%C3%A1%20aberta%20a%20ades%C3%B5es%20at%C3%A9,da%20Suzano%20Papel%20e%20Celulose.>. Acesso em: 30 jan. 2024.

CROPLIFE BRASIL. **Desmistificando o eucalipto transgênico**. Disponível em: <https://croplifebrasil.org/conceitos/desmistificando-o-eucalipto-transgenico/>. Acesso em: 19 fev. 2023.

D'ALMEIDA, A. L. F. S. et al. Acetilação da fibra de bucha (*Luffacylindrica*). **Polímeros**, v. 15, n. 1, p. 56-62, 2005. Disponível em: <https://www.revistapolimeros.org.br/article/10.1590/S0104-14282005000100013/pdf/polimeros-15-1-56.pdf>. Acesso em: 24 fev. 2023.

D'ALMEIDA, M. L. O. Composição química dos materiais lignocelulósicos. In: D'ALMEIDA, M. L. O. (Coord.). **Celulose e papel**: tecnologia de fabricação da pasta celulósica. São Paulo: Senai-SP, 1981. p. 44-105. v. 1.

D'ALMEIDA, M. L. O. Composição química dos materiais lignocelulósicos. In: D'ALMEIDA, M. L. O. (Coord.). **Celulose e papel**: tecnologia de fabricação da pasta celulósica. 2. ed. São Paulo: Senai-SP; IPT, 1988a. p. 45-106. v. 1. Disponível em: <https://www.eucalyptus.com.br/artigos/1988_Livro_IPT+SENAI+Celulose+Papel_Vol.01.pdf>. Acesso em: 13 abr. 2023.

D'ALMEIDA, M. L. O. (Coord.). **Celulose e papel**: tecnologia de fabricação de papel. 2. ed. São Paulo: Senai-SP; IPT, 1988b. v. 2.

DAMASIO, F.; PACHECO, S. M. V. Vanilina: origem, propriedades e produção. **Química Nova na Escola**, v. 32, n. 4, p. 215-219, nov. 2010. Disponível em: <http://qnesc.sbq.org.br/online/qnesc32_4/02-QS3909.pdf>. Acesso em: 21 abr. 2023.

DARKWA, N. A. Plantain (*Musa paradisiaca L.*): a Fibre Source for Tropical Countries. In: PULPING CONFERENCE PROCEEDINGS, Montreal, 1998. **Proceedings**… Atlanta: Tappi Press, 1998. p. 645-649. v. 3.

DARVELL, B. W. **Ciência dos materiais para odontologia restauradora**. 9. ed. São Paulo: Santos Editora, 2012.

DAUGSCH, A.; PASTORE, G. Obtenção de vanilina: oportunidade biotecnológica. **Química Nova**, v. 28, n. 4, p. 642-645, ago. 2005. Disponível em: <https://www.scielo.br/j/qn/a/9Z8ZTr8Ckm8JTB8twgpggwb/?format=pdf&lang=pt>. Acesso em: 12 abr. 2023.

DEBUS, A. G. **O homem e a natureza no Renascimento**. Porto: Porto Editora, 2004.

DELATORRE, C. A. **Plantas transgênicas**: avaliando riscos e desfazendo mitos. Porto Alegre: Evangraf, 2005. Disponível em: <www.ufrgs.br/agronomia/plantas/destaques/livro_transgenicos.php> Acesso em: 30 jan. 2024.

DELMER, D. P.; AMOR, Y. Cellulose Biosynthesis. **The Plant Cell**, v. 7, n. 7, p. 987-1000, July 1995. Disponível em: <https://academic.oup.com/plcell/article/7/7/987/5985044>. Acesso em: 20 fev. 2023.

DE PAULA, G. M. Nota Técnica do Sistema Produtivo Insumos Básicos e Foco Setorial Siderurgia. **Relatório do Projeto Indústria 2027**: riscos e oportunidades para o Brasil diante de inovações disruptivas. Rio de Janeiro: IE-UFRJ; Campinas: IE-Unicamp, 2018.

DINIZ, F. Genoma do eucalipto: primeiro sequenciamento vegetal completo liderado pelo Brasil. **Embrapa Notícias**, 11 jun. 2014. Disponível em: <https://www.embrapa.br/busca-de-noticias/-/noticia/1818505/genoma-do-eucalipto-primeiro-sequenciamento-vegetal-completo-liderado-pelo-brasil>. Acesso em: 19 fev. 2023.

DOCTORS, M. (Org.). **A cultura do papel**. Rio de Janeiro: Casa da Palavra; Fundação Eva Klabin Rapaport, 1999.

DODD, D.; CANN, I. K. O. Enzymatic Deconstruction of Xylan for Biofuel Production. **Global Change Biology Bioenergy**, v. 1, n. 1, p. 2-17, Feb. 2009. Disponível em: <https://www.ncbi.nlm.nih.gov/pmc/articles/PMC2860967/>. Acesso em: 22 fev. 2023.

DONINI, I. A. N. et al. Biossíntese e recentes avanços na produção de celulose bacteriana. **Eclética Química**, v. 35, n. 4, p. 165-178, 2010. Disponível em: <https://www.scielo.br/j/eq/a/ngtmyRg4bRDtbQ5L4YVfBMv/?format=pdf&lang=pt>. Acesso em: 22 fev. 2023.

DOWNES, G. M. et al. **Sampling Plantation Eucalypts**: for Wood and Fibre Properties. Clayton: Csiro Publishing, 1997.

EBRINGEROVA, A.; HEINZE, T. Xylan and Xylan Derivatives: Biopolymers with Valuable Properties. **Macromolecular Rapid Communications**, v. 21, n. 9, p. 542-556, 2000.

ECHER, F.; ROSOLEM, C. A.; RAPHAEL, J. P. A. Desenvolvimento da planta e qualidade da fibra. **Manual de Qualidade da Fibra da Ampa – IMAmt**, Cuiabá, p. 206-237, 2018. Disponível em: <https://www.unoeste.br/site/cursoposgraduacao/documentos/agronomia/2020/2019%20manual_qualidade_parte4.pdf>. Acesso em: 2 ago. 2023.

ELBEIN, A. D. Biosynthesis of a Cell Wall Glucomannan in Mung Bean Seedlings. **Journal of Biological Chemistry**, v. 244, n. 6, p. 1608-1616, 25 Mar. 1969. Disponível em: <https://www.sciencedirect.com/science/article/pii/S002192581891803X>. Acesso em: 21 fev. 2023.

EMBRAPA – Empresa Brasileira de Pesquisa Agropecuária. Perguntas e respostas: araucária. **Embrapa Florestas**. Disponível em: <https://www.embrapa.br/florestas/transferencia-de-tecnologia/iniciativa-araucaria/perguntas-e-respostas#:~:text=Como%20diferenciar%20uma%20arauc%C3%A1ria%20macho,a%2015%20anos%20da%20idade>. Acesso em: 20 fev. 2023.

EMGRAF – Empresa Gráfica Feirense Ltda. **Guias de impressão**. Disponível em: <https://www.emgraf.com.br/guia-de-impressao/tipos-de-papeis-e-gramaturas>. Acesso em: 21 abr. 2023.

EPE – Empresa de Pesquisa Energética. **Balanço Energético Nacional 2018**: ano-base 2017. Brasília, DF, 2018. Disponível em: <https://www.epe.gov.br/pt/publicacoes-dados-abertos/publicacoes/balanco-energetico-nacional-2018>. Acesso em: 20 fev. 2023.

EPE – Empresa de Pesquisa Energética; IEA – International Energy Agency. **A indústria de papel e celulose no Brasil e no mundo**: panorama geral. 2021. Disponível em: <https://www.epe.gov.br/sites-pt/publicacoes-dados-abertos/publicacoes/PublicacoesArquivos/publicacao-650/Pulp%20and%20paper_EPE+IEA_Portugu%C3%AAs_2022_01_25_IBA.pdf>. Acesso em: 23 fev. 2023.

ÉPOCA NEGÓCIOS. **Sustentabilidade**: para cada hectare plantado, um será preservado. 2022. Disponível em: <https://epocanegocios.globo.com/Conteudo-de-marca/Bracell/noticia/2022/07/sustentabilidade-para-cada-hectare-plantado-um-sera-preservado.html?fbclid=IwAR0M1LX7LkK9X0EWzKFXOzEd_efP5kfISSRlDrUIJYTE-Bp0k0WOgHq1rm8>. Acesso em: 12 abr. 2023.

FAIK, A. Plant Cell Wall Structure-Pretreatment the Critical Relationship in Biomass Conversion to Fermentable Sugars. In: GU, T. (Ed.). **Green Biomass Pretreatment for Biofuels Production**: Springer Briefs in Molecular Science. Dordrecht: Springer, 2013. p. 1-30.

FAO – Food and Agriculture Organization of the United Nations. **Global Forest Resources Assessment 2015**: Desk References. Rome, 2015. Disponível em: <http://www.fao.org/3/a-i4808e.pdf >. Acesso: 12 abr. 2023

FARIA, M. I.; PERICÃO, M. da G. **Dicionário do livro**: da escrita ao livro eletrônico. São Paulo: Edusp, 2008.

FARINAS, C. S. **A parede celular e as enzimas envolvidas na sua degradação**. São Carlos: Embrapa Instrumentação, 2011. Disponível em: <https://ainfo.cnptia.embrapa.br/digital/bitstream/item/61175/1/DOC54-2011.pdf>. Acesso em: 13 abr. 2023.

FEBVRE, L; MARTIN, H. **O aparecimento do livro**. São Paulo: Hucitec, 1992.

FENGEL, D.; WEGENER, G. **Wood, Chemistry, Ultrastructure, Reactions**. New York: Waster & Grugter, 1984.

FENGEL, D.; WEGENER, G. **Wood, Chemistry, Ultrastructure, Reactions**. Munchen: Kessel, 2003.

FERNANDES, A. **Fundamentos de produção gráfica**: para quem não é produtor gráfico. Rio de Janeiro: Rubio, 2003.

FERREIRA, C. A. **Nutritional Aspects of the Management of Eucalyptus Plantations on Poor Sandy Soils of the Brazilian Cerrado Region**. 193 f. Thesis (Doctor of Philosophy) – Oxford University, Oxford, UK, 1989.

FERREIRA, F. A.; MILANI, D. **Diagnose visual e controle das doenças abióticas e bióticas do eucalipto no Brasil**. Viçosa: Ed. da UFV, 2012.

FILGUEIRAS, T. S.; GONÇALVES, A. P. S. A Checklist of the Basal Grasses and Bamboos in Brazil. **Bamboo Science and Culture**, v. 18, n. 1, p. 7-18, 2004. Disponível em: <https://bamboo.org/_uploads/pdfs/BSCv18_2004.pdf>. Acesso em: 20 fev. 2023.

FILIPPINI-ALBA, J. M.; WOLFF, L. F. (Ed.). **Zoneamento agroecológico florístico para a apicultura e meliponicultura no Bioma Pampa**. Pelotas: Embrapa Clima Temperado, 2016. (Documentos, 425). Disponível em: <http://www.infoteca.cnptia.embrapa.br/infoteca/handle/doc/1084526>. Acesso em: 12 abr. 2023.

FINK, H. P. et al. Structure Formation of Regenerated Cellulose Materials from NMMO-Solutions. **Progress in Polymer Science**, v. 26, n. 9, p. 1473-1524, Nov. 2001.

FOELKEL, C. E. B. A araucária e a bracatinga merecem oportunidades. **O Papel**, p. 32-33, set. 2005. Disponível em: <http://www.celso-foelkel.com.br/artigos/outros/04_araucaria%20e%20bracatinga%20merecem%20oportunidades.pdf>. Acesso em: 17 fev. 2023.

FOELKEL, C. E. B. Celulose kraft de *Pinus* spp. **O Papel**, São Paulo, p. 49-67, jan. 1976. Disponível em: <https://www.celso-foelkel.com.br/artigos/ABTCP/1975%20%20Celulose%20kraft%20de%20Pinus%20spp%20.pdf>. Acesso em: 21 abr. 2023.

FOELKEL, C. E. B. Elementos de vaso e celuloses de eucalipto. **Eucalyptus Online Book & Newsletter**, abr. 2007. Disponível em: <https://www.eucalyptus.com.br/capitulos/PT04_vasos.pdf>. Acesso em: 17 fev. 2023.

FOELKEL, C. E. B. O processo de impregnação dos cavacos de madeira de eucalipto pelo licor kraft de cozimento. **Eucalyptus Online Book & Newsletter**, maio 2009. Disponível em: <https://www.eucalyptus.com.br/eucaliptos/PT15_ImpregnacaoCavacos.pdf>. Acesso em: 17 fev. 2023.

FOELKEL, C. E. B.; BARRICHELO, L. E. G. Relações entre características da madeira e propriedade da celulose e papel. In: CONGRESSO ANUAL DA ABCP, 8., 1975, São Paulo. **Trabalhos técnicos**. São Paulo: ABTCP, 1975a. p 15-20.

FOELKEL, C. E. B.; BARRICHELO, L. E. G. **Tecnologia de celulose e papel**. Piracicaba: Esalq, 1975b. Disponível em: <https://www.celso-foelkel.com.br/artigos/outros/TecnologiaCelulosePapel_ESALQ_1975.pdf>. Acesso em: 21 abr. 2023.

FRANCO JÚNIOR, H. **A Idade Média**: o nascimento do Ocidente. 2. ed. rev. e ampl. São Paulo: Brasiliense, 2001.

FRENCH, D. Organization of Starch Granules. In: WHISTLER, R. L.; BEMILLER, J. N.; PASCHAL, E. F. (Ed.). **Starch**: Chemistry and Technology. 2. ed. London: Academic Press, 1984. p. 183-247.

FRUGONI, C. **Invenções da Idade Média**. Rio de Janeiro: J. Zahar, 2007.

FURTADO, J. **Indústria 4.0**: a Quarta Revolução Industrial e os desafios para a indústria e para o desenvolvimento brasileiro. São Paulo: Iedi, 2017.

GATTI, T. H. **A história do papel artesanal no Brasil**. São Paulo: ABTCP, 2007.

GATTI, T. H. **Do berço ao berço**: agregação de valor e de desempenho socioambiental para a produção de papéis especiais com resíduos da agricultura. 210 f. Tese (Doutorado em Desenvolvimento Sustentável) – Universidade de Brasília, Brasília, DF, 2008.

GEORGES, J. **A escrita**: memórias dos homens. Rio de Janeiro: Objetiva, 2002.

GIACOMINI, N. P. **Compósitos reforçados com fibras naturais para a indústria automobilística**. 168 f. Dissertação (Mestrado em Engenharia de Materiais) – Universidade de São Paulo, São Carlos, 2003. Disponível em: <https://www.teses.usp.br/teses/disponiveis/88/88131/tde-11072017-165013/publico/Dissert_Giacomini_PedroN_cor.pdf >. Acesso em: 2 ago. 2023.

GILBERT, H. J. The Biochemistry and Structural Biology of Plant Cell Wall Deconstruction. **Plant Physiology**, v. 153, n. 2, p. 444-455, June 2010. Disponível em: <https://academic.oup.com/plphys/article/153/2/444/6109389>. Acesso em: 13 abr. 2023.

GIMPEL, J. **A Revolução Industrial na Idade Média**. Rio de Janeiro: J. Zahar, 1977.

GOMES, E. et al. Resíduos agrícolas e agroindustriais: potencialidades de uso na produção de etanol. In: LEMOS, E. G. de M.; STRADIOTTO, N. R. (Org.). **Bioenergia**: desenvolvimento, pesquisa e inovação. São Paulo: Cultura Acadêmica, 2012. p. 271-318. Disponível em: <http://www.santoandre.sp.gov.br/PESQUISA/ebooks/342210.PDF>. Acesso em: 20 fev. 2023.

GOMES, S. et al. Potencial energético de resíduos sólidos domiciliares do município de Ponta Grossa, Paraná, Brasil. **Engenharia Sanitária e Ambiental**, v. 22, n. 6, p. 1197–1202, nov./dez. 2017. Disponível em: <https://doi.org/10.1590/S1413-41522017143432>. Acesso em: 13 abr. 2023.

GOTTLIEB, M. G. V.; CRUZ, I. B. M. da; BODANESE, L. C. Origem da síndrome metabólica: aspectos genético-evolutivos e nutricionais. **Scientia Medica**, v. 18, n. 1, p. 31-38, jan./mar. 2008. Disponível em: <https://revistaseletronicas.pucrs.br/ojs/index.php/scientiamedica/article/view/2228/7852>. Acesso em: 13 abr. 2023.

GRACE, T. M. et al. (Ed.). Chemical Reactions of Wood Constituents. In: GRACE, T. M.; MALCOM, E. W. (Ed). **Pulp and Paper Manufacture**. 3. ed. Atlanta: Tappi Press, 1989. p. 23-44. (Alkaline Pulping, v. 5).

GRAENACHER, G.; SALLMANN, R. Cellulose Solutions and Process of Making Same. **United States Patent Office**, n. 2, 7 Nov. 1939. Disponível em: <https://patentimages.storage.googleapis.com/60/88/5a/79bcd178242b9d/US2179181.pdf>. Acesso em: 22 fev. 2023.

GRANDE, J. P. **Dimensões de cavacos industriais de eucalipto e relações com polpação, resistência e morfologia de fibras na polpa**. 77 f. Dissertação (Mestrado em Ciência Florestal) – Universidade Estadual Paulista Júlio De Mesquita Filho, Botucatu, 2012. Disponível em: <https://repositorio.unesp.br/bitstream/handle/11449/99756/grande_jp_me_botfca.pdf?sequence=1&isAllowed=y>. Acesso em: 17 fev. 2023.

GRIGOLETTO, I. C. B. **Reaproveitar e reciclar papel**: proposta de conscientização da preservação ambiental. 42 f. Monografia (Especialização em Educação Ambiental) – Universidade Federal de Santa Maria, Santa Maria, 2011. Disponível em: <https://repositorio.ufsm.br/handle/1/1897>. Acesso em: 13 abr. 2023.

GRZEGORZ, B.; CYBULSKA, I.; ROSENTRATER, K. Intergration of Extrusion and Clean Fractionation Processes as a Pre-Treatment Technology for Prairie Cordgrass. **Bioresource Technology**, v. 135, p. 672-682, May 2013.

GUANAES, D.; BITTENCOURT, E. Propelentes sólidos: uma história ligada à evolução dos polímeros. **Revista Militar de Ciência e Tecnologia**, v. 25, n. 1, p. 71-80, 2008. Disponível em: <https://rmct.ime.eb.br/arquivos/RMCT_1_quad_2008/propelentes_solidos.pdf>. Acesso: 22 fev. 2023.

GUERRANTE, R. D. S. **Transgênicos**: uma visão estratégica. Rio de janeiro: Interciência, 2003.

GURGEL, L. V. A. **Hidrólise ácida de bagaço de cana-de-açúcar**: estudo cinético de sacarificação de celulose para produção de etanol. 315 f. Tese (Doutorado em Ciências) – Universidade de São Paulo, São Carlos, 2010. Disponível em: <https://teses.usp.br/teses/disponiveis/75/75131/tde-25032011-081629/publico/LeandroViniciusAlvesGurgelR.pdf>. Acesso em: 22 fev. 2023.

HABIBI, Y.; LUCIA, L. A.; ROJAS, O. J. Cellulose Nanocrystals: Chemistry, Self-Assembly, and Applications. **Chemical Reviews**, v. 110, n. 6, p. 3479-3500, June 2010. Disponível em: <https://pubs.acs.org/doi/full/10.1021/cr900339w>. Acesso em: 13 abr. 2023.

HALLEWELL, L. **O livro no Brasil**. São Paulo: Edusp, 2012.

HAMAGUCHI, M. **Additional Revenue Opportunities in Pulp Mills and Their Impacts on the Kraft Process**. Thesis (Doctor of Science Technology) – Lappeenranta University of Technology, Lappeenranta, 2013. Disponível em: <https://lutpub.lut.fi/bitstream/handle/10024/94056/isbn9789522655417.pdf?sequence=2&isAllowed=y>. Acesso em: 21 abr. 2023.

HAMELINCK, C. N.; HOOIJDONK, G. van; FAAIJ, A. P. C. Ethanol from Lignocellulosic Biomass: Techno-Economic Performance in Short-, Middle- and Longterm. **Biomass and Bioenergy**, v. 28, n. 4, p. 384-410, 2005.

HARBORNE, J. B. **Phytochemical Methods**. London: Chapman and Hall, 1973.

HARTLER, N.; STADE, Y. Chipper Operation for Improved Chip Quality. **Svensk Papperstidning**, n. 14, p. 447-453, 1977. Disponível em: <https://www.eucalyptus.com.br/artigos/1977_Hartler+Stade_Improved+Chip+Quality.pdf>. Acesso em: 16 fev. 2023.

HAYASHI, T.; KAIDA, R. Functions of Xyloglucan in Plant Cells. **Molecular Plant**, v. 4, n. 1, p. 17-24, Jan. 2011. Disponível em: <https://www.cell.com/action/showPdf?pii=S1674-2052%2814%2960558-X>. Acesso em: 21 fev. 2023.

HEINZE, T.; KOSCHELLA, A. Solvents Applied in the Field of Cellulose Chemistry: a Mini Review. **Polímeros**, v. 15. n. 2, p. 84-90, 2005. Disponível em: <https://www.scielo.br/j/po/a/f3MgHyD9THWMDvzcDWvQSmv/?format=pdf&lang=en>. Acesso em: 13 abr. 2023.

HELLER, J. **Paper-Making**. New York: Watson-Guptill Publications, 1997.

HERMANN, M.; PENTEK, T.; OTTO, B. Design Principles for Industry 4.0 Scenarios. In: HAWAII INTERNATIONAL CONFERENCE ON SYSTEM SCIENCES, 49., 2016, Koloa. **Proceedings**… Koloa, 2016. p. 3928-3937. Disponível em: <https://ieeexplore.ieee.org/document/7427673>. Acesso em: 13 abr. 2023.

HERNÁNDEZ, J. A. **Lignina organosolv de *Eucalyptus dunnii* Maiden**: alternativa para a síntese de adesivos de poliuretano para madeira. 93 f. Tese (Doutorado em Engenharia Florestal) – Universidade Federal do Paraná, Curitiba, 2007. Disponível em: <http://www.bibliotecaflorestal.ufv.br/handle/123456789/5042>. Acesso em: 16 fev. 2023.

HILGEMBERG, E. M.; BACHA, C. J. C. A evolução da indústria brasileira de celulose e sua atuação no mercado mundial. **Análise Econômica**, v. 19, n. 36, p. 145-164, set. 2009. Disponível em: <https://seer.ufrgs.br/index.php/AnaliseEconomica/article/view/10679/6308>. Acesso em: 13 abr. 2023.

HIROCE, R.; BENATTI JÚNIOR, R.; FEITOSA C, T. Estudos nutricionais em junco: adubação e calagem. **Bragantia**, v. 47, n. 2, p. 313-323, 1988. Disponível em: <https://doi.org/10.1590/S0006-87051988000200015>. Acesso em: 2 ago. 2023.

HONDA, I. **The World of Origami**. Tokyo: Japan Publications, 1969.

HOOGE, D. M. Turkey Pen Trials with Dietary Mannan Oligosaccharide: Meta-Analysis, 1993-2003. **International Journal of Poultry Science**, v. 3, n. 3, p. 179-188, 2004.

HOORNWEG, D.; BHADA-TATA, P. What a Waste: a Global Review of Solid Waste Management. **Urban Development Series**, n. 15, Mar. 2012. Washington: World Bank, 2012. Disponível em: <https://www.researchgate.net/publication/306201760_What_a_waste_a_global_review_of_solid_waste_management>. Acesso em: 17 fev. 2023.

HORA, A. B. da; RIBEIRO, L. B. N. M.; MENDES, R. Papel e celulose. In: BNDES – Banco Nacional de Desenvolvimento Econômico e Social. **Visão 2035**: Brasil, país desenvolvido – Agendas setoriais para alcance da meta. Rio de Janeiro, 2018. p. 119-142. Disponível em: <https://web.bndes.gov.br/bib/jspui/bitstream/1408/16040/3/PRLiv214078_Visao_2035_compl_P.pdf>. Acesso em: 21 abr. 2023.

IBÁ – Indústria Brasileira de Árvores. **Relatório 2017**. São Paulo, 2017. Disponível em: <https://www.iba.org/datafiles/publicacoes/pdf/iba-relatorioanual2017.pdf>. Acesso em: 16 fev. 2023.

IBÁ – Indústria Brasileira de Árvores. **Relatório 2019**. São Paulo, 2019. Disponível em: <https://iba.org/datafiles/publicacoes/relatorios/iba-relatorioanual2019.pdf>. Acesso em: 16 fev. 2023.

IBÁ – Indústria Brasileira de Árvores. **Relatório Anual 2021**. São Paulo, 2021. Disponível em: <https://www.iba.org/datafiles/publicacoes/relatorios/relatorioiba2021-compactado.pdf>. Acesso em: 13 abr. 2023.

IBP – Instituto Brasileiro de Pellets, Biomassa e Briquete. **Biomassa de origem agrícola**. Disponível em: <www.abibbrasil.wixsite.com/institutobrpellets/biomassa-agorindustrial>. Acesso em: 20 fev. 2023.

ICFPA – International Council of Forest and Paper Associations. **Sustainability Progress Report 2020-2021**. 2021. Disponível em: <https://icfpa.org/wp-content/uploads/2021/04/ICFPA2021_Final-Draft_19-04-2021.pdf>. Acesso em: 16 mar. 2023.

IDEC – Instituto Brasileiro de Defesa do Consumidor. **Saiba o que são os alimentos transgênicos e quais os seus riscos**. 5 maio 2011. Disponivel em: <https://idec.org.br/consultas/dicas-e-direitos/saiba-o-que-sao-os-alimentos-transgenicos-e-quais-os-seus-riscos>. Acesso: 30 jan. 2024.

IEL – Instituto Euvaldo Lodi. **Mapa de clusters tecnológicos e tecnologias relevantes para competitividade de sistemas produtivos**. Brasília: IEL/NC, 2017. Disponível em: <static.portaldaindustria.com.br/media/filer_public/6c/8e/6c8e358b-a098-4b12-b506-1e425b0a3a35/clusters_tecnologicos_e_tecnologias_relevantes_para_competitividade_de_sistemas_produtivos.pdf>. Acesso em: 13 abr. 2023.

IPT – Instituto de Pesquisas Tecnológicas. Madeiras Nacionais. **Tabela de resultados de ensaios físicos e mecânicos**. (Tabelas em separata da 2. ed. Boletim n. 31, 1956). São Paulo, 1974.

ISO – International Organization for Standardization. **ISO 9706**: Information and Documentation – Paper for documents, Requirements for Permanence. Geneva, CH, 1994. Disponível em: <https://www.iso.org/obp/ui/#iso:std:iso:9706:ed-1:v1:en>. Acesso em: 12 abr. 2023.

JACOBS, M. R. **Eucalypts for Planting**. Rome: FAO, 1979. (Forestry Series, n. 11).

JEFFRIES, T. W. Biodegradation of Lignin-Carbohydrate Complexes. **Biodegradation**, v. 1, p. 163-176, June 1990. Disponível em: <https://www.fpl.fs.usda.gov/documnts/pdf1990/jeffr90b.pdf>. Acesso em: 12 abr. 2023.

JONES, P.; COMFORT, D. The Forest, Paper, and Packaging Industry and Sustainability. **International Journal of Sales, Retailing and Marketing**, v. 6, n. 1, p. 3-21, June 2017.

KADLA, J. F. et al. Lignin-Based Carbon Fibers for Composite Fiber Applications. **Carbon**, v. 40, n. 15, p. 2913-2920, 2002. Disponível em: <https://www.infona.pl/resource/bwmeta1.element.elsevier-07e48f31-5986-3adc-bf96-d7aa7826227c>. Acesso em: 13 abr. 2023.

KAGEYAMA, P. Y. Sobre o eucalipto transgênico: considerações sobre o eucalipto transgênico H421 da FuturaGene/Suzano Papel e Celulose. **Em pratos limpos**, 4 mar. 2015. Disponível em: <https://pratoslimpos.org.br/?p=7607>. Acesso em: 30 jan. 2024.

KAMIDE, K. **Cellulose and Cellulose Derivatives**. [S.l.]: Elsevier, 2005.

KAMIL, J. **The Ancient Egyptian**: Life in the Old Kingdom. Egypt: American University in Cairo, 1996.

KATSURAYA, K. et al. Constitution of Konjac Glucomannan: Chemical Analysis and 13 CNMR Spectroscopy. **Carbohydrate Polymers**, v. 53, n. 2, p. 183-189, Aug. 2003. Disponível em: <https://www.researchgate.net/publication/223692888_Constitution_of_konjac_glucomannan_Chemical_analysis_and_13C_NMR_spectroscopy>. Acesso em: 6 abr. 2023.

KATZENSTEIN, U. E. **A origem do livro**: da Idade da Pedra ao advento da impressão tipográfica no Ocidente. São Paulo: Hucitec, 1986.

KHALIL, H. P. S. A. et al. Production and Modification of Nanofibrillated Cellulose Using Various Mechanical Processes: a Review. **Carbohydrate Polymers**, v. 99, p. 649-665, Jan. 2014. Disponível em: <https://www.sciencedirect.com/science/article/abs/pii/S0144861713008539?via%3Dihub>. Acesso em: 13 abr. 2023.

KENLINE, P. A.; HALES, J. M. **Air Pollution, and the Kraft Pulping Industry**: an Annotated Bibliography. Washington, D.C.: U. S. Department of Health, Education, and Welfare, 1963. (Environmental Health Series).

KIRK. T. K.; FARREL, R. L. Enzymatic "Combustion": the Microbial Degradation of Lignin. **Annual Review of Microbiology**, v. 41, p. 465-505, Oct. 1987. Disponível em: <https://www.annualreviews.org/doi/pdf/10.1146/annurev.mi.41.100187.002341>. Acesso em: 13 abr. 2023.

KLEIN, R. M. Araucariáceas. In: REITZ, R. (Ed.). **Flora Ilustrada Catarinense**. Itajaí: Herbário Barbosa Rodrigues, 1966. (Parte I).

KLEMM, D. et al. **Comprehensive Cellulose Chemistry**. Nova Jersey: Wiley, 1998. v. 1.

KLOCK, U. et al. **Química da madeira**. 3. ed. rev. Curitiba: Ed. da UFPR, 2005.

KNUDSEN, K. The Nutritional Significance of "Dietary Fibre" Analysis. **Animal Feed Science Technology**, v. 90, n. 1, p. 3-20, 2001. Disponível em: <https://www.sciencedirect.com/science/article/abs/pii/S0377840101001936?via%3Dihub>. Acesso em: 6 abr. 2022.

KOBAYASHI, S. et al. Enzymatic Polymerization: the First in Vitro Synthesis of Cellulose Via Nonbiosynthetic Path Catalyzed by Cellulase. Makromolekulare Chemie. **Macromolecular Symposia**, v. 54-55, n. 1, p. 509–518, Feb. 1992. Disponível em: <https://onlinelibrary.wiley.com/toc/15213900a/1992/54-55/1>. Acesso em: 6 abr. 2023.

KODANSHA Encyclopedia of Japan. Tokyo: Kodansha, 1983. v. 6.

KOGA, M. E. T. Matérias-primas fibrosas. In: D'ALMEIDA, M. L. O. (Coord.). **Celulose e papel**: tecnologia de fabricação da pasta celulósica. São Paulo: Senai; IPT, 1988. p. 15-44. v. 1. Disponível em: <https://www.eucalyptus.com.br/artigos/1988_Livro_IPT+SENAI+Celulose+Papel_Vol.01.pdf>. Acesso em: 18 fev. 2023.

KOLLMANN, F. F. P. **Tecnologia de la madera y sus aplicaciones**. Madrid: Instituto Forestal de Investigaciones y Experiencias y Servicio de la Madera, 1959. Tomo I.

KOOLMAN, J.; ROEHM, K. H. **Color Atlas of Biochemistry**. 2. ed. New York: Thieme Stuttgart, 2005.

KRÄMER, U. The Natural History of Model Organisms: Planting Molecular Functions in an Ecological Context with Arabidopsis Thaliana. **eLife**, n. 4, 25 Mar. 2015. Disponível em: <https://elifesciences.org/articles/06100>. Acesso em: 19 fev. 2023.

KRASSIG, H. et al. Cellulose. In: ULLMAN, W. G. et al. **Ullman's Encyclopedia of Industrial Chemistry**. 5. ed. Weinheim: VCH, 2004. p. 375.

KREUZER, H.; MASSEY, A. **Engenharia genética e biotecnologia**. 2. ed. Porto Alegre: Artmed, 2002.

KROGDAHL, Å.; HEMRE, G. I.; MOMMSEN, T. P. Carbohydrates in Fish Nutrition: Digestion and Absorption in Postlarval Stages. **Aquaculture Nutrition**, v. 11, n. 2, p. 103-122, Apr. 2005. Disponível em: <https://onlinelibrary.wiley.com/toc/13652095/2005/11/2>. Acesso em: 5 abr. 2023.

KUHAD, R. C.; SINGH, A.; ERIKSSON, K. E. L. Microorganisms and Enzymes Involved in the Degradation of Plant Fiber Cell Walls. In: ERIKSSON, K. E. L. et al. **Biotechnology in the Pulp and Paper Industry**. Berlin: Springer, 1997. p. 45-112. (Advances in Biochemical Engineering/Biotechnology, v. 57).

LABARRE, A. **História do livro**. São Paulo: Cultrix, 1981.

LAVOINE, N. et al. Microfibrillated Cellulose: Its Barrier Properties and Applications in Cellulosic Materials: a Review. **Carbohydrate Polymers**, v. 90, n. 2, p. 735-764, Oct. 2012. Disponível em: <https://pubmed.ncbi.nlm.nih.gov/22839998/>. Acesso em: 13 abr. 2023.

LAVORATTI, A.; SCIENZA, L. C.; ZATTERA, A. J. Dynamic-Mechanical and Thermomechanical Properties of Cellulose Nanofiber/Polyester Resin Composites. **Carbohydrate Polymers**, v. 136, p. 1-31, Jan. 2016. Disponível em: <researchgate.net/publication/283117131_Dynamic-mechanical_and_thermomechanical_properties_of_cellulose_nanofiberpolyester_resin_composites>. Acesso em: 13 abr. 2023.

LE GOFF, J. **A civilização do Ocidente medieval**. Lisboa: Estampa, 1986.

LE GOFF, J. **A história deve ser dividida em pedaços?** São Paulo: Ed. da Unesp, 2015.

LEPAGE, E. S. et al. **Manual de preservação de madeiras**. 2 ed. São Paulo: IPT, 1986.

LÉVY, P. **As tecnologias da inteligência**: o futuro do pensamento na era da informática. São Paulo: Ed. 34, 1993.

LEWIN, M. **Handbook of Fiber Chemistry**. 3. ed. London: Taylor & Francis, 2006.

LIMA, A. G. T. **Caracterização do isolamento acústico de polímeros reciclados adicionados de fibras de bambu utilizando análise do coeficiente de absorção sonora em tubos de impedância**. 84 f. Dissertação (Mestrado em Ciência de Materiais) – Centro de Tecnologia, Universidade Federal do Ceará, Fortaleza, 2016. Disponível em: <https://repositorio.ufc.br/bitstream/riufc/18903/1/2016%20_dis_agtlima.pdf>. Acesso em: 13 abr. 2023.

LIMA, C. R. **Estudo da modificação das propriedades de barreiras de compósitos poliméricos obtidos a partir de acetato de celulose/celulose microcristalina ou nanofibra de celulose**. 33 f. Trabalho de Conclusão de Curso (Graduação em Química) – Universidade Federal de Uberlândia, Uberlândia, 2017. Disponível em: <https://repositorio.ufu.br/handle/123456789/20641>. Acesso em: 21 abr. 2023.

LIU, Z.; WANG, H.; HUI, L. Pulping and Papermaking of Non-wood Fibers. In: KAZI, S. N. (Ed.). **Pulp and Paper Processing**. London: Intech Open, 2018. p. 3-31.

LORA, J. S.; GLASSER, W. G. Recent Industrial Applications of Lignin: a Sustainable Alternative to Nonrenewable Materials. **Journal of Polymers Environment**, n. 10, p. 39-48, 2002.

LYBEER, B. **Age-Related Anatomical Aspects of Some Temperate and Tropical Bamboo Culms (Poaceae: Bambusoideae)**. Thesis (Doctor in Sciences: Biology) – Universiteit Gent – Faculteit Wetenschappen, Gante, 2006. Disponível em: <https://www.researchgate.net/publication/292349460_Age-related_anatomical_aspects_of_some_temperate_and_tropical_bamboo_culms_Poaceae-Bambusoideae>. Acesso: 21 abr. 2023.

MADUEKE, C. I.; MBAH, O. M.; UMUNAKWE, R. A Review on the Limitations of Natural Fibres and Natural Fibre Composites with Emphasis on Tensile Strength Using Coir as a Case Study. **Polymer Bulletin**, v. 80, May 2022. Disponível em: <https://link.springer.com/article/10.1007/s00289-022-04241-y>. Acesso em: 2 ago. 2023.

MAGNUS, R.; RAMALHO, R. da F. e C. **Aplicação da logística reversa no setor de papel com foco nos aspectos econômicos, ambientais e sociais**. 23 f. Trabalho de Conclusão de Curso (Graduação em Engenharia de Produção) – Universidade Federal de Viçosa, Viçosa, 2005. Disponível em: <http://arquivo.ufv.br/dep/engprod/TRABALHOS%20DE%20GRADUACAO/RAFAELA%20MAGNUS%20E%20RODRIGO%20RAMALHO/Trabalho_Graduacao_Rafaela_Rodrigo.pdf>. Acesso em: 17 fev. 2023.

MALHERBE, S.; CLOETE, T. E. Lignocellulose Biodegradation: Fundamentals and Applications. **Reviews in Environmental Science and Biotechnology**, v. 1, n. 2, p. 105-114, 2002. Disponível em: <https://www.researchgate.net/publication/226724243_Lignocellulose_biodegradation_Fundamentals_and_applications>. Acesso em: 25 fev. 2023.

MANO, E. B.; PACHECO, É. B. A. V.; BONELLI, C. M. C. **Meio ambiente, poluição e reciclagem**. São Paulo: Edgard Blucher, 2005.

MARCELINO, L. V.; MARQUES, C. A. Controvérsias sobre os transgênicos nas compreensões de professores de química. **Ensaio: Pesquisa em Educação em Ciências**, Belo Horizonte, v. 20, e9253, p. 1-21, 2018. Disponível em: <https://www.scielo.br/j/epec/a/H3r7JQvynqdRRJSjRqyZcYw/?format=pdf&lang=pt>. Acesso em: 30 jan. 2024.

MARCONCINI, J. M.et al. **Metodologia de caracterização morfológica de palha de milho baseada em microscopia ótica e eletrônica**. São Carlos: Embrapa Instrumentação Agropecuária, 2008. (Série Documentos, n. 39). Disponível em: <https://www.infoteca.cnptia.embrapa.br/bitstream/doc/31877/1/DOC392008.pdf>. Acesso em: 20 fev. 2023.

MARINELLI, A. L. et al. Desenvolvimento de compósitos poliméricos com fibras vegetais naturais da biodiversidade: uma contribuição para a sustentabilidade amazônica. **Polímeros Ciência e Tecnologia**, v.18, n. 2, p. 92-99, 2008.

MARKATOS, K. et al. Hallmarks of Amputation Surgery. **International Orthopaedics**, v. 43, n. 2, p. 493–499, Feb. 2019. Disponível em: <https://doi.org/10.1007/s00264-018-4024-6>. Acesso em: 21 abr. 2023.

MARTIN, C. Indústria 4.0 aponta caminhos para chegar à fábrica do futuro: máquinas inteligentes e comunicação entre processos serão novo padrão dos parques fabris de celulose e papel. **O Papel**, v. 78, n. 4, p. 54-62, abr. 2017. Disponível em: <http://www.revistaopapel.org.br/noticia-anexos/1493172703_1848a7a04c4c05f94d4a08ec1b79f410_1124911907.pdf>. Acesso em: 13 abr. 2023.

MARTINS, W. **A palavra escrita**: história do livro, da imprensa e da biblioteca. 2. ed. São Paulo: Ática, 1996.

MATTANOVICH, D. et al. Open Access to Sequence: Browsing the Pichia Pastoris Genome. **Microbial Cell Factories**, v. 8, n. 53, 16 Oct. 2009. Disponível em: <https://microbialcellfactories.biomedcentral.com/articles/10.1186/1475-2859-8-53>. Acesso em: 21 abr. 2023.

MAYES, P. A.; BENDER, D. A. Carbohydrates of Physiologic Significance. In: MURRAY, R. K.; GRANNER, D. K.; RODWELL, V.W. **Harper's Biochemistry**. 23. ed. New York: McGraw Hill; Appleton & Lange, 1993. p. 102-110.

McCARTNEY, L.; MARCUS, S. E.; KNOX, J. P. Monoclonal Antibodies to Plant Cell Wall Xylans and Arabinoxylans. **Journal of Histochemistry and Cytochemistry**, v. 53, n. 4, p. 543-546, Apr. 2005.

MCMURTRIE, D. C. **O livro**: impressão e fabrico. 3. ed. Tradução de Maria Luísa Saavedra Machado. Prefácio e notas de Jorge Peixoto. Lisboa: Fundação Calouste Gulbenkian, 1997.

MEDEIROS, G. L.; HEUSI, R. M.; MOTA, T. Os alimentos transgênicos e a defesa do consumidor. **Amicus Curiae**, v. 5, n. 5, p. 1-18, 2011. Disponível em: <https://periodicos.unesc.net/ojs/index.php/amicus/article/view/513/508>. Acesso em 30 jan. 2024.

MEISTER, G.; WECHSLER, M. Biodegradation of N-methylmorpholine-N-oxide. **Biodegradation**, v. 9, n. 2, p. 91-102, Mar. 1998.

MELLO, J. B. **Síntese histórica do livro**. São Paulo: Ibrasa, 1979.

MELO, A. F. de A. e. **O papel como elemento de identificação**. Lisboa: Oficinas Gráficas da Biblioteca Nacional, 1926. Disponível em: <https://purl.pt/182/4/bad-538-p_PDF/bad-538-p_PDF_24-C-R0150/bad-538-p_0000_1-112_t24-C-R0150.pdf>. Acesso em: 15 fev. 2023.

MERCADO cervejeiro cresce no Brasil e aumenta interesse pela produção nacional de lúpulo e cevada. **Serviços e Informações do Brasil**, 6 ago. 2021. Disponível em: <https://www.gov.br/pt-br/noticias/agricultura-e-pecuaria/2021/08/mercado-cervejeiro-cresce-no-brasil-e-aumenta-interesse-pela-producao-nacional-de-lupulo-e-cevada>. Acesso em: 12 abr. 2023.

MIGUEL, J. C.; RODRIGUEZ-ZAS, S. L.; PETTIGREW, J. E. Efficacyof a Mannan Oligosaccharide (Bio-Mos®) for Improving Nursery Pig Performance. **Journal of Swine Health and Production**, v. 12, n. 6, p. 296-307, Nov. 2004.

MIMMS, A. et al. (Ed.). **Kraft Pulping**: a Compilation of Notes. 2. print. rev. Atlanta: Tappi Press, 1993.

MINGARDON, F. et al. Heterologous Production, Assembly, and Secretion of Minicellulosome by *Clostridium acetobutylicum* ATCC 824. **Aplied and Environmental Microbiology**, v. 71, n. 3, p. 1215-1222, Mar. 2005. Disponível em: <https://www.ncbi.nlm.nih.gov/pmc/articles/PMC1065181/>. Acesso em: 22 fev. 2023.

MIYASHIRO, D.; HAMANO, R.; UMEMURA, K. A Review of Applications Using Mixed Materials of Cellulose, Nanocelulose and Carbonnanotubes. **Nanomaterials**, v. 10, n. 2, p. 186, 2020. Disponível em: <https://www.mdpi.com/2079-4991/10/2/186>. Acesso em: 21 abr. 2023.

MONTEIRO, S. D.; CARELLI, A. E.; PICKLER, M. E. V. A ciência da informação, memória e esquecimento. **Data Grama Zero – Revista de Ciência da Informação**, v. 9, n. 6, dez. 2008. Disponível em: <http://www.dgz.org.br/dez08/Art_02.htm>. Acesso: 19 jun. 2022.

MORAIS, S. A. L. de; NASCIMENTO, E. A. do; MELO, D. C. de. Análise da madeira de *Pinus oocarpa* parte I: estudo dos constituintes macromoleculares e extrativos voláteis. **Revista Árvore**, v. 3, n. 29, p. 461-470, jun. 2005. Disponível em: <https://www.scielo.br/j/rarv/a/DcCpsxrjS8ZNZxHjfxr4KFw/?lang=pt>. Acesso em: 26 fev. 2023.

MOSCA, A. R. de O. **Caracterização hidrológica de duas microbacias visando a identificação de indicadores hidrológicos para o monitoramento ambiental do manejo de florestas plantadas**. 88 p. Dissertação (Mestrado em Recursos Florestais) – Escola Superior de Agricultura "Luiz de Queiroz", Universidade de São Paulo, Piracicaba, 2003. Disponível em: <https://teses.usp.br/teses/disponiveis/11/11150/tde-20082003-170146/publico/andreia.pdf>. Acesso em: 30 jan. 2024.

MOSIER, N. et al. Features of Promising Technologies for Pretreatment of Lignocellulosic Biomass. **Bioresource Technology**, v. 96, n. 6, p. 673-86, Apr. 2005.

MOTTA, E.; SALGADO, M. L. **O papel**: problemas de conservação e restauração. Petrópolis: Museu de Armas Ferreira Cunha, 1971.

MOVIMENTO MUNDIAL PELAS FLORESTAS TROPICAIS. **Fábricas de celulose**: da monocultura à poluição industrial. Montevidéu, 2005. Disponível em: <https://www.wrm.org.uy//pt/files/2005/04/Fabricas_de_celulose.pdf>. Acesso em: 13 abr. 2023.

MURRAY, R. Asbestos: a Chronology of Its Origins and Health Effects. **British Journal of Industrial Medicine**, v. 47, n. 6, p. 361-365, June 1990.

MUSEO DELLA CARTA. **La scoperta della carta**: tra leggenda e realtà. Disponível em: <https://www.museodellacarta.it/cenni-storici/>. Acesso em: 23 fev. 2023.

NASCIMENTO, J. M. L. do et al. Crescimento e valor bromatológico de taboa sob condições semiáridas. **Pesquisa Agropecuária Tropical**, v. 45, n. 1, p. 97-103, jan./mar. 2015. Disponível em: <https://www.scielo.br/j/pat/a/nYWvnKVFqB3D43jZwJqbb6C/?format=pdf&lang=pt>. Acesso em: 23 fev. 2023.

NASCIMENTO, R. A. et al. Sulfluramid use in Brazilian agriculture: A source of per- and polyfluoroalkyl substances (PFASs) to the environment. **Environmental Pollution**, v. 242, p. 14361443, part B, Nov. 2018. Disponível em: <https://www.sciencedirect.com/science/article/abs/pii/S0269749118311771>. Acesso em: 30 jan. 2024.

NAVARD, P.; HAUDIN, J. M. Etude thermique de la N-méthylmorpholine N-oxyde et de sa complexation avec l'eau. **Journal of Thermal Analysis**, v. 22, p. 107-118, Oct. 1981. Disponível em: <https://link.springer.com/article/10.1007/BF01915701>. Acesso em: 13 abr. 2023.

NAVARRO, R. F. A evolução dos materiais: Parte 1 – da Pré-História ao início da Era Moderna. **Revista Eletrônica de Materiais e Processos**, v. 1, n. 1, p. 1-11, 2006. Disponível em: <https://aplicweb.feevale.br/site/files/documentos/pdf/32246.pdf>. Acesso em: 13 abr. 2023.

NETZ, R.; NOEL, W. **O Codex Arquimedes**. Rio de Janeiro: Record, 2009.

NIEMELA, K.; ALÉN, R. Characterization of Pulping Liquors. In: SJÖSTRÖM, E.; ALÉN, R. (Ed.). **Analytical Methods in Wood Chemistry, Pulping, and Papermaking**. Heidelberg: Springer Verlag GmbH, 1999. p. 193-226.

OCTAVIANO, C. Muito além da tecnologia: os impactos da Revolução Verde. **ComCiência**, Campinas, n. 120, 2010. Disponível em <http://comciencia.scielo.br/scielo.php?script=sci_arttext&pid=S1519-76542010000600006&lng=pt&nrm=iso>. Acesso em: 30 jan. 2024.

OGEDA, T. L.; PETRI, D. F. S. Hidrólise enzimática de biomassa. **Química Nova**, v. 33, n. 7, p. 1549-1558, 2010. Disponível em: <https://www.scielo.br/j/qn/a/9n4nqyhZ3dVtZrpHQy5thDh/?lang=pt>. Acesso em: 25 fev. 2023.

OLIVEIRA, D. M. de et al. Ferulicacid: a Keycomponent in Grass Lignocellulose Recalcitrance to Hydrolysi. **Plant Biotechnology Journal**, v. 13, n. 9, p. 1224-1232, 2015. Disponível em: <https://onlinelibrary.wiley.com/doi/epdf/10.1111/pbi.12292>. Acesso em: 21 abr. 2023.

OLIVEIRA, E. L. et al. Produção e caracterização das fibras das folhas do abacaxi. CONGRESSO BRASILEIRO DE ENGENHARIA QUÍMICA, 15., 2004, Curitiba. **Anais**… Curitiba, 2004.

OLSON, G. B. Beyond Discovery: Design for A New Material World. **Calphad**, v. 25, n. 2, p. 175-190, June 2001. Disponível em: <https://www.sciencedirect.com/science/article/abs/pii/S0364591601000414>. Acesso em: 13 abr. 2023.

O'SULLIVAN, A. Cellulose: the Structure Slowly Unravels. **Cellulose**, v. 4, p. 173-207, June 1997.

OTT, E.; SPURLIN, H. M. **Cellulose and Cellulose Derivatives**. New York: Interscience Publishers, 1954. Part II.

PALADINO, G. **Papel, técnica e capital**: estudo sobre a evolução e mutação nos processos de trabalho e de produção do papel e análise do desenvolvimento. 364 f. Dissertação (Mestrado em Desenvolvimento e Planejamento Regional) – Universidade Federal de Minas Gerais, Belo Horizonte, 1985.

PANSHIN, A. J.; ZEEUW, C. **Textbook of Wood Technology**. 3. ed. New York: McGraw Hill, 1970. v. 1.

PARANÁ. Secretaria da Agricultura e do Abastecimento. **Preços de produtos florestais**. Disponível em: <https://www.agricultura.pr.gov.br/Pagina/Precos-de-Produtos-Florestais>. Acesso em: 21 abr. 2023.

PAULA, S. C. da S. **Precipitation of Lignin from Kraft Black Liquor**. 45 f. Dissertação (Mestrado em Engenharia Química) – Universidade do Porto, Porto, 2010. Disponível em: <https://repositorio-aberto.up.pt/bitstream/10216/57764/1/000144567.pdf>. Acesso em: 25 fev. 2023.

PENELLUM, M. et al. Relationship of Structure and Stiffness in Laminated Bamboo Composites. **Construction and Building Materials**, v. 165, p. 241-246, 20 Mar. 2018. Disponível em: <https://www.sciencedirect.com/science/article/pii/S0950061817325710>. Acesso em: 20 fev. 2023.

PÉREZ, S.; MACKIE, W. Structure and Morphology of Cellulose. **Centre National de la Recherche Scientifique**, Mar. 2001. Disponível em: <https://web.archive.org/web/20090426122947/http://www.cermav.cnrs.fr/glyco3d/lessons/cellulose/index.html>. Acesso em: 21 abr. 2023.

PETTERSEN, R. C. The Chemical Composition of Wood. In: ROWELL, R. M. **The Chemistry of Solid Wood**. Washington: American Chemical Society, 1984. p. 57-126.

PHILLIPS, C. **O mundo asteca e maia**. Barcelona: Folio, 2006.

PINTO-COELHO, R. M. **Reciclagem e desenvolvimento sustentável no Brasil**. Belo Horizonte: Recóleo, 2009. Disponível em: <https://www.academia.edu/9206128/Reciclagem_e_Desenvolvimento_Sustent%C3%A1vel_no_Brasil_Rec%C3%B3leo_Coleta_e_Reciclagem_de_%C3%93leos_Vegetais_Editora_Ltda_Belo_Horizonte_MG_ISBN_978_85_61502_01_0_340_pgs>. Acesso em: 21 abr. 2023.

PIVATTO, E. F. Z. **Avaliação da viabilidade da implementação industrial do ozônio para o branqueamento de papel e celulose**. 55 f. Trabalho de Conclusão de Curso (Graduação em Engenharia Química) – Universidade Tecnológica Federal do Paraná, Francisco Beltrão, 2019. Disponível em: <http://repositorio.utfpr.edu.br/jspui/bitstream/1/11568/1/FB_COENQ_2019_1_10.pdf>. Acesso em: 17 fev. 2023.

PLACA de 3,7 mil anos é considerada exemplo mais antigo de geometria aplicada. **Revista Galileu**, 5 ago. 2021. Disponível em: <https://revistagalileu.globo.com/Ciencia/Arqueologia/noticia/2021/08/placa-de-37-mil-anos-e-considerada-exemplo-mais-antigo-de-geometria-aplicada.html>. Acesso em: 26 fev. 2023.

POLETTO, M. Compósitos termoplásticos com madeira – uma breve revisão. **Rica – Revista Interdisciplinar de Ciência Aplicada**, v. 2, n. 4, p. 42-48, 2017. Disponível em: <https://sou.ucs.br/revistas/index.php/ricaucs/article/download/46/42/54>. Acesso em: 2 ago. 2023.

POLLARD, T. D.; EARNSHAW, W. C. **Biologia celular**. Rio de Janeiro: Elsevier, 2006.

PORTO, L. L.; ROSA, L. R. V. da. **Avaliação do potencial antimicrobiano de óleos essenciais de coentro (*Coriandrumsativum l.*) e orégano (*Origanumvulgare l.*)**. 35 f. Trabalho de Conclusão de Curso (Graduação em Tecnologia em Alimentos) – Universidade Tecnológica Federal do Paraná, Ponta Grossa, 2018. Disponível em: <http://repositorio.utfpr.edu.br/jspui/handle/1/16638>. Acesso em: 19 fev. 2023.

PREÇO médio da resina de Pinus. **Notícias Agrícolas**. Disponível em: <https://www.noticiasagricolas.com.br/cotacoes/silvicultura/preco-medio-resina>. Acesso 13 abr. 2023.

PROENÇA, G. **História da arte**. São Paulo: Afiliada, 2002.

PWC – PricewaterhouseCoopers. **Industry 4.0**: Building the Digital Enterprise. Munich: Pricewater Coopers, 2016. Disponível em: <https://www.pwc.com/gx/en/industries/industries-4.0/landing-page/industry-4.0-building-your-digital-enterprise-april-2016.pdf>. Acesso em: 13 abr. 2023.

RAINIERI, L. P.; FATTORI, A. Mãos na argila: notas para uma abordagem da materialidade da escrita cuneiforme. **Anais do Museu Paulista: História e Cultura Material**, [S.l.], v. 29, p. 1-58, 2021. Disponível em: <https://www.revistas.usp.br/anaismp/article/view/180291>. Acesso em: 13 abr. 2023.

RAITT, W. **The Digestion of Grasses and Bambo for Papermaking**. London: Technical Press Ltd., 1931.

RAVEN, P. H.; EVERT, R. F.; EICHHORN, S. E. **Biologia vegetal**. 6. ed. Rio de Janeiro: Guanabara Koogan, 2001.

RAVEN, P. H.; EVERT, R. F.; EICHHORN, S. E. **Biologia vegetal**. 8. ed. Rio de Janeiro: Guanabara Koogan, 2014.

RECICLA SAMPA. **História e reciclagem de papel**: entenda o processo e como fazer. 8 maio 2018. Disponível em: <https://www.reciclasampa.com.br/artigo/historia-e-reciclagem-de-papel:-entenda-o-processo-e-como-fazer>. Acesso em: 17 fev. 2023.

RECICLOTECA – Centro de Informações sobre Reciclagem e Meio Ambiente. **Papel**: história, composição, tipos, produção e reciclagem. Disponível em: <http://www.recicloteca.org.br/material-reciclavel/papel>. Acesso em: 17 fev. 2023.

REIS, A. F. **A matemática nos formatos de papel**. 90 f. Dissertação (Mestrado Profissional em Matemática) – Universidade Federal do Oeste do Pará, Santarém, 2015. Disponível em: <https://repositorio.ufopa.edu.br/jspui/bitstream/123456789/400/1/Disserta%c3%a7%c3%a3o_AMatem%c3%a1ticanosFormatos.pdf>. Acesso em: 13 abr. 2023.

RENNIE, E. A.; SCHELLER, H. V. Xylan Biosynthesis. **Current Opinion in Biotechnology**, v. 26, p. 100-107, Apr. 2014.

RIBEIRO, I. G.; MARIN, V. A. A falta de informação sobre os organismos geneticamente modificados no Brasil. **Ciência & Saúde Coletiva**, v. 17, n. 2, p. 359–368, 2012. Disponível em: <https://www.scielo.br/j/csc/a/qpkFWzFJf7Jd7vh9DRv7QJR/?format=pdf&lang=pt>. Acesso em: 30 jan. 2024.

RIBEIRO, W.; GUIMARÃES, P. C. A. Quinta Convenção Anual. ABCP – Associação Técnica Brasileira de Celulose e Papel. 1972.

RIZZINI, C. T. **Árvores e madeiras úteis do Brasil**: manual de dendrologia brasileira. São Paulo: Edgard Blucher; Edusp, 1971.

ROBLES JÚNIOR, A. **Custos da qualidade**: aspectos econômicos de gestão da qualidade e da gestão ambiental. 2. ed. São Paulo: Atlas, 2003.

RODÉS, L. **Plantas fibrosas anuais**. São Paulo: IPT; CTCP, 1984.

RODRIGUES, A. C.; AMANO, E.; ALMEIDA, S. L. de. **Anatomia vegetal**. Florianópolis: Biologia/EaD/UFSC, 2015. Disponível em: <https://uab.ufsc.br/biologia/files/2020/08/Anatomia-Vegetal.pdf>. Acesso em: 22 fev. 2023.

RODRIGUES, B. L. S.; NEVES JUNIOR, A. Análise térmica de pastas a base de cal hidratada com utilização de cinza do bagaço de cana-de-açúcar. **Engineering and Science**, v. 7, n. 4, p. 39-48, out./dez. 2018. Disponível em: <https://periodicoscientificos.ufmt.br/ojs/index.php/eng/article/view/7116/5213>. Acesso em: 20 fev. 2023.

ROJAS, M. L. B. **Beneficiamento e polpação da ráquis da bananeira "nanicão" (*Musa* Grupo AAA, "Giant Cavendish")**. 168 f. Dissertação (Mestrado em Ciências) – Universidade de São Paulo, Piracicaba, 1996. Disponível em: <https://teses.usp.br/teses/disponiveis/11/11149/tde-20210918-202803/publico/BlancoRojasMariaLorena.pdf >. Acesso em: 18 fev. 2023.

ROSA, B. N. et al. A importância da reciclagem do papel na melhoria da qualidade do meio ambiente. In: ENCONTRO NACIONAL DE ENGENHARIA DE PRODUÇÃO, 25., Porto Alegre, 2005. **Anais**… Abepro, 2005. Disponível em: <https://abepro.org.br/biblioteca/enegep2005_enegep1004_1116.pdf>. Acesso em: 13 abr. 2023.

ROSA, N. A.; AFONSO, J. C. A química da cerveja. **Química Nova**, v. 37, n. 2, p. 98-105, maio 2015. Disponível em: <http://qnesc.sbq.org.br/online/qnesc37_2/05-QS-155-12.pdf>. Acesso em: 20 fev. 2023.

ROSENAU, T. et al. The Chemistry of Side Reactions and Byproduct Formation in the System NMMO/Cellulose (Lyocell Process). **Progress in Polymer Science**, v. 26, n. 9, p. 1763-1837, Nov. 2001. Disponível em: <https://www.researchgate.net/publication/236222093_The_chemistry_of_side_reactions_and_byproduct_formation_in_the_system_NMMOcellulose_Lyocell_process>. Acesso em: 21 abr. 2023.

ROSEN, G. D. Holo-Analysis of the Efficacy of Bio-Mos® in Turkey Nutrition. **British Poultry Science**, v. 48, n. 1, p. 27-32, 15 Feb. 2007.

ROSSI, P. **O nascimento da ciência moderna na Europa**. Tradução de Antônio Angonese. Bauru: Edusc, 2001.

ROTH, O. **Criando papéis**: o processo artesanal como linguagem. São Paulo: Masp, 1982.

ROTH, O. **O que é papel**. São Paulo: Brasiliense, 1983.

ROWELL, R. M. (Ed.). **Handbook of Wood Chemistry and Wood Composites**. Boca Ratón: CRC Press, 2005.

RYDHOLM, S. A. **Pulping Processes**. London: Interscience Publishers, 1965.

SAMPAIO, A. F. **Letras e memória**: uma breve história da escrita. São Paulo: Ateliê Editorial, 2009.

SANDERSON, K. Lignocellulose: a Chewy Problem. **Nature**, n. 474, p. 12-14, 22 June 2011. Disponível em: <https://www.nature.com/articles/474S012a#citeas>. Acesso em: 20 fev. 2023.

SANQUETTA, C. R. et al. Dinâmica em superfície, volume, biomassa e carbono nas florestas plantadas brasileiras: 1990- 2016. **Biofix Scientific Journal**, v. 3, n. 1, p. 152-160, 2018. Disponível em: <https://revistas.ufpr.br/biofix/article/view/58384/35099>. Acesso em: 16 fev. 2023.

SANTI, T. O potencial do bambu. **O Papel**, v. 76, n. 4, p. 23-34, 2015.

SANTOS, B. P. et al. Indústria 4.0: desafios e oportunidades. **Revista Produção e Desenvolvimento**, v. 4, n. 1, p. 111-124, mar. 2018. Disponível em: <https://revistas.cefet-rj.br/index.php/producaoedesenvolvimento/article/view/e316>. Acesso em: 13 abr. 2023.

SANTOS, C. P. et al. Papel: como se fabrica? **Química Nova na Escola**, n. 14, p. 3-7, nov. 2001. Disponível em: <https://www2.ibb.unesp.br/Museu_Escola/Ensino_Fundamental/Origami/Artigos/Papel_como_se_fabrica.pdf>. Acesso em: 21 fev. 2023.

SCHOLES, M. C.; NOWICKI, T. E. 17 Effects of Pines on Soil Properties and Processes. In: RICHARDSON, D. M. (Ed.). **Ecology and Biogeography of Pinus**. Cambridge, UK: Cambridge University Press, 2000. p. 341-353.

SHAIKH, F. K.; ZEADALLY, S.; EXPOSITO, E. Enabling Technologies for Green Internet of Things. **IEEE Systems Journal**, v. 11, n. 2, p. 983-994, Apr. 2015. Disponível em: <https://www.researchgate.net/publication/276100578_Enabling_Technologies_for_Green_Internet_of_Things>. Acesso em: 13 abr. 2023.

SHREVE, R. N.; BRINK JR., J. A. **Indústrias de processos químicos**. 4. ed. Rio de Janeiro: Guanabara Dois, 1980.

SILVA, J. I. S. et al. Reduzir, reutilizar e reciclar: proposta de educação ambiental para o brejo paraibano. In: CONGRESSO BRASILEIRO DE EXTENSÃO UNIVERSITÁRIA, 2., Belo Horizonte, 2004. **Anais**... Belo Horizonte, 2004.

SILVA, M. **A relação entre o hábito e a composição da parede celular de bambus nativos**. 73 f. Dissertação (Mestrado em Biodiversidade Vegetal e Meio Ambiente) – Instituto de Botânica da Secretaria de Estado do Meio Ambiente, São Paulo, 2017. Disponível em: <https://smastr16.blob.core.windows.net/pgibt/2018/02/michele_silva_ms.pdf>. Acesso em: 21 fev. 2023.

SILVEIRA, E. da. Mais celulose por centímetro quadrado. **Revista Pesquisa Fapesp**, São Paulo, n. 204, fev. 2013. Disponível em: <https://revistapesquisa.fapesp.br/mais-celulose-por-centimetro-quadrado/>. Acesso em: 30 jan. 2024.

SIMONDOON, G. **L'individuation psychique et colletive**. Paris: Aubier, 1989.

SIXTA, H. (Ed.). Introduction. In: SIXTA, H. **Handbook of Pulp**. Weinheim: Wiley-VCH Verlag GmbH & Co., 2006. p. 3-19. v. 1.

SJOSTROM, E. **Wood Chemistry**: Fundamentals and Applications. 2. ed. New York: Academic Press, 1993.

SNA – Sociedade Nacional de Agricultura. **Eucalipto transgênico, mais um tema polêmico em pauta**. 18 set. 2014. Disponível em: <https://www.sna.agr.br/eucalipto-transgenico-mais-um-tema-polemico-em-debate/>. Acesso em: 30 jan. 2024.

SOUZA, O. P. **Densidades de plantio e irrigação nas características físicas e químicas do abacaxi cultivar Smooth Cayenne**. 70 f. Dissertação (Mestrado em Fitotecnia) – Universidade Federal de Uberlândia, Uberlândia, 2006. Disponível em: <https://repositorio.ufu.br/bitstream/123456789/12248/1/OPSouzaDISPRT.pdf>. Acesso em: 2 ago. 2023.

SOUZA, A. M. de. **Os diversos usos do bambu na construção civil**. 102 f. Trabalho de Conclusão de Curso (Graduação em Engenharia Civil) – Universidade Tecnológica Federal do Paraná, Campo Mourão, 2014. Disponível em: <https://repositorio.utfpr.edu.br/jspui/bitstream/1/6323/3/CM_COECI_2014_1_08.pdf>. Acesso em: 20 fev. 2023.

SOUZA, D. T.; ONOYAMA, M. M.; SANTOS, S. S. Celulose proveniente de fibras alternativas: uma solução viável? **Agroenergia em Revista**, v. 4, n. 9, p. 64-67, dez. 2015.

STAPE, G. J. **Simulação da unidade de recuperação química do processo de polpação kraft visando à obtenção de metanol celulósico**. 145 f. Dissertação (Mestrado em Ciências) – Universidade de São Paulo, Piracicaba, 2017. Disponível em: <https://teses.usp.br/teses/disponiveis/11/11150/tde-16082017-140858/publico/Glauco_Joubert_Stape_versao_revisada.pdf>. Acesso em: 16 fev. 2023.

STEFANOV, Z. I.; HOO, K. A. A Distributed Parameter Model of Black Liquor Falling-Film Evaporators – Modeling of a Multiple – Effect Evaporator Plant. **Industrial Engineering Chemistry Research**, v. 43, n. 25, p. 8117-8132, 2004. Disponível em: <https://datapdf.com/distributed-parameter-model-of-black-liquor-acs-publications.html>. Acesso em: 16 fev. 2023.

STEVANOVIC, M. The Age of Clay: The Social Dynamics of House Destruction. **Journal of Anthropological Archaeology**, v. 16, n. 4, p. 334-395, Dec. 1997. Disponível em: <https://www.sciencedirect.com/science/article/abs/pii/S027841659790310X>. Acesso em: 13 abr. 2023.

TABOADA, J. Tipos e formatos de papel. **Visuarea**, 30 dez. 2019. Disponível em: <http://www.visuarea.com.br/artigos/tipos-e-formatos-de-papel>. Acesso em: 21 abr. 2023.

TAIZ, L. Plant Cell Expansion: Regulation of Cell Wall Mechanical Properties. **Annual Review of Plant Physiology**, n. 35, p. 585-657, 1984.

TAIZ, L. et al. **Fisiologia e desenvolvimento vegetal**. 6. ed. Porto Alegre: Artmed, 2017.

TAIZ, L.; ZEIGER, E. **Fisiologia vegetal**. 3. ed. Porto Alegre: Artmed, 2004.

TEDESCO, J. R. **Estudo e incorporação de nanofibras de celulose em polietileno de baixa densidade**. 64 f. Dissertação (Mestrado em Engenharia e Ciência dos Materiais) – Universidade Federal do Rio Grande do Sul, Porto Alegre, 2021. Disponível em: <https://www.lume.ufrgs.br/bitstream/handle/10183/221651/001126015.pdf?sequence=1>. Acesso em: 13 abr. 2023.

TEERI, T. T. Crystaline Cellulose Degradation: New Insight Into the Function of Cellobiohydrolases. **Trends in Biotechnology**, v. 15, n. 5, p. 160-167, May 1997.

TEIXEIRA, M. B. D. et al. O papel: uma breve revisão histórica, descrição da tecnologia industrial de produção e experimentos para obtenção de folhas artesanais. **Revista Virtual de Química**, v. 9, n. 3, p. 1364-1380, 2017. Disponível em: <https://s3.sa-east-1.amazonaws.com/static.sites.sbq.org.br/rvq.sbq.org.br/pdf/v9n3a28.pdf>. Acesso em: 15 fev. 2023.

THE WORLD BANK. **Adjusted Net National Income per Capita** (current US$). Disponível em: <https://data.worldbank.org/indicator/NY.ADJ.NNTY.PC.CD>. Acesso em: 16 fev. 2023.

THOMAS, P. et al. Comprehensive Review on Nanocellulose: Recent Developments, Challenges, and Future Prospects. **Journal of the Mechanical Behavior of Biomedical Materials**, v. 110, Oct. 2020. Disponível em: <https://www.sciencedirect.com/science/article/abs/pii/S1751616120304380?via%3Dihub>. Acesso em: 14 abr. 2023.

TOKOH, C. et al. Cp/mas ^{13}c nmr and Electron Diffraction Study of Bacterial Cellulose Structure Affected by Cell Wall Polysaccharides. **Cellulose**, v. 9, p. 351-360, Sept. 2002.

TRAN, H.; VAKKILAINEN, E. K. The Kraft Chemical Recovery Process. **Tappi Kraft Pulping Short Course**, St. Petersburg, p. 1-8, 2008. Disponível em: <http://www.tappi.org/content/events/08kros/manuscripts/1-1.pdf>. Acesso em: 13 abr. 2023

VAN SOEST, P. J. **Nutritional Ecology of the Ruminant**. Oregon: Oregon Battle of the Books, 1982.

VARGAS, A. et al. El papiro de Edwin Smith y su transcedencia médica y odontológica. **Revista Médica de Chile**, v. 140, n. 10, p. 1357-1362, 2012. Disponível em: <https://www.scielo.cl/scielo.php?script=sci_arttext&pid=S0034-98872012001000020>. Acesso em: 26 fev. 2023.

VIEIRA, A. J. T. et al. Aplicação da fibra de bambu aos sistemas industrializados para desenvolvimento de placas de concreto. **Veredas – Revista Eletrônica de Ciências**, v. 9, n. 1, p. 92-106, 2016.

VIEIRA, J. G. **Síntese e caracterização de metilcelulose, a partir do bagaço de cana-de-açúcar, para utilização como aditivo na construção civil**. 81 f. Dissertação (Mestrado em Química) – Universidade Federal de Uberlândia, Uberlândia, 2009. Disponível em: <https://repositorio.ufu.br/bitstream/123456789/17307/1/dis.pdf>. Acesso em: 14 abr. 2023.

VIEIRA, R. G. P. **Síntese e caracterização da metilcelulose a partir da metilação heterogênea do bagaço da cana-de-açúcar**. 74 f. Dissertação (Mestrado em Química) – Universidade Federal de Uberlândia, Uberlândia, 2004. Disponível em: <https://repositorio.ufu.br/bitstream/123456789/29524/1/SinteseCaracterizacaoMetilcelulose.pdf>. Acesso em: 18 fev. 2023.

VOET, D.; VOET, J. G. **Bioquímica**. 3. ed. Porto Alegre: Artmed, 2006.

VOGEL, J. Unique Aspects of the Grass Cell Wall. **Current Opinion in Plant Biology**, v. 11, n. 3, p. 301-307, June 2008.

VORAGEN, A. G. J. et al. **Structural Chemistry**, n. 20, p. 263, 13 Mar. 2009. Disponível em: <http://dx.doi.org/10.1007/s11224-009-9442-z>. Acesso em: 21 fev. 2023.

WACHSMANN, U.; DIAMANTOGLOU, M. Potential of the NMMO-Process for the Production of Fibres and Membranes. **Papier**, v. 51, n. 12, p. 660-665, 1997.

WAKABAYASHI, K. Changes in Cell All Polysaccharides During Fruit Ripening. **Journal of Plant Research**, v. 113, n. 3, p. 231-237, 2000.

WAKABAYASHI, K. et al. Increase in the Level of Arabinoxylan–Hydroxycinnamate Network in Cell Walls of Wheat Coleoptiles Grown Under Continuous Hyper Gravity Conditions. **Physiology Plantarum**, v. 125, n. 1, p. 127-134, Sept. 2005.

WALDVOGEL, L. **A fascinante história do livro**. 2. ed. Rio de Janeiro: Shogun, 1984.

WEBBER, C. L.; BLEDSOE, V. K.; BLEDSOE, R. E. Kenaf Harvesting and Processing. **Trends in New Crops and New Uses**, p. 340-347, 2002.

WHITE, M. S. **Wood Identification Handbook**: Commercial Woods of the United States. New York: Scribner, 1980.

WOLF, S.; HÉMATY, K.; HOFTE, H. Growth Control and Cell Wall Signaling in Plants. **Annual Review of Plant Biology**, v. 63, n. 1, p. 381-407, 2012. Disponível em: <https://www.uv.mx/personal/tcarmona/files/2010/08/Wolf-et-al-2012.pdf>. Acesso em: 28 fev. 2023.

WORLD ENERGY COUNCIL. **World Energy Resources 2016**. London, 2016. Disponível em: <https://www.worldenergy.org/assets/images/imported/2016/10/World-Energy-Resources-Full-report-2016.10.03.pdf>. Acessoem: 17 fev. 2023.

WU, H. et al. Purification and Characterization of a Cellulase-Free, Thermostable Endo-Xylanase from Streptomyces Griseorubens LH-3 and Its Use in Biobleaching on Eucalyptus Kraft Pulp. **Journal of Bioscience and Bioengineering**, v. 125, n. 1, p. 46-51, 2018.

WYMAN, C. E. Ethanol from Lignocellulosic Biomass: Technology, Economics, and Opportunities. **Bioresource Technology**, v. 50, n. 1, p. 3-15, 1994.

YANG, X. et al. Evaluation of Chemical Treatments to Tensile Properties of Cellulosic Bamboo Fibers. **European Journal of Wood and Wood Products**, v. 76, n. 6, p. 1303-1310, 20 Apr. 2018. Disponível em: <https://link.springer.com/article/10.1007/s00107-018-1303-2>. Acesso em: 20 fev. 2023.

ZAMBOLIM, L.; SIQUEIRA, J. O. **Importância do potencial das associações micorrízicas para a agricultura**. Belo Horizonte: Epaming, 1985. (Série Documentos, 26).

ZANINI, L. E. de A. Os direitos do consumidor e os organismos geneticamente modificados. **Revista de Doutrina da 4ª Região,** Porto Alegre, n. 48, 29 jun. 2012. Disponível em: <https://revistadoutrina.trf4.jus.br/index.htm?https://revistadoutrina.trf4.jus.br/artigos/edicao048/Leonardo_Zanini.html>. Acesso em: 30 jan. 2024.

Jornadas químicas

BARRICHELO, L. E. G. **Estudo das características físicas, anatômicas e químicas da madeira de *Pinus caribaea* Mor. Var. *hondurensis* Barr. E Golf. para a produção de celulose kraft**. 167 f. Tese (Livre-Docência) – Universidade de São Paulo, Piracicaba, 1979. Disponível em: <https://www.celso-foelkel.com.br/artigos/outros/Estudo%20das%20caracteristicas.pdf>. Acesso em: 21 abr. 2023.

Esse trabalho caracteriza a madeira de *Pinus caribaea* considerando sua variabilidade. Correlaciona as variações encontradas com produção e qualidade da celulose obtida pelo processo *kraft*.

CAMPOS, E. da S.; FOELKEL, C. **A evolução tecnológica do setor de celulose e papel no Brasil**. São Paulo: ABTCP, 2016. Disponível em: <https://www.celso-foelkel.com.br/artigos/2017_Livro_EvolucaoTecnologica_Celulose_Papel_Brasil.pdf>. Acesso em: 21 abr. 2023.

Nesse livro, os autores apresentam um estudo dividido em três partes, destacando a posição da indústria de celulose e papel no mercado de fibras como exemplo de eficiência, produtividade, capacitação tecnológica e qualidade.

FOELKEL, C. E. B. Celulose kraft de *Pinus* spp. **O Papel**, São Paulo, p. 49-67, jan. 1976. Disponível em: <https://www.celso-foelkel.com.br/artigos/ABTCP/1975%20%20Celulose%20kraft%20de%20Pinus%20spp%20.pdf>. Acesso em: 21 abr. 2023.

Esse texto é resultado dos estudos de caso feitos pelo autor em seu mestrado a respeito de duas espécies de pínus: o norte-americano e o pinheiro-do-paraná.

FOELKEL, C. E. B.; BARRICHELO, L. E. G. **Tecnologia de celulose e papel**. Piracicaba: Esalq, 1975. Disponível em: <https://www.celso-foelkel.com.br/artigos/outros/TecnologiaCelulosePapel_ESALQ_1975.pdf>. Acesso em: 21 abr. 2023.

    Esse livro trata da relação entre as matérias-primas e seus produtos, abordando os diferentes processos para produção, branqueamento e refinação da celulose para a fabricação de papel.

HORA, A. B. da; RIBEIRO, L. B. N. M.; MENDES, R. Papel e celulose. In: BNDES – Banco Nacional de Desenvolvimento Econômico e Social. **Visão 2035**: Brasil, país desenvolvido – Agendas setoriais para alcance da meta. Rio de Janeiro, 2018. p. 119-142. Disponível em: <https://web.bndes.gov.br/bib/jspui/bitstream/1408/16040/3/PRLiv214078_Visao_2035_compl_P.pdf>. Acesso em: 21 abr. 2023.

    Esse texto apresenta um elo entre a produção de celulose de mercado, na qual o Brasil é destaque, e a produção de papéis, na qual o país ocupa uma posição menos relevante.

Respostas

Capítulo 1

Conservando conhecimentos

1. e
2. a
3. e
4. a
5. b
6. a
7. b
8. b
9. e

Análises químicas

Refinando ideias

1. O novo material era fino e maleável, porém frágil, e por isso não foi bem aceito, sendo utilizado apenas em situações simples.

2. O pergaminho era obtido pelo processamento de subprodutos do consumo alimentício de carne animal, como cabra, carneiro, cordeiro ou ovelha. Era um processo bastante trabalhoso e demorado. Na etapa inicial, a pele do animal era mergulhada em solução de água com cal para a retirada dos pelos e a obtenção do couro; em seguida, era novamente imersa em banho com cal e, na etapa final, o substrato era amarrado em suportes para secagem.

Prática renovável

Produção de papiro como substrato para a escrita	
Unidade temática	Produção de papel e celulose
Objetivos de conhecimento	Mostrar a evolução do substrato usado para conter registros das sociedades ao longo dos anos.
Palavras-chave	Egito Antigo, hieróglifos, origem da escrita, substrato.
Conceitos trabalhados	O processo de produção artesanal do papiro consistia em selecionar o material, retirar a casca de forma bastante sutil e cortar o caule em um talho perpendicular, para formar lâminas com aproximadamente 48 cm, que eram estendidas em um molde inclinado, disposto sobre as águas do Rio Nilo e submetidas a uma pressão mecânica conveniente, obtida por batidas proporcionadas por maços de madeira.

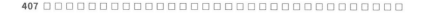

Capítulo 2

Conservando conhecimentos

1. b
2. a
3. d
4. a
5. d

Análises químicas

Refinando ideias

1. A redução da madeira bruta e de outros materiais até a obtenção do papel é feita por meio de processos específicos, entre os quais está o polpeamento, que serve para retirar principalmente a lignina das fibras. Como esse processo varia de acordo com as características da madeira, ele pode ser realizado de maneira mecânica, pelo uso de sulfato alcalino (*kraft*), de sulfito ácido ou de modo semiquímico. Cada processo atua em um pH distinto e com substâncias específicas.

2. Aproximadamente 81% dos processamentos de extração de celulose são realizados por meio do processo *kraft*, também conhecido como *processo sulfato*, e os 12% restantes pelo processo soda e demais processos.

Prática renovável

Diário de bordo		
Problema	Competência	Plano de ação
Contaminação ambiental e escassez de insumos	Processos e meio ambiente	O carvão será oxidado, e o sulfato de sódio (Na_2SO_4) será reduzido a sulfeto de sódio (Na_2S): $$Na_2SO_4 + 2C \rightarrow NA_2S + 2CO_2$$ $$Na_2SO_4 + 4C \rightarrow NA_2S + 4CO_2$$ Portanto, o sódio inorgânico e o enxofre presentes no licor negro são recuperados na forma de sais fundidos, também conhecidos como *smelt*, ricos em sulfeto de sódio (Na_2S) e em carbonato de sódio (Na_2CO_3). O *smelt* é dissolvido, gerando o chamado *licor verde*, que é enviado a uma caustificação (reage com óxido de cálcio). Nessa reação, ocorre a conversão do carbonato de sódio em hidróxido de sódio (NaOH): $$CaO_{(g)} + H_2O_{(l)} \rightarrow Ca(OH)_{2(aq)}$$ (reação de apagamento da cal) $$Na_2S_{(aq)} + Na_2CO_{3(aq)} \rightarrow 2NAOH_{(aq)} + Na_2S_{(aq)}$$ (reação de caustificação)

Capítulo 3

Conservando conhecimentos

1. a
2. c
3. b
4. e
5. b
6. a
7. a
8. c
9. d
10. b

Análises químicas

Refinando ideias

1. Apical e de espessura. O primeiro é devido ao meristema apical, e o segundo é decorrente do câmbio vascular.

2. O dióxido de carbono penetra na folha através de pequenos orifícios denominados *estômatos*, e a água absorvida pela raiz deve percorrer um caminho mais longo até a folha. A concentração de sais no solo, normalmente, é menor do que no interior do pelo absorvente da raiz; por isso, a água penetra por osmose e, através do alburno, flui até a copa da planta. Os carboidratos gerados são conduzidos verticalmente

através do floema e radialmente pelas células radiais, sendo armazenados nas células parenquimáticas ou transformados em celulose, lignina, hemicelulose etc.

Prática renovável

Geração de celulose	
Unidade temática	Produção de papel e celulose.
Objetivos de conhecimento	Mostrar a geração de moléculas complexas mediante substâncias simples.
Palavras-chave	Anabolismo e catabolismo.
Conceitos trabalhados	As plantas realizam anabolismo quando a água, o dióxido de carbono e a energia solar são usados na síntese de glicose, que é um monossacarídeo, conforme a reação a seguir: $6CO_{2(g)} + 6H_2O_{(g)} + energia \rightarrow C_6H_{12}O_{6(aq)} + 6O_{2(g)}$ As moléculas de glicose podem se combinar (catabolismo) para formar um polissacarídeo (polímero de condensação) denominado *celulose*.

Capítulo 4

Conservando conhecimentos

1. c
2. a
3. b
4. b
5. e

Análises químicas

Refinando ideias

1. O processo químico consiste no uso de hidróxido de sódio e sulfato de sódio a 170 °C para a retirada da lignina, a qual é degradada em fragmentos solúveis em água e fibras de polpa compostas por celulose e hemicelulose. Em técnica, procede-se à separação dos feixes vasculares do bambu, obtendo-se fibras individuais que são imersas em solução de peróxido de hidrogênio combinado com ácido acético. O melhor método é aquele que proporciona a remoção de toda a lignina.

2. Com a instituição do Código Florestal pela Lei n. 4.771, de 15 de setembro de 1965, houve um grande incentivo à atividade de reflorestamento no Brasil, em razão de benefícios fiscais. A Lei n. 5.106, de 2 de setembro de 1966, permitia a concessão aos empreendimentos florestais de incentivos fiscais, o que incitou e potencializou a eucaliptocultura. A produção foi expandida para diferentes estados e, em 1970, a produção de madeira de eucalipto já tinha alcançado a tão almejada escala comercial.

Prática renovável

\multicolumn{3}{c	}{Fichamento}
Tempo	Perda	Estimativa de árvores
0 ano	0	1.667 unidades
8 anos	40%	1.000 unidades
12 anos	30%	700 unidades
21 anos	21%	500 unidades

Capítulo 5

Conservando conhecimentos

1. b
2. a
3. d
4. a
5. d

Análises químicas

Refinando ideias

1. 1,4-b-xilanases, b-D-xilosidases, a-arabinofuranosidases, a-glucuronidases, acetil-xilana-esterase e feruloil-esterases.

2. As enzimas agem exclusivamente sobre as cadeias laterais. Com a liberação das cadeias laterais, a cadeia principal de xilana é exposta à clivagem pelas xilanases. As b-xilosidases clivam xilobiose em dois monômeros de xilose e também podem liberar xilose a partir do final da cadeia principal de xilana ou de um oligossacarídeo.

Prática renovável

	Enzimas
Unidade temática	Produção de papel e celulose
Objetivos de conhecimento	Conversão enzimática
Conceitos trabalhados	Xilanases, acetil-xilana-esterases e feruloil--esterases atuam em conjunto para produzir xilo-oligossacarídeos substituídos com a concomitante liberação de ácido ferúlico e ácido acético. Na sequência, arabinofuranosidases e glucuronidases liberam arabinose e ácido glucurônico desses xilo-oligossacarídeos. As xilosidases convertem os xilo-oligossacarídeos em seus açúcares constituintes (xilose). Microrganismos fermentativos selecionados podem finalmente utilizar os açúcares xilose e arabinose para a produção de etanol.

Capítulo 6

Conservando conhecimentos

1. a
2. c
3. c
4. d
5. b

Análises químicas

Refinando ideias

1. No tratamento por maceração em água, a matéria-prima é submersa em água fria ou morna: em água fria, sob relva, por flutuação horizontal ou vertical em rios ou lagos; em água morna (30-35 °C), com ou sem adição de microrganismos, agentes químicos ou ar, em tanques, canais ou cascatas, que ocorrem em 48 ou 120 horas. Nessa maceração atuam, principalmente, bactérias aeróbias e anaeróbias.

2. As ligações glicosídicas são consideradas ligações de rompimento dos monômeros de glicose. Esse rompimento ocorre em moléculas com menor grau de polimerização e interfere nas propriedades da cadeia molecular da celulose (viscosidade, peso molecular, resistência etc.). Essas reações de degradação em ligações glicosídicas da celulose são úteis no processamento e na obtenção de açúcares por meio da madeira. Entretanto, na área de papel e celulose, essas reações são indesejáveis porque comprometem as características físicas do material obtido. Há diversos tipos de reações de rompimento da ligação glicosídica, as quais podem ocorrer pela ação mecânica, pela degradação hidrolítica ou por composto oxidante.

Prática renovável

1. São vários os tipos de celulose, e o que as diferencia é a localização das ligações de hidrogênio entre e dentro dos filamentos, podendo existir sobre mais de uma forma cristalina. O grau de cristalinidade da celulose está relacionado à acessibilidade química, sendo que essa região tem maior resistência à tração, ao alongamento e à solvatação (absorção de solvente). São quatro diferentes polimorfos de celulose: celuloses I, II, III e IV. A celulose I é convertida em celulose II por tratamento em álcalis fortes (mercerização). O tratamento das celuloses I e II com amônia líquida gera celulose III, que, por sua vez, é convertida em celulose IV por tratamento da celulose III com glicerol a altas temperaturas.

Sobre a autora

Adriana Helfenberger Coleto Assis é mestra em Engenharia e Ciências dos Materiais pela Universidade Federal do Paraná (UFPR), especialista MBA em Gestão de Saúde e Segurança do Trabalho pelo Instituto Brasileiro de Pós-Graduação e Extensão (Ibpex), licenciada em Química Industrial pela Universidade Tecnológica Federal do Paraná (UTFPR) e graduada em Engenharia Química pela UFPR. É professora da rede estadual de ensino nos cursos técnicos de Química, Biotecnologia e Meio Ambiente desde 2001. Também lecionou em cursos técnicos de Segurança do Trabalho, Gestão da Qualidade e Processos Químicos. Desde 2009, é responsável técnica de uma empresa produtora de fibras de poliéster, situada na Região Metropolitana de Curitiba.

Impressão:
Fevereiro/2024